OBTENCION DE
IMAGENES MEDICAS

Rayos X
Tomografía Computada
Ultrasonidos
Endoscopia
Medicina Nulear
Resonancia Magnética

Alvaro Tucci Reali

Obtención de Imágenes Médicas
Alvaro Tucci Reali

ISBN:978-0-557-26568-8

Published by Lulu

A mis padres
A mi esposa
A mis hijos
A mis nietos

INDICE

CAPITULO 6

Resonancia Magnética   **287**

PRESENTACION

Gustavo Alfredo Espinoza
Profesor Titular de la Facultad de Medicina
Universidad de Los Andes

El Ingeniero en Electrónica, Telecomunicaciones y Electricista Alvaro Tucci Reali es Profesor Titular de la Facultad de Medicina de La Universidad de Los Andes. Tiene acreditados y destacados conocimientos adquiridos en su andar por instituciones extranjeras y Venezolanas: The Northern Polytechnic de Londres, la Universidad de Los Andes y en el Instituto Venezolano de Investigaciones Científicas (IVIC). Es maestro, escritor de textos de apoyo docente, e inquieto desarrollando y construyendo instrumentos electrónicos; gran parte de ellos dedicados la investigación y a la enseñanza médica y biológica. También abordó los problemas de reparación y mantenimiento de equipos de investigación y docencia.

Ante las necesidades existentes en torno al conocimiento de la tecnología aplicada al área de la medicina, este texto constituye un aporte importante. Actualmente, para combatir las dolencias humanas observamos que diversas ramas de la ciencia como la física, la química, la electrónica y la computación participan en el diagnóstico y la terapia. En esta oportunidad, el se preocupó por narrar en forma exquisitamente sencilla sus experiencias y percepciones. En esta publicación, enfoca los principios físicos de los diferentes recursos actuales para la generación de imágenes para apoyo diagnóstico y terapéutico. Allí, se pasea pedagógicamente desde los Rayos X hasta el recurso más reciente; la resonancia magnética, de forma que intenta llenar un vacío en el conocimiento básico y teórico de los eventos que conforman la generación de imágenes.

NOTAS DEL AUTOR

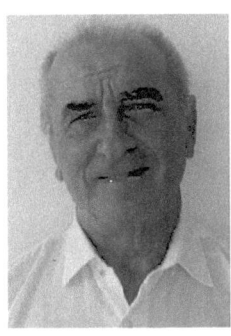

El diagnóstico por imagen es un procedimiento no invasivo, rápido, limpio y seguro. Utiliza un conjunto de técnicas que producen imágenes de las estructuras internas y del funcionamiento del cuerpo humano. Ayuda a detectar posibles anomalías y aporta valiosos detalles para que el médico pueda llegar al diagnóstico acertado y documentado. Por tal motivo, la mayoría de las prácticas médicas modernas están asociadas a la imagenología.

Este libro, expone en forma sencilla y amigable una visión general de los principios físicos y fisiológicos de la forma cómo los equipos médicos producen imágenes. Está dirigido a médicos, ingenieros, estudiantes, técnicos y personas interesadas en el tema. Probablemente no llenará las expectativas del especialista; la intención es suministrar una síntesis de los procesos de formación de las imágenes indispensables para la comprensión de publicaciones más especializadas. Podría ser considerado como el primer contacto con estas modernas tecnologías de diagnóstico.

Al reseñar hechos históricos, fechas, espacios geográficos y el nombre de prominentes científicos, el propósito es describir los acontecimientos y las obras relevantes que marcaron hitos. La elección de los personajes son representativos del desarrollo científico y tecnológico. Esto no significa que la ciencia haya avanzado únicamente debido a sus loables esfuerzos. El desarrollo es consecuencia del trabajo de muchos, se construye día a día, paso a paso, y cuando el progreso científico se cruza con el tecnológico, llega el momento en que los acontecimientos permiten dar el siguiente paso.

Alvaro Tucci R.
atucci@ula.ve

INTRODUCCION

La imagen se emplea para representar un objeto, una persona, un órgano o una estructura. La imagen médica, al reproducir aspectos internos del cuerpo sin tener que recurrir a la cirugía abierta, suministra importantes datos para el diagnóstico y dota al facultativo de poderosas herramientas de apoyo en su actividad clínica. Los factores claves para su desarrollo han sido los aportes de la física de materiales, la electrónica y la informática acontecidos en las últimas décadas.

La imagenología médica se refiere a una serie de técnicas que producen imágenes del interior del cuerpo. La tecnología a usar depende de los síntomas y de la parte del cuerpo a examinar. Los rayos X, la tomografía computada, la ecografía, la endoscopia, los estudios de medicina nuclear y la resonancia magnética, son los principales métodos utilizados en la actualidad.

Hace algunas décadas sólo se disponía de la radiografía. Las innovaciones tecnológicas de los últimos treinta años han dado origen a instrumentos capaces de suministrar otras formas de representación. Basan su funcionamiento en fenómenos físicos como el eco del ultrasonido, por la emisión de ondas de radiofrecuencia provenientes de átomo, o por las emisiones de radionúclidos.

La tomografía computada suministró las primeras imágenes de una sección del cuerpo con contraste adecuado para distinguir los diferentes tejidos blandos. A partir de este acontecimiento surge una nueva especialidad; la imagenología médica, y con ella el diagnóstico, los procedimientos quirúrgicos guiados por imagen y la resonancia magnética funcional.

Rayos X. Fueron las primeras radiaciones utilizadas por la medicina moderna para producir imágenes. La imagen, llamada radiografía, es la representación plana de los órganos internos de una zona anatómica. Cada tipo de tejido absorbe cantidades distintas de radiación, por lo que en la placa se crea una imagen que reproduce la obsorción relativa de cada tejido. Debido a su bajo costo, alta resolución y en ciertas aplicaciones, por la baja dosis de radiación a que se somete el paciente, la radiografía es el método de diagnóstico por imagen de uso más frecuente.

Existen dos formas de presentar la imagen; la radiografía y la fluoroscopia. Ambas utilizan un haz de rayos X en forma piramidal cuya base abarca la zona del cuerpo objeto de estudio. Con la radiografía se determina el tipo y extensión de una fractura, los cambios patológicos en los pulmones y, mediante el suministro de un medio de contraste, se pueden examinar las estructuras del estómago e intestinos. El examen de densitometría ósea, empleado para detectar la osteoporosis y controlar la efectividad de su tratamiento, mide la cantidad de calcio presente en los huesos.

La fluoroscopia utiliza un flujo continuo de rayos X y produce imágenes en tiempo real. Normalmente, para resaltarlas, se utiliza en conjunto con medios de contraste como el bario, el yodo o el aire. También es empleada para vigilar los procedimientos guiados por imágenes.

Angiografía. Proporciona la forma de observar el flujo sanguineo en los vasos con el fin de localizar coágulos u otra obstrucciones. Para destacar el movimiento de la sangre en los vasos de ciertos órganos se emplean los rayos X y material de contraste. La angiografía cardíaca, por ejemplo, permite observar la circulación en el corazón, así mismo se puede examinar la de los riñones, los pulmones, el cuello, el cerebro, el hígado, el arco aórtico y las extremidades.

Tomografía Axial Computada (TAC). Es un método de diagnóstico que, mediante el empleo de los rayos X, permite obtener imágenes anatómicas de una sección delgada del cuerpo llamada corte. La imagen del corte puede examinarse individualmente o «ensamblarse» para reproducir el órgano en estudio. Su utilidad en el examen de la vascularización cerebral posibilita localizar estrecheces, obstrucciones arteriales y la caracterización de ciertas malformaciones vasculares o aneurismas. En el abdomen, facilita el análisis de los vasos más importantes, estudia en forma muy precisa las arterias renales, y en las coronarias, detecta la presencia de cambios ateroscleróticos. También es empleada para guiar procedimientos destinados a obtener muestras de tejidos, aspirar líquidos, eliminar pequeños tumores e infecciones localizadas.

Ultrasonografía. Es un procedimiento de diagnóstico por imagen basado en la emisión y recepción de ondas ultrasonoras. Se emplea para ver el feto, obtener imágenes de los órganos abdominales, el corazón, los genitales y las venas. Permite observar gran parte de las estructuras del cuerpo, con limitación en los huesos y cavidades que contienen aire. A pesar que suministra menos información anatómica que la tomografía computada o la resonancia magnética, reune ventajas que la hacen ideal como primer diagnóstico, particularmente para el estudio de estructuras en movimiento en tiempo real.

La ultrasonografía es un procedimiento rápido, inocuo, no invasivo y los equipos son relativamente pequeños y económicos, los portátiles son transportados hasta la cama de pacientes en cuidados intensivos. Las imágenes en tiempo real de estructuras en movimiento se emplean como guías en procedimientos de drenaje, biopsia y punción de nódulos. Con el eco prostático transrectal, por ejemplo, se evalúan las alteraciones de la próstata y las vesículas seminales. La capacidad Doppler de ciertos equipos permite evaluar el flujo sanguíneo en las arterias y venas.

Imagenología mamaria. Comprende varios procedimientos de exploración destinados al estudio de enfermedades benignas y a la detección precoz del cáncer. Los exámenes más frecuentes son la mamografía, la eco tomografía y la resonancia magnética. La mamografía es el estudio de las mamas mediante los rayos X. La eco tomografía se vale del ultrasonido, y por tal motivo, es un procedimiento completamente inocuo. Recientemente se ha desarrollado un nuevo método no invasivo denominado *elastografía por ultrasonido,* en el cual la deformación que ocasiona la presión sobre tejido blando es empleada para detectar tumores. Es una forma rápida y certera de evaluar si una lesión, palpable o no palpable, es benigna o maligna y evita someter la paciente a la biopsia. El procedimiento mide la deformación de los tejidos y crea una imagen llamada *elastograma.* El elastograma se realiza con los equipos de ultrasonido ya existentes; sólo se requiere modificar el software.

Endoscopia. Es un procedimiento de diagnóstico y terapéutico mínimamente invasivo utilizado para observar un órgano hueco o cavidad corporal como el tubo digestivo. Se realiza por medio de un instrumento llamado endoscopio que se introduce en un orificio natural, una incisión quirúrgica o una lesión. El endoscopio, no sólo suministra la imagen para una inspección visual o fotográfica, sino que permite tomar biopsias y realizar maniobras terapéuticas.

Medicina Nuclear. Es la especialidad médica que emplea isótopos radioactivos, llamados radionúclidos o radiofármacos, con fines diagnósticos o terapéuticos. Para el diagnóstico, se suministra al paciente una pequeña dosis de material radioactivo fácilmente absorbido por regiones del cuerpo biológicamente activas, como los tumores o punto de fractura de los huesos. Una vez absorbido, se mide la radiación emitida por medio de una Gamma Cámara que produce una imagen llamada *cintigrafía o cintigrama*. La cintigrafía revela la forma, dimensiones, estructura y el funcionamiento de ciertos órganos.

El cintigrama óseo, por ejemplo, detecta cambios en el metabolismo del hueso antes que pueda determinarse por otros métodos. La linfocintigrafía estudia la dirección del drenaje linfático de un tumor hacia los ganglios; su localización ayuda al cirujano a extraerlo, examinarlo y determinar si está comprometido o libre de enfermedad. Los radionúclidos, administrados para el tratamiento o para aliviar los síntomas de ciertas enfermedades reducen su severidad, disminuyen el dolor y su avance, y mejoran la calidad de vida del paciente, sin pretender curarlo completamente.

Tomografía por emisión de positrones. La tomografía por emisión de positrones o PET (Positron Emission Tomography) mide funciones corporales tales como el flujo sanguíneo, el uso de oxígeno y el metabolismo del azúcar. Emplea un isótopo de vida media corta, el F-18, que incorporado a una sustancia como la glucosa, es absorbido por el tumor. Para evitar el traslado del paciente, los escáner PET se sitúan normalmente al lado de los escáner TAC.

Los tumores detectados por el escán PET pueden ser analizados conjuntamente con la imagen del resto de la anatomía suministrada por TAC. Los estudios por PET y PET/TC se llevan a cabo con el fin de detectar tumores y determinar si se han diseminado, evaluar la eficacia del tratamiento, medir el flujo sanguíneo en el músculo cardíaco y definir las áreas que se beneficiarían mediante la angioplastia o un bypass coronario. También es utilizado para valorar anomalías cerebrales, desórdenes de memoria, convulsiones y otras enfermedades del sistema nervioso central.

Resonancia Magnética. La imagen por resonancia magnética o MRI (Magnetic Resonance Imaging) es una herramienta de diagnóstico que comenzó a emplearse a partir de los años 80 del siglo pasado. A diferencia de la tomografía computarizada, los rayos X y la medicina nuclear, la resonancia magnética no emplea radiaciones ionizantes. Basa su funcionamiento en la detección de las ondas electromagnéticas emitidas por los átomos de los tejidos en estudio al ser expuestos a la acción de un campo magnético intenso. Hasta la fecha, no se han reportado efectos nocivos a corto o largo plazo debidos a la exposición a estos campos, por lo tanto, no existe límite en el número de exploraciones a que pueda someterse el paciente.

La resonancia magnética genera imágenes con excelente contraste entre diferentes tejidos blandos, siendo especialmente útiles para el estudio del cerebro, el sistema musculoesquelético y el cardiovascular.

CAPITULO 1

Wilhelm Röntgen

RAYOS X

El físico Wilhelm Conrad Röntgen nació en 1845 en Lennap, Alemania. En 1870, siendo profesor de la Universidad de Munich, publicó su primer trabajo sobre el calor específico de los gases y realizó investigaciones relacionadas con la conductividad térmica de los cristales, pero su nombre está inevitablemente asociado al descubrimiento de los rayos X.

En 1895 se encontraba en el Instituto de Física de la Universidad de Würzburg estudiando el paso de la electricidad a través de los gases. Otros científicos, entre los que se encontraba Sr William Crookes (1832-1919), estudiaban el mismo fenómeno que llamaban *rayos catódicos*.

El nombre «rayos catódicos», ideado por E. Goldstein (1850-1931), se refiere al paso de la corriente a través de gases a muy baja presión cuando son sometidos a un gradiente de tensión elevado.

Empleando el tubo de descarga de Crookes, cubierto completamente con un grueso cartón negro para mantenerlo en la oscuridad y trabajando en una habitación completamente oscura, Röntgen notó que si colocaba en la trayectoria de los rayos catódicos un hoja de papel recubierta con platinocianuro de bario se volvía fluorescente. Este fenómeno se presentaba también a dos metros de distancia del tubo.

Fig. 1.1 Laboratorio en la Universidad de Würzburg donde Röntgen experimentaba con el tubo de Crookes.

Otros experimentos realizados con objetos de espesores diferentes interpuestos en el camino de los rayos catódicos, mostraban diferentes transparencias cuando eran proyectados sobre una placa fotográfica.

Interpuso sobre una placa la mano inmóvil de su esposa, y después de revelada obtuvo la imagen de los huesos y del anillo, rodeado todo por la penumbra de los tejidos circundantes fácilmente penetrados por los rayos X.

El 23 de enero de 1896, ante la Sociedad Físico-Médica de Würzburg se hizo la primera presentación pública de sus experimentos, después de la exposición, se tomó la radiografía de la mano del famoso anatomista Albert von Kölliker y se mostró a los asombrados presentes.

Se acercaban los negros nubarrones de la guerra, pero un periódico inglés, el *London Daily Chronicle* anunciaba: «Los rumores de guerra no deben distraer la atención del maravilloso triunfo de la ciencia que acaba de comunicarse en Viena. Se anuncia que el profesor Röntgen de la Universidad de Würzburg ha descubierto una luz que, al efectuar una fotografía, atraviesa la carne, el vestido y otras sustancias orgánicas». El interés que suscitó en el mundo científico hizo que muchos laboratorios intentaron en seguida repetir el experimento. Estaba claro que se disponía de un método de gran utilidad para el diagnóstico de fracturas complicadas, o para localizar cuerpos extraños en el cuerpo.

Esta novedad científica se propagó rápidamente por todo el mundo. El 8 de febrero de 1896 fue empleada en Dartmouth, Massachusetts, Estados Unidos, por el profesor de astronomía Edwin Brant Frost, quien hizo una placa de la fractura de Colles o fractura transversal de la muñeca.

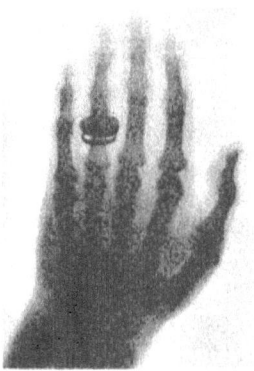

Fig.1.2. Radiografía de la mano de Albert von Kölliker.

Debido a que Röntgen desconocía la naturaleza de los rayos que observaba, los llamó *rayos X*. A pesar de los escasos conocimientos relacionados con su naturaleza, dos semanas después ya se emplearon para el apoyo del diagnóstico médico, y desde entonces se volvieron indispensables.

A raíz de su hallazgo, Röntgen se convirtió en uno de los científicos más conocidos y apreciados de la época, rechazó patentar su descubrimiento gracias a lo cual todo el mundo pudo beneficiarse de los rayos X. Sólo unas pocas invensiones han influenciado tanto la medicina, la tecnología y la ciencia como los *rayos X*. Roentgen murió en 1923 en Munich, víctima de un carcinoma intestinal.

Lo que Röntgen no descubrió es que los rayos X son radiaciones ionizantes nocivas para la vida. Por no comprenderlo, durante varias décadas se perdieron muchas vidas de científicos, médicos y pacientes, que murieron de cáncer y otras enfermedades causadas por la radiación. En el capítulo dedicado a la medicina nuclear se describen los efectos de las radiaciones ionizantes sobre los tejidos.

El primer generador de rayos X fue el tubo de Crookes, llamado así en honor a su inventor, el químico y físico británico William Crookes. Se trata de una ampolla de vidrio, como la mostrada en la figura 1.3, que contiene gas a muy baja presión y dos electrodos: el ánodo y el cátodo.

Fig.1.3. Tubo de Crookes.　　　Fig.1.4. Tubo de Coolidge

Cuando la corriente eléctrica pasa por el tubo, el gas residual se ioniza y produce fluorescencia. Los iones positivos «golpean» el cátodo frío y expulsan electrones de su superficie. Los electrones, atraídos por el ánodo, forman un haz llamado *rayo catódico* que bombardea las paredes de vidrio produciendo rayos X de baja energía.

Un gran aporte lo realizó el físico estadounidense William D. Coolidge quien en 1913 desarrolló un tubo de vidrio al vacío que contiene un filamento y un ánodo, como el mostrado en la figura 1.4. Por el filamento, que actúa como cátodo, circula una corriente eléctrica que lo lleva a la incandescencia y a la emisión de electrones por efecto termoeléctrico. El efecto termoeléctrico es la propiedad que tienen algunos materiales de emitir electrones cuando se calientan. A pesar de que los rayos X emitidos por este nuevo tubo son de mayor energía, su funcionamiento no era satisfactorio; la generación depende del grado de vacío, bastante deficiente en esa época.

Con el transcurrir de los años los equipos de rayos X sufrieron mejoras importantes; con menor exposición se obtuvo mejor resolución, calidad de la imagen y mayor contraste entre los diferentes tejidos.

NATURALEZA DE LOS RAYOS X

Los rayos X son radiaciones electromagnéticas que se generan cuando electrones con alta energía cinética interaccionan con la materia, generalmente un blanco metálico. Su longitud de onda está comprendida entre unos 10nm y 0,01nm (1nm o nanometro equivale a 10^{-9}m).

Se propagan en línea recta a la velocidad de la luz en forma de paquetes de energía, llamados *fotones*. La energía de un fotón es el producto de su frecuencia por la constante de Plank. Cuanto mayor es la energía mayor es el poder de penetración, y si es superior a 15KeV tienen poder ionizante.

Los rayos X de mayor longitud de onda, cercanos a la banda ultravioleta del espectro electromagnético, se conocen como rayos X «blandos»; los de menor longitud de onda, próximos a la zona de rayos gamma y que incluso se solapan con estos, se denominan rayos X «duros». A los rayos X formados por una amplia mezcla de longitudes de onda se le llama *rayos X blancos*, para diferenciarlos de los rayos X monocromáticos compuestos por una reducida banda de frecuencia.

Tanto la luz visible como los rayos X surgen de fenómenos extranucleares. Se producen cuando un electrón de alta energía pasa cerca del núcleo, se desvía debido a la interacción electromagnética, pierde energía y entrega la diferencia en forma de fotones de rayos X. También se producen cuando un electrón de alta energía expulsa un electrón de la órbita cercana al núcleo, el lugar se llena con un electrón de una capa superior de mayor energía que entrega la diferencia en forma de fotones de rayos X. Los rayos X tienen la propiedad de penetrar cierto tipo de materiales, lo que se aprovecha para obtener radiografías.

PROPIEDADES DE LOS RAYOS X

1. - Se propagan en línea recta a la velocidad de la luz.
2. - Siguen la Ley Inversa de los Cuadrados.
3. - No son afectados por campos eléctrico o magnéticos, es decir, no tienen carga ni masa.
4. - Pueden reflejarse, difractarse y estar polarizados.
5. - Penetran los cuerpos sólidos.
6. - Son invisibles; pueden detectarse sobre una pantalla fluorescente o película fotográfica.
7. - Son heterogéneos.
8. - Tienen poder ionizante; descargan objetos cargados.
9. - Producen cambios químicos y biológicos en la materia viva.
10.- Producen radiación secundaria.
11.- Al pasar por un agujero pequeño (pin hole) pueden colimarse.
12.- Son divergentes; no se pueden enfocar.

Atenuación

Los rayos X, al igual que otras radiaciones ionizantes, son atenuados cuando se propagan por un medio. Debido a la interacción de los fotones con el material que están atravesando, su número disminuye a medida que lo penetran. La atenuación es causada por dos procesos: la absorción y la dispersión (scattering).

En la absorción, los fotones interaccionan con la materia excitando las moléculas que encuentran a su paso y en el proceso pierden energía, en tanto que en la dispersión, el fotón interacciona con el medio cambiando de dirección, con o sin pérdida de energía. Por este motivo, el cuerpo absorbente produce radiación secundaria o dispersa que se propaga en todas direcciones.

La radiación secundaria está formada por las mismas radiaciones incidentes que han cambiado dirección; constituye la mayor fuente de degradación de la imagen, puesto que reduce el contraste, difumina los bordes y distorsiona su intensidad.

La atenuación que produce un material depende de su peso atómico; los más pesados tienen mayor poder de atenuación. La radiografía se obtiene gracias a que los rayos X son atenuados por la materia. La atenuación relativa de los órganos es la propiedad física que permita distinguirlos en la imagen radiográfica.

Espesor medio

Si se coloca un material perpendicular en la trayectoria del haz de rayos X, se observa que su intensidad disminuye a medida que aumenta el espesor. El espesor medio se refiere al grosor del material capaz de reducir a la mitad la intensidad de las radiación incidente. La figura 1.5. muestra la gráfica de atenuación del cobre en función de su espesor.

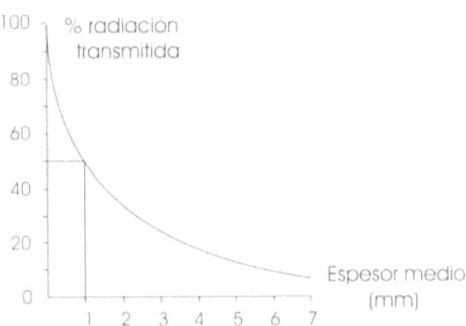

Fig.1.5. Curva de atenuación del cobre.

Se observa que una lámina de cobre de un milímetro de espesor colocada perpendicularmente a la trayectoria de los rayos X reduce su intensidad en un 50%. De esta forma, el poder de penetración se puede cuantificar en términos del espesor medio.

21

En aplicaciones médicas, para atenuar la intensidad de los rayos X es muy frecuente intercalar un espesor de aluminio o cobre. A los materiales empleados con este propósito se les llama filtros.

Penetrabilidad

El poder de penetración o penetrabilidad de los rayos X se refiere su capacidad de penetrar la materia. La penetrabilidad es proporcional a la energía de los fotones; los de mayor energía penetran más profundamente.

La energía de los fotones que emergen de un tubo de rayos X puede controlarse por medio de la tensión aplicada entre el ánodo y el cátodo. En consecuencia, la penetrabilidad puede incrementarse o disminuirse actuando sobre el valor de la alta tensión.

La distribución de energía de los fotones emergentes de un tubo de rayos X es de la forma mostrada en el espectro de la figura 1.6. caracterizada por parámetros como: rango de energía, energía máxima, radiación característica y energía promedio, por lo que cabe esperar que la penetrabilidad sigue una distribución similar.

GENERACION DE RAYOS X

Los fotones de rayos X se producen cuando los electrones provenientes del filamento, acelerados por la alta tensión, coliden en un blanco metálico, usualmente tungsteno, que forma el ánodo del tubo. Los electrones al chocar pierden rápidamente velocidad y entregan su energía a los electrones de los átomos del blanco; el 99,8% se transforma en calor y el 0,2% en rayos X.

Los átomos tienen ordenados sus electrones en niveles o capas de diferente energía. Los átomos más pesados tienen mayor cantidad de electrones distribuidos en diferentes capas que orbitan alrededor del núcleo. Los electrones en la capa K, la más cercana al núcleo, son los menos energéticos; le sigue la capa L, M, N.

Los electrones que coliden con los átomos del ánodo alteran la disposición normal de las capas e imparten energía a los electrones. Cuando «regresan» a su estado original, el exceso de energía se expele de dos maneras: emitiendo fotones o liberando un electrón de la capa externa que tiene energía de enlace muy débil. Cuando los electrones «bombardean» un elemento pesado la emisión de fotones es más probable, por este motivo se prefieren para la construcción del ánodo.

Los rayos X se generan a partir de dos procedimientos: por radiación de frenado (bremsstrahlung) y por emisión de la capa K del átomo bombardeado. En ciertas condiciones los dos procesos concurren en el material del ánodo.

En el procedimiento de frenado, el electrón incidente pierde energía cinética y la entrega en forma de rayos X. Los rayos X emitidos no pueden tener más energía que la de los electrones que los produjeron, por tal motivo en la figura 1.6, que muestra el espectro de radiación del tungsteno, se observa un corte neto de la energía máxima.

La radiación por frenado no es monocromática, se compone de una amplia gama de longitudes de onda; el electrón incidente puede ser «frenado» en diferentes formas y a cada una de ellas le corresponde una longitud. La porción de rayos X producidos por frenado es de aproximadamente el 70%.

La radiación característica se produce cuando un electrón interactúa con un electrón de la capa interna de un átomo. El nombre se deriva del hecho que la energía de enlace de los electrones de un elemento es única, es decir, la diferencia de energía entre electrones en diferente capas es característica de cada elemento. La radiación característica producida por la transición entre capas, por ejemplo, de la «L» a la «K», o de la «M» a la «K», se llama *radiación característica K.*

En la producción de rayos X por emisión de la capa K, el electrón incidente le transfiere al electrón que ocupa la capa K suficiente energía para «desplazarlo» de su órbita. Se produce una vacante que se llena rápidamente por un electrón de mayor energía proveniente de una órbita externa más energética. En el proceso, el electrón emite un fotón de rayos X cuya energía corresponde a la diferencia de energía entre las dos capas. Los fotones producidos de esta forma son monocromáticos, ya que su energía es igual a la diferencia entre capas de un mismo átomo.

La radiación característica forma el 30%. Su longitud de onda depende exclusivamente del número atómico del elemento que forma el blanco. Por tal motivo se emplea, por ejemplo, en cristalografía para el estudio de la estructura atómica de los elementos. Se verifica además, que la cantidad de radiación de frenado aumenta con el número atómico del material del ánodo.

La mayoría de los materiales cuando son «bombardeados» adecuadamente generan rayos X . Se prefiere el tungsteno por tener un elevado punto de fusión, ser buen conductor del calor y emitir mayor cantidad de radiaciones por efecto de frenado. Si en lugar del tungsteno se empleara otro material, los patrones de frenado serían similares, pero la radiación característica K no, ya que es particular para cada elemento; es su «huella digital». Los tubos empleados para producir imagen de la mama emplean ánodos molibdeno (Mo) o rodio (Ro).

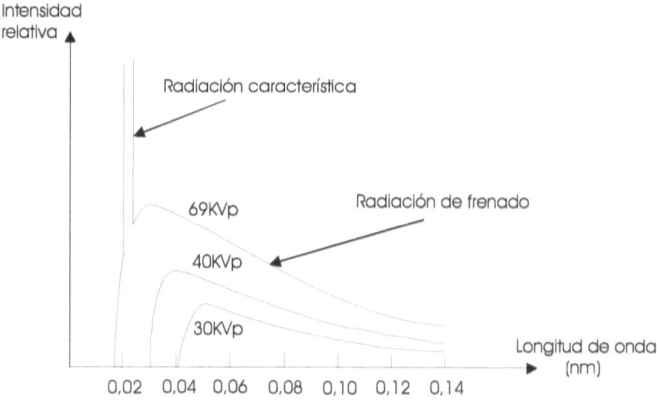

Fig.1.6. Espectro de la radiación de un ánodo de tungsteno operado a 30KVp, 40KVp y 69,5KVp.

En el espectro de la figura 1.6 se observa la distribución de los rayos X en función de su energía. Si la tensión ánodo-cátodo es superior a los 69,5 KVp se genera el «pico» de la radiación característica del tungsteno. La radiación característica ocurre sólo si el alto voltaje excede la energía de enlace de los electrones de la capa K del material del ánodo, que para el tungsteno es de 69,5 KeV y para el molibdeno 20 KeV.

El voltaje ánodo-cátodo determina la energía cinética de los electrones y la energía máxima del espectro de radiación. Cuando se aumenta la tensión ánodo-cátodo, la energía y la cantidad de rayos X aumenta. Si se aplican 100 KVp, la máxima energía de los fotones de rayos X es de 100KeV. Si se eleva el voltaje se produce mayor cantidad de rayos X, de hecho, su intensidad es proporcional al cuadrado del KVp aplicado.

La corriente de ánodo se mide en mA, se ajusta por medio del control de intensidad de filamento, se produce únicamente durante la exposición y es proporcional al número de electrones que «chocan» con el ánodo, por lo que la cantidad de rayos X es directamente proporcional a su valor.

El espectro de la figura 1.6. es continuo. Para el espectro correspondiente a 69.5KVp, la onda de menor longitud es de 0,018nm y la de mayor longitud es de 0,14nm. Las causas que originan la continuidad del espectro son:

1.- El alto voltaje entre ánodo y cátodo está formado por semiciclos sinusoidales, por lo tanto, la energía de los electrones incidentes en el ánodo varía de esta forma, y así los fotones X.

2.- Los electrones que inciden en la superficie del ánodo pueden «chocar» con varios átomos antes de perder totalmente su energía cinética; en cada colisión se producen rayos X de energía diferente.

3.- Algunos electrones pueden «colisionar» con partes del tubo que no es el ánodo y así producir rayos X con otra longitud de onda, conocida como *radiación dispersa*.

En la figura 1.6 también se observa que para 30KVp la mínima longitud de onda es 0,041nm, que corresponde al fotón de rayos X de mayor energía que se puede obtener con esa diferencia de potencial. Para una diferencia de potencial de 40KVp o 69KVp la mínima longitud de onda es de 0,032nm y 0.018nm respectivamente. Los rayos X con longitud de onda mayor que 0,14nm no aparecen en el espectro debido a que son absorbidos por la envoltura de vidrio del tubo.

La mínima longitud de onda para el espectro correspondiente a los 30KVp viene dada por:

$$\lambda_{min} = \frac{1,24 \cdot 10^{-9}}{KVp} = \frac{1,24 \cdot 10^{-9}}{30KVp} = 0,041nm$$

Si se aumenta el voltaje a por lo menos 69,5KVp, el espectro se modifica y aparece un pico con longitud de onda de unos 0,02nm, el cual se debe a la radiación característica de tungsteno.

Determinación de la mínima longitud de onda

La energía del electrón al «chocar» con el ánodo es:
$$E_e = e \cdot V_a \dots\dots(1)$$
donde la carga del electrón $e = 1,609 \ 10^{-19}$ coulomb y V_a es la tensión ánodo-cátodo.

Si V_a es la tensión eficaz, la tensión máxima entre ánodo y cátodo es dada por: $V_p = 1,414 \ V_a$

La energía del electrón se mide en electronvoltios (eV); se define como la energía que adquiere un electrón cuando es acelerado en un gradiente de un voltio.

Cuando el electrón «choca» con un átomo del ánodo produce uno o más fotones. La energía de estos fotones viene dada por:
$$E = h \cdot f \dots\dots(2)$$
donde h es la constante de Plank igual a $6,625 \ 10^{-34}$ Julios-seg. y f es la frecuencia de la radiación electromagnética del fotón. Está energía es limitada por la tensión de ánodo-cátodo.

De acuerdo al la Ley de la Conservación de la Energía, la suma de la energía de los fotones no puede ser mayor que la energía del electrón que los produjo.

La ecuación (2) puede expresarse como:
$$E = h \ (c / \lambda) \dots\dots(3)$$
donde c es la velocidad de la luz y λ es la longitud de onda del fotón de rayos X.

Si se reemplaza la ecuación (1) en la ecuación (3) y se arreglan sus términos; para la mínima longitud de onda se obtiene:

$$\lambda_{min} = \frac{h \cdot c}{e \cdot Vp} = \frac{6,625\,julio.seg \cdot 3 \cdot 10^8\,m/seg}{1,602 \cdot 10^{-19}\,coulomb \cdot V_p\,(voltios)} = \frac{1,24 \cdot 10^{-6}\,m}{Vp}$$

$$\lambda_{min} = \frac{1,24}{KVp} \cdot 10^{-9}\,m$$

Ejemplo: Para el tubo anterior, si la tensión ánodo-cátodo es 40KVp, determinar cuál es la máxima energía que pueden tener los fotones contenidos en el haz de rayos X y cuál es su longitud de onda .

$$E_e = e \cdot Va = 1,602 \cdot 10^{19} \cdot 40 \cdot 10^3 = 6,41 \cdot 10^{-15}\,julios$$

$$\lambda_{min} = \frac{h \cdot c}{E_{e\,max}} = \frac{6,625 \cdot 10^{-34} \cdot 3 \cdot 10^{-8}}{6,408 \cdot 10^{-15}} = 0,031nm$$

UNIDADES Y DOSIS DE RADIACION

Röntgen

El Röntgen o Roentgen (r) es la unidad de medida de exposición a las radiaciones ionizantes. Se define como aquella cantidad de rayos X o gamma que libera en un centímetro cúbico de aire en condiciones normales una unidad electrostática de electricidad (esu).

$$1 Coulomb = 3 \cdot 19^9\,esu$$

Lo que corresponde aproximadamente a la generación de 2080 millones de pares iónicos. El Röntgen, no necesariamente indica el efecto biológico de la radiación en los tejidos.

Intensidad

La intensidad del haz de rayos X es el producto del número de fotones por su energía. Depende del voltaje aplicado, la corriente de filamento, el número atómico del material del ánodo y del filtro. Si se incrementa la corriente de filamento se producen más fotones.

Si se aumenta el voltaje se generan fotones de mayor energía y por tanto con mayor poder de ionización.

La intensidad recibida por un cuerpo puede disminuirse si se interpone un material absorbente de cierto espesor entre la fuente de rayos X y el cuerpo. El poder de absorción de un material aumenta con su espesor y su número atómico.

Dosis

La dosis es el producto de la intensidad por el tiempo de exposición y se expresa en r/seg, mr/seg, mr/h. La dosis a que está expuesto un cuerpo es inversamente proporcional al cuadrado de la distancia de la fuente de rayos X.

TUBOS DE RAYOS X

Está formado por una ampolla herméticamente sellada al vacío que contiene un filamento y un ánodo. Es un diodo termoiónico que trabaja cerca de la zona de saturación; sólo permite el paso de corriente del cátodo hacia el ánodo y no en sentido contrario. Puede alimentarse con corriente alterna, rectificada de media onda u onda completa. Un tubo de rayos X se muestra en la figura 1.7.

Descripción del cátodo

El cátodo es el electrodo negativo del diodo, está compuesto por el filamento y el electrodo de Wehnelt, al que se le llama también *copa de enfoque*. El filamento está hecho de un hilo de tungsteno de 0,2 mm de diámetro enrollado en espiral, forma una bobina de unos 2mm de diámetro por 10mm de longitud.

La corriente que circula por el filamento lo calienta hasta la incandescencia, a unos 2700°C. A esa temperatura, por efecto termoiónico en su alrededor se produce una «nube» de electrones. El efecto termoiónico consiste en la liberación de electrones de la superficie de un cuerpo caliente, se generan debido a la energía térmica que se le suministra a sus átomos.

Los electrones son atraídos hacia el ánodo, formando así una corriente eléctrica llamada *corriente anódica*. La corriente anódica requerida para obtener exposiciones radiográficas para el diagnóstico está comprendida entre 0,1A y 2 A.

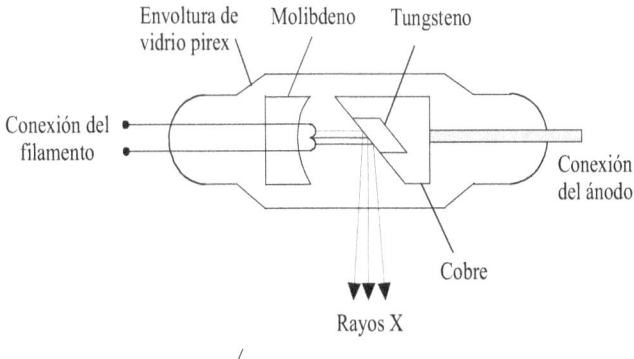

Fig.1.7. Tubo de rayos X de ánodo estacionario.

La evaporación y los cambios bruscos de temperatura de filamento son las causas principales de la reducción de la vida útil del tubo. Para reducir la evaporación, el filamento alcanza la incandescencia sólo durante el breve tiempo de exposición, el resto del tiempo permanece en un estado de precalentamiento, a unos 1500°C, donde la evaporación despreciable. El precalentamiento se logra haciendo circular permanentemente por el filamento una fracción de la corriente nominal, con lo cual se logra evitar los cambios bruscos de temperatura.

El filamento está colocado en el punto focal de la copa de enfoque. La copa, polarizada negativamente, actúa como un lente electrostático que tiende a concentrar los electrones en un punto focal en la superficie del ánodo. Para asegurar la localización y el tamaño del punto focal, el filamento, la copa de enfoque y el ánodo son montados con precisión micrométrica.

Tubo de doble foco

La mayor parte de los tubos empleados en para el diagnóstico tienen dos y hasta tres puntos focales de diferente tamaño. El foco más pequeño, de 0,3 a 0,6 mm de diámetro, se emplea para obtener radiografías con detalles más finos. El de mayor tamaño, de 1 a 2 mm, es empleado cuando es necesario obtener radiografías de masas muy extensas y de gran espesor.

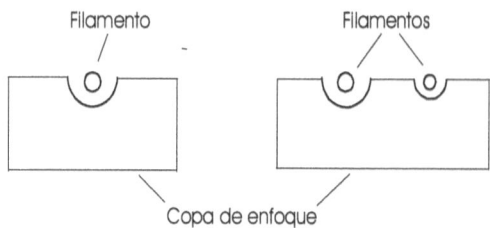

Fig.1.8. Cátodos para un foco y para doble foco.

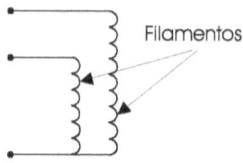

Fig.1.9. Conexión de dos filamentos para la obtención de dos focos.

Los dos focos se producen debido a que el cátodo tiene dos filamentos, cada uno colocado en una copa de enfoque, que generan su propio punto focal en la superficie del ánodo. El tubo de este tipo se le llama de *doble foco.* El operador selecciona el apropiado para obtener los mejores resultados. Uno de los factores que afectan la calidad de la imagen es la borrosidad geométrica o de foco; depende de la distancia foco-objeto, la distancia objeto-imagen y del tamaño del foco. La definición mejora si se aumenta la distancia foco-objeto y se deteriora con la distancia objeto-imagen.

La figura 1.10 muestra la geometría de proyección y el efecto del tamaño del punto focal: en la figura 1.10A, el foco es pequeño y la imagen es nítida, en tanto que en la figura 1.10B, el punto focal de mayor tamaño da origen a una imagen más difusa.

Descripción del ánodo

El ánodo es el electrodo positivo del diodo, su zona más vulnerable es el punto focal o blanco: una pequeña superficie donde se enfocan los electrones procedentes del filamento, donde emergen los rayos X y donde se genera gran cantidad de calor.

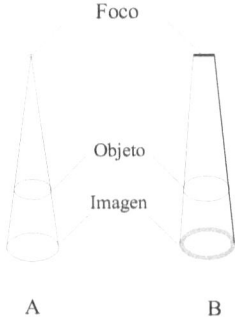

Fig.1.10. Efecto de las dimensiones del foco sobre la imagen.

Los electrones, en su recorrido hacia el ánodo son acelerados y adquieren una velocidad considerable. Al «chocar» en el blanco, pierden bruscamente su energía cinética que se convierte en calor; sólo el 0,2% es utilizada en la producción de rayos X. La energía entregada por los electrones calienta el ánodo, por lo que el material con que está hecho debe tener un elevado punto de fusión.

El calor generado es proporcional al voltaje ánodo-cátodo, la corriente anódica y el tiempo de exposición. Su valor no debe exceder la máxima capacidad de disipación del ánodo, valor que es suministrado por el fabricante. Si el tubo está trabajando en el límite de disipación, una disminución del punto focal debe ir acompañada de una disminución de por lo menos uno de estos tres valores, en caso contrario se corre el riesgo que se evapore el material.

Como en el ánodo se disipa una gran cantidad de energía térmica, para aumentar su vida útil es necesario evitar la evaporación de la superficie del blanco. Es por esto que en su construcción se preven mecanismos de remoción del calor, como la circulación forzada de aceite. Un método muy utilizado, que aumenta el área del blanco sin deteriorar la calidad de la imagen, es hacer rotar el ánodo; con ello la energía térmica se distribuye sobre una pista circular. Así, los tubos de rayos X se construyen con ánodo estacionario y con ánodo giratorio.

TUBO DE ANODO ESTACIONARIO

El tubo con ánodo estacionario es de la forma mostrada en la figura 1.7. Está compuesto por una cápsula de tungsteno embutida en una pieza de cobre. Los electrones que inciden en el ánodo lo hacen sobre el tungsteno cuyo punto de fusión es de 3370°C.

La pieza de cobre que aloja la cápsula evita que la temperatura del blanco alcance el punto de fusión. El cobre, por ser un excelente conductor de calor ayuda a disipar la energía localizada en el blanco.

Para una tensión ánodo-cátodo de 200 Kv y una corriente de 3mA, los electrones pueden alcanzar la velocidad de unos 200.000 Km/seg y entregar 150 cal/seg.

Se estima para el radiodiagnóstico que la máxima carga de un tubo de ánodo estacionario no debe exceder los 100 vatios por milímetro cuadrado y para la fluoroscopia, que es un procedimiento que puede demorar decenas de minutos, en la superficie del ánodo no debe disiparse mas que 30 vatios por milímetro cuadrado.

Otro mecanismo utilizado para disipar el calor consiste en hacer circular alrededor de ánodo o por su interior, aire, agua o aceite. Un sistema de seguridad interrumpe el alto voltaje si la circulación del refrigerante no es suficiente.

El tubo de ánodo estacionario es simple, confiable y económico, por sus características de disipación es empleado en equipos para radiografías menores, odontológicas o unidades móviles de fluoroscopia.

TUBO DE ANODO GIRATORIO

Los tubos de ánodo giratorio, similares al mostrado en la figura 1.11, se han empleado desde 1929. El ánodo está formado por un disco de tungsteno 1 a 2 mm de espesor, o de molibdeno para tubos dedicados a la radiografía de la mama.

El ánodo rota a unas 3000 rpm, de manera que el calor, en lugar de generarse en una pequeña área, se distribuye sobre un anillo en la superficie del ánodo. Debido a la mayor área de disipación, el punto focal puede ser más pequeño, con lo que se obtienen imágenes con mejor resolución.

Los tubos de ánodo giratorio con dos filamentos normalmente tienen dos pistas distintas, una para el foco fino y otra para el grueso. Con este sistema, la capacidad de disipación de calor se incremente unas seis veces y la carga térmica máxima que puede soportar es de unos 10Kw por milímetro cuadrado.

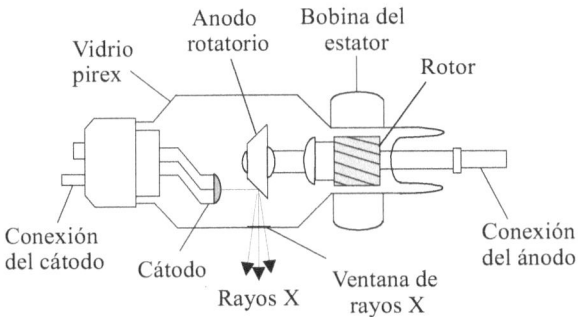

Fig. 1.11. Tubo de rayos X con ánodo rotatorio.

Durante la exposición, la temperatura en el foco puede alcanzar los 2500°C y la masa del ánodo unos 1400°C. Generalmente, los equipos de rayos X disponen de un sistema de enfriamiento que controla la temperatura del tubo, y para asegurar que su operación se realiza dentro de los límites permitidos, un sistema de protección computarizado en tiempo real «vigila» la temperatura del foco, el ánodo, las rolineras y el aceite.

A pesar de las anteriores precauciones es inevitable que el tungsteno se volatilize; con el tiempo se forma una capa de material evaporado en la superficie interior del tubo, ennegreciéndolo y degradando la calidad del haz de rayos X. Cuando la capa de tungsteno se vuelve suficientemente conductora se producen arcos eléctricos desde el cátodo a la capa y de allí al ánodo, de esta forma la corriente anódica ya no sigue el camino regular del cátodo hacia el ánodo. Incluso para bajos voltajes el arco causa inestabilidad en el tubo (crazing) por lo que debe ser reemplazado. Con el propósito de aumentar su vida útil, la tecnología de fabricación del ánodos está en continua evolución, recientemente se están ensayando nuevas aleaciones de tungsteno, renio, titanio y circonio.

Uno de los problemas que se presentó en la construcción de estos tubos fue la lubricación de las rolineras del motor; deben funcionar por largos años al vacío, por lo que la lubrificación debe ser «en seco». El polvo de plata o el bario han dado buenos resultados, pero su conducción térmica es pobre, contribuyen muy poco al enfriamiento del ánodo. Actualmente se está empleando el galio líquido; elemento que resiste altas temperaturas sin contaminar el vacío. La gran superficie de contacto de las rolineras y la lubricación con el metal ofrecen un excelente vehículo para disipar el calor.

Todos los componentes del tubo, a excepción del estator del motor, están montados dentro de una envoltura metálica o de vidrio.La envoltura tiene una «ventana» elaborada con berilio, aluminio o mica de donde emergen los rayos X, tiene la función de mantener el vacío, sostener el ánodo, el cátodo y los elementos del motor en posición y asegurar un buen aislamiento eléctrico. Si es metálica, el aislamiento es suministrado por aisladores de cerámica. Usualmente, por espacio entre el envase y la ampolla de vidrio circula algún tipo de refrigerante.

El tubo de rayos X se coloca dentro de un envase de aluminio y un blindaje de plomo que por motivos de seguridad se conecta a tierra. La protección de plomo evita que las radiaciones dispersas emerjan de otros lugares que no sea la ventana.

Con este sistema, se asegura una pre-colimación del haz emergente y se evita que las radiaciones alcancen al paciente en lugares distintos al deseado. Generalmente en la ventana se coloca un filtro de aluminio que absorbe las radiaciones de baja energía.

En el envase están los terminales del filamento y del ánodo, así como los terminales para suministrar corriente al motor y a los transductores de seguridad de presión y temperatura. También dispone de terminales para acoplar las mangueras donde circula el refrigerante.

En la figura 1.12 se muestra un tubo de rayos X con doble foco marca Siemens, Modelo Biangulis 125-30/52, 30/50 Kw de carga máxima, focos de 0,6 x 0,6 mm y de 1,2 x 1,2 mm.

Fig 1.12 Tubo de rayos X contenido en el envase de aluminio donde puede apreciarse la ventana donde emergen las radiaciones.

Tubo con rejilla de control

Algunos tubos están equipados con un tercer electrodo llamado *rejilla de control* colocada entre el ánodo y el cátodo. Al igual que en el triodo termoiónico, tiene la finalidad de controlar el flujo de electrones. Si es suficientemente negativa respecto al filamento el flujo de electrones es detenido. De esta manera, la tensión de rejilla regula la producción de rayos X o los interrumpe.

FUNCIONAMIENTO DEL TUBO DE RAYOS X

Por efecto termoeléctrico, en torno al filamento incandescente se establece una carga negativa formada por una nube de electrones que permanecen en su alrededor. Cuando se aplica un pequeño voltaje entre ánodo y cátodo parte de esos electrones son atraídos hacia el ánodo. A medida que aumenta la tensión, la cantidad de electrones que «pululan» a su alrededor disminuye, mientras los atraídos por el ánodo aumenta, hasta llegar a una tensión donde todos los electrones producidos por el filamento son rápidamente capturados por el ánodo.

El tubo que trabaja en estas condiciones se dice que está saturado y el voltaje aplicado entre ánodo y cátodo se le llama *voltaje de saturación*. La curva que relaciona la corriente de ánodo con la tensión ánodo-cátodo se muestra en la figura 1.13, la parte plana corresponde a la zona de saturación.

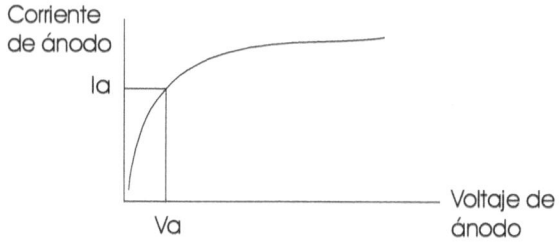

Fig. 1.13 Relación entre la corriente y el voltaje de ánodo en un tubo de rayos X.

En condición de saturación, la corriente de ánodo es limitada por el número de electrones emitidos por el filamento y es casi independiente de la tensión ánodo-cátodo. Sólo podría ser aumentada si se incrementa la temperatura del filamento. Los tubos de rayos X operan con tensión un poco menor que la de saturación, con lo que se logra un control preciso de la corriente de ánodo.

El tubo de rayos X es un elemento costoso y de vida limitada. En algunos casos donde el trabajo es intenso se reemplaza dos veces al año. Las causas principales del deterioro son producto de la evaporación del filamento que finalmente se «abre» y la evaporación de la superficie del ánodo.

CARACTERISTICAS DE DISIPACION

Las característica de disipación de un tubo se presenta por medio de una gráfica conocida como *carta de carga* (X ray tube rating chart o exposure rating chart), en la que se expresa la relación entre el alto voltaje, la corriente de ánodo y el tiempo de exposición, con lo que se determina la carga del tubo.

36

La carga térmica se refiere a la energía en forma de calor que el sistema de refrigeración debe extraer del tubo.

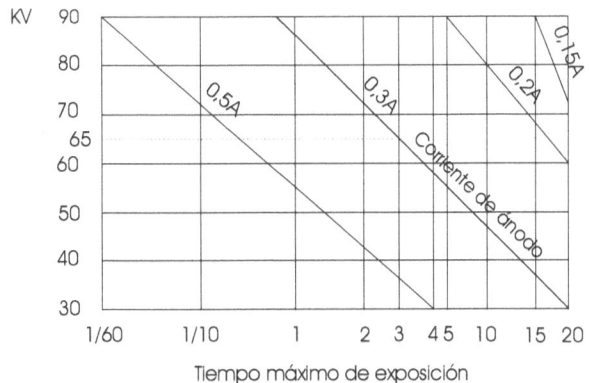

Figura 1.14 Características de disipación de un tubo de rayos X.

Para un tubo específico y para un alto voltaje dado, la corriente de ánodo máxima permisible depende del tiempo de exposición y de la superficie del punto focal. Para el tubo, cuya característica de disipación es la mostrada en la figura 1.14, se observa que para 65Kv y corriente de ánodo de 0,3A, el tiempo de exposición no puede exceder los 3 segundos. Si la corriente de ánodo aumentara a 0,5A, el tiempo de exposición sería mucho menor; unos 0,3 segundos.

Si el voltaje aumentara a 80KV, para una corriente de ánodo de 0,3A el tiempo de exposición se vería reducido a 1,3 segundos. Los datos que aporta la gráfica aplican para una sola exposición, permitiendo luego que el tubo se enfríe durante unos 15 minutos.

Cuando se hacen varias exposiciones en poco tiempo debe tomarse en cuenta la máxima capacidad de disipación del ánodo, para lo cual deben conocerse algunas características del tubo. Con esas características se puede calcular el máximo número de exposiciones por unidad de tiempo. Para un tubo dado la capacidad de disipación de calor es fija, se fundamenta en la efectividad de la eliminación del calor por parte del sistema de enfriamiento.

Algunas de las características de disipación suministradas por el fabricante podrían ser:

Punto focal:	1 o 2 mm.
Capacidad calórica de ánodo:	135 Kcal.
Capacidad calórica máxima:	1250 Kcal.
Capacidad máxima de disipación:	45 Kcal/min.
Máximo voltaje ánodo-cátodo:	120 Kv.

Como el tubo tiene una disipación máxima de 45Kcal/min permite, por ejemplo, 10 exposiciones por minuto donde se disipan 4,5 Kcal en cada una de ellas, o 5 exposiciones con 9Kcal en ese mismo tiempo.

Carga térmica. La carga térmica (heat loading) de un tubo puede ser hallada también con los datos que suministra la carta de carga. El tubo, cuya gráfica es la mostrada en la *figura 1.14,* puede ser «cargado» con 0,3A y 65KVp durante 5 segundos.

La carga térmica en este caso es:

0,3A x 65000v x 5 = 97.500Julios

Ejemplo: Un tubo de rayos X con máxima disipación de ánodo de 45Kcal/min es operado con 200KVp, su sistema de alimentación es monofásico, 60Hz, con rectificación de onda completa. Calcular la máxima corriente de ánodo si se desean hacer tres exposiciones por minuto, cada una con duración de 10 segundos?

La representación gráfica del voltaje de ánodo es la siguiente:

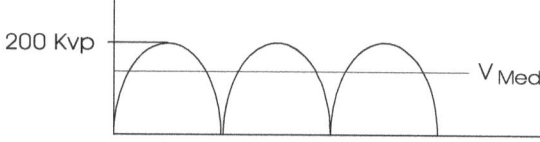

El valor promedio del voltaje de ánodo es:

$$V_{med} = \frac{1}{\pi} \int_0^\pi 200 \cdot 10^3 \, sen\,\theta \delta\theta = 127.000v$$

45Kcal/ min. equivale a 193.000 Julios/min.

En cada exposición se generan 193.000/3 = 64.330 Julios.

Corriente máxima de ánodo = 64.330/127.000 =0,507 A.

Pero como cada exposición dura 10 segundos y en los siguientes 10 segundos no hay corriente de ánodo, la corriente durante el tiempo de exposición puede ser de hasta 0,507 x 2 = 1,014A.

TUBOS PARA MASTOGRAFOS

Los tubos de ánodo rotatorio fabricados especialmente para realizar la radiografía de la mama, son adaptados para obtener la mayor resolución posible en la visualización de las estructuras fibroepiteliales internas de la glándula. Operan con menos tensión y generan fotones de menor energía, adecuada para producir imágenes con buena resolución y buen contraste de los tejidos blandos propio de ese órgano.

La energía de los de rayos X óptima para realizar la mamografía es la comprendida entre 16 KeV y 26 KeV. Un espectro tan «estrecho» se obtiene seleccionando un material del ánodo que tenga la radiación característica en ese rango. Varios elementos cumplen con este requisito, entre ellos el molibdeno y el rodio.

Los fotones cuya energía es inferior a los 16KeV no penetran suficientemente en los tejidos, sólo contribuyen a aumentar la dosis a que se somete la paciente, por lo que deben ser excluidos.

El tubo más empleado es el llamado *Mo/Mo* que opera con voltaje constante de 35Kv. El ánodo y el filtro están hechos de molibdeno y los rayos X emergen de una ventana muy delgada de berilio. La combinación producen un espectro bastante «estrecho», entre 15KeV y 20KeV. Por ser el molibdeno un elemento bastante liviano, cuyo número atómico es sólo 42, la producción de rayos X es bastante ineficiente. Emplea un punto focal relativamente grande y el tiempo de exposición se extiende a algunos segundos.

Para realizar la misma tarea, también se fabrican tubos con ánodo de tungsteno que operan con 30KV, los rayos se filtran con una lámina muy delgada de paladio y la ventana del tubo está hecha por una capa muy delgada de vidrio. Su espectro se considera ideal para el estudio de mamas voluminosas.

El tungsteno, cuyo número atómico es 74, por ser un material más pesado es más eficiente en la producción de rayos X. Permite un punto focal mucho más pequeño, del orden de los 0,1 a 0,2 mm, con lo que se logra una mejor resolución.

EQUIPOS DE RAYOS X

Tienen por finalidad producir imágenes radiográficas de alta densidad, alto contraste, alta definición y con mínima exposición para el paciente. Son sistemas electromecánicos que generan y controlan la producción de rayos X, se fabrican de varias formas y tamaños y se clasifican de acuerdo a la energía de los rayos X que producen o a la forma en que son utilizados. El tubo puede estar sobre una guía móvil instalada en el techo o unido a la mesa, en los equipos portátiles

El sistema eléctrico está formado por tres circuitos principales que cumplen las siguientes funciones:

1.- Suministrar alta corriente y baja tensión para la alimentación de filamento.
2.- Suministrar de baja corriente y alta tensión a aplicarse entre el ánodo y el cátodo.
3.- Controlar el tiempo de exposición (Exposure time).

Una pieza importante del equipo es el banco de transformación: contiene el transformador que alimenta el filamento, el transformador de alto voltaje y los diodos rectificadores. El filamento es alimentado por un arreglo de transformadores como el mostrado en la figuras 1.16, 1.17 y 1.18, los cuales suministran unos 12 voltios y 5A. Los devanados de este transformador deben estar muy bien aislados ya que soportan la diferencia de potencial entra cátodo y tierra.

Los rectificadores son diodos que están conectados a la salida del transformador de alta tensión, se encargan de suministrar alto voltaje continuo al tubo de rayos X. Los primeros rectificadores fueron diodos termoiónicos, luego se emplearon los diodos de selenio y finalmente los diodos de silicio. Estos últimos tienen máximo voltaje reverso de ruptura (peak inverse voltage) de 1Kv.

Para obtener un rectificador de 150Kv se requiere una serie de 150 diodos integrados en un solo bloque.

Debido a la alta diferencia de potencial entre el circuito de alta tensión y el circuito del filamento, que puede alcanzar 150Kv, los transformadores y el rectificador están inmersos en aceite que actúa como aislante y previene posibles descargas eléctricas.

LA CONSOLA

Los equipos de rayos X poseen una consola desde la cual el operador controla los parámetros de exposición; el alto voltaje, la corriente de ánodo, el tiempo y la corriente de filamento.

El alto voltaje se expresa en Kilovoltios pico (KVp), la corriente de ánodo en miliampererios (mA) y la corriente de filamento en amperios (A). Estos valores se visualizan en instrumentos de medida colocados en el panel. El equipo, normalmente dispone de un botón de exposición con la función «listo» (stand by) que inicia la rotación del ánodo y pre-calienta del filamento antes de que ocurra la exposición.

TIEMPO DE EXPOSICION

La exposición es el tiempo durante el cual el paciente está sometido a los efectos de las radiaciones. Puede controlarse en forma manual o automática.

1.- Exposición manual: Un reloj detiene la producción de rayos X después de transcurrido cierto tiempo.

2.- Exposición automática: Mide la cantidad de radiaciones que «llegan» a la placa fotográfica y detiene la exposición cuando alcanza un valor preestablecido.

El sistema con exposición manual es más económico, tiene la desventaja que la cantidad de rayos X que inciden el la placa radiográfica depende únicamente del buen juicio del operador y la radiografía puede ser sobre expuesta o subexpuesta.

La exposición automática, conocida también como «autotimer» o « phototimer», emplea tres detectores colocados próximos a la placa radiográfica y dispuestos en forma similar a la mostrada en la figura 1.15.

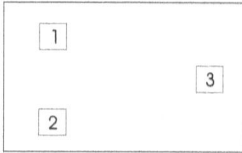

Fig.1.15. Disposición de los detectores del phototimer.

Cada detector es una cámara de ionización o una capa de material centelleante que mide la cantidad de rayos X. Cuando la cantidad es la adecuada se interrumpe la exposición.El funcionamiento de la cámara de ionización y del detector de centelleo se describe en el capítulo 5 dedicado a la medicina nuclear.

INTERRUPTOR DE EXPOSICION

Es el dispositivo que durante un tiempo de exposición conecta el alto voltaje al tubo. En los equipos de vieja data, pero aun en uso, la interrupción se efectúa por medio de un relé electromecánico que actúa en el primario del transformador de alta tensión. El sistema electromecánico no es adecuado para tiempos de exposición muy cortos; requiere de mucho mantenimiento de los contactos y es cada vez es más difícil de reemplazar. Por estos motivos, ha sido sustituido por conmutadores de estados sólido, como los rectificadores controlados de silicio (SCR) o los tiristores.

Cuando se requieren exposiciones cortas y repetitivas, la interrupción se efectúa en el secundario del transformador. Algunos equipos emplean triodos de alto voltaje intercalados en el circuito o por medio de la grilla de control del tubos de rayos X.

Si el equipo incorpora una fuente conmutada, la interrupción se efectúa en el primario del transformador desactivando el circuito inversor. La interrupción del primario es posible debido a la baja inductancia del transformador de núcleo de ferrita, lo que permite que el tiempo de alzada y de caída del alto voltaje en el secundario sea mucho menor, por lo que las exposiciones pueden ser de muy corta duración. Para obtener precisión en el tiempo de exposición, los equipos modernos utiliza temporización digital.

SISTEMA DE ENFRIAMIENTO

Como ya se mensionó, durante la exposición, a causa de la energía disipada en el ánodo y en el filamento, en el tubo se genera gran cantidad de calor. Para mantenerlo en funcionamiento y prolongar su vida el calor debe ser eliminado por medio de un sistema de enfriamiento.

Algunos tubos de baja potencia son enfriados por medio de la radiación natural, otros, de mayor potencia, utilizan un sistema de enfriamiento en circuito cerrado formado por una bomba, un tanque que contiene el refrigerante, la cámara del tubo de rayos X y un intercambiador de calor o radiador. Generalmente el equipo opera con unos 300 litros de refrigerante y tiene intercalado por lo menos un sistema de filtrado. Una bolsa incorporada en el tanque y en comunicación con la atmósfera permite la expansión térmica del líquido, mientras mantiene la presión atmosférica en su interior.

Una unidad externa de enfriamiento, como la columna de agua, dirige el flujo del refrigerante hacia un dispositivo reductor de presión (pressure drop device) próximo al tubo de rayos X. El refrigerante caliente que sale de reductor de presión es llevado al tanque y finalmente regresa a la unidad externa donde el calor es eliminado. De allí el líquido es dirigido de nuevo hacia el dispositivo reductor de presión para repetir el ciclo.

El circuito de enfriamiento incluye un sensor diferencial que mide la presión en la entrada del dispositivo reductor y la presión en el tanque. El valor de la presión diferencial es empleado para determinar el flujo del refrigerante; si este no es suficiente para garantizar una operación confiable y segura, el sistema de protección detiene la generación de rayos X.

El sistema de seguridad es sensible al volumen y a la presión del refrigerante. El generador no enciende a menos que el flujo sea adecuado y la presión correcta.

MESA RADIOGRAFICA

Las mesas radiográficas pueden ser fijas o basculantes. Están construidas de fibra de carbono suficientemente fuerte para sostener el paciente más pesado. Deben ser radiotransparentes y su espesor uniforme, de forma que puedan ser atravesada fácilmente por los rayos X. Debajo de la superficie de la masa se encuentra una bandeja que sujeta el chasis que contiene la película radiográfica y la rejilla de Bucky. Para poderla desplazar de un lado a otro, la bandeja corre sobre rieles. Existen dos tipos de bandejas: de mesa y de pared, pero su función es la misma.

ALIMENTACION MONOFASICA Y TRIFASICA

Los equipos alimentados con una sola fase se emplean en instrumentos donde los requerimientos de potencia son moderados, como los portátiles o los utilizados en odontología.

La figura 1.16 muestra el diagrama eléctrico de un equipo de rayos X de diseño tradicional. La fuente monofásica alimenta el transformador de filamento y el autotransformador. La alta tensión puede variarse por medio del selector del autotransformador, en tanto que la tensión de filamento es fija.

El operador dispone de medidores de la corriente de ánodo y de alta tensión, ambos instrumentos están colocados en la consola de control del equipo. Por motivos de seguridad y facilidad de diseño, el kilovoltaje y miliamperaje del tubo de rayos X se mide en forma indirecta, así se evita la presencia de la alta tensión en la consola de control del instrumento.

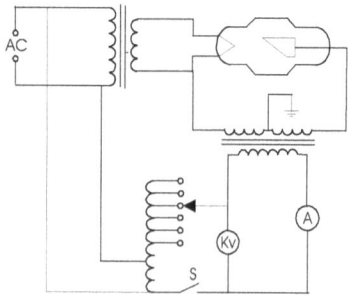

Figura 1.16. Diagrama eléctrico de un equipo de rayos X con alimentación monofásica y rectificación de media onda.

El kilovoltímetro en realidad mide es el voltaje eficaz de baja tensión en la salida del autotransformador, pero está calibrado en Kv e indica la alta tensión pico aplicada al tubo de rayos X. El amperímetro, calibrado en mA, indica la corriente de ánodo, aunque en realidad mide la corriente eficaz en el circuito del autotransformador.

El tubo de rayos X actúa por sí solo como un rectificador de alto voltaje de media onda. En el semiciclo, cuando el ánodo es positivo respecto al filamento, los electrones fluyen y se generan los rayos X. En el semiciclo siguiente se invierte la polaridad, los electrones dejan de fluir y no hay producción de radiaciones. Por lo tanto, la emisión de rayos X sólo se produce durante la mitad del tiempo.

Para exposiciones repetitivas, el ánodo puede alcanzar tal temperatura que comienza a emitir electrones; en el tubo se genera una corriente reversa que puede producir excesivo calentamiento y destrucción del filamento.

La figura 1.17 muestra el diagrama eléctrico de un equipo monofásico con rectificación de onda completa. Por medio de P1 se ajusta el voltaje de filamento y con de P2 se selecciona la tensión que será aplicada al primario del transformador de alto voltaje.

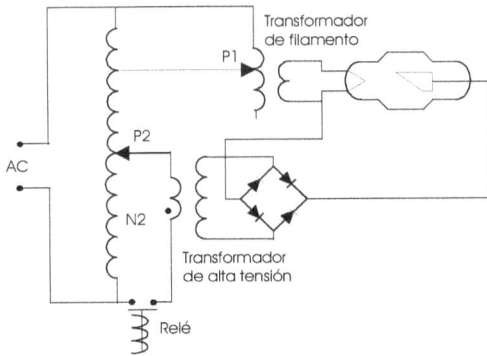

Fig. 1.17. Diagrama eléctrico con alimentación monofásica y rectificación de onda completa.

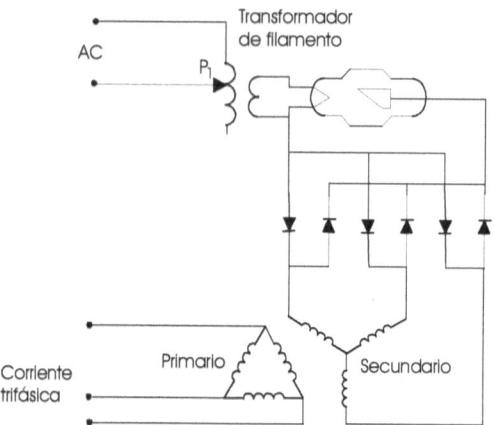

Fig.1.18. Diagrama eléctrico con alimentación trifásica y rectificación de onda completa.

La alimentación del equipo mostrado en la *figura 1.18* es trifásica, contiene seis diodos rectificadores y el filamento es alimentado por un transformador independiente del sistema trifásico.

El alto voltaje es aplicado por medio de un cable de alta tensión que puede conectarse al tubo de dos maneras:

1.- El polo negativo conectado al cátodo y el ánodo a tierra. Con este sistema se evita aislar el ánodo de tierra.

2.- La mitad del alto voltaje aplicado al ánodo y la otra mitad al cátodo. Para una diferencia de potencial entre ánodo y cátodo de 100Kv, el ánodo tiene aplicados +50Kv y el cátodo-50Kv, con lo que se reduce el aislamiento.

FACTOR DE ONDULACION

La energía eléctrica se distribuye por medio de un sistema trifásico con frecuencia de 50 o 60 Hz, el periodo de la onda de 60Hz es 1/60 de segundo, es decir 16,67ms.

Los equipos de rayos X se construyen para ser alimentados con corriente rectificada monofásica o trifásica , por lo que la alta tensión aplicada al tubo tiene ondulación. La ondulación es un componente no deseado. Causa que la energía de los fotones de rayos X sea dispersa y con gran cantidad de fotones de baja energía.

El factor de ondulación (ripple factor) se define como la variación de voltaje, expresado en porcentaje, respecto al voltaje máximo, es decir:

%factor de ondulación =100 (Vmax - Vmin)/Vmax

Para la alimentación monofásica, el factor de ondulación es 100%, ya sea para rectificación de media onda o de onda completa. Para la trifásica, dependiendo del tipo de rectificación se producen 6 o 12 crestas cada 1/60 segundo. De esta forma, el factor de ondulación se reduce drásticamente; 13% a 15% para 6 crestas y 3% a 10% para 12 crestas por periodo. Debido a la reducción en la ondulación, la producción de fotones de baja energía se reduce apreciablemente y la generación de rayos X es mucho más eficiente.

La ondulación es prácticamente inexistente en los equipos modernos, puesto que la anterior fuente de alimentación se ha reemplazado por la pequeña y eficiente fuente conmutada.

FUENTE DE PODER CONMUTADA

Hasta la década de 1980, la fuente de poder estaba formada por un banco de transformadores y rectificadores como los descritos anteriormente. Hacia el final de esa década, se desarrollaron nuevos métodos que dieron origen a la fuente de poder conmutada, con la que se obtuvo un mejor control de producción de los rayos X, mejor calidad de la imagen y menos exposición para el paciente.

Las fuente de poder conmutada (Switch Mode Power Supply o SMPS) o fuente de alta frecuencia (High frecuency generators), se caracteriza por ser menos pesada y voluminosa, más económica y eficiente. Su ondulación es inferior al 2%, de forma que la energía de los rayos X es muy poco dispersa. Tiene la desventaja que genera ruido eléctrico de alta frecuencia que debe ser neutralizado para no causar interferencias en los equipos cercanos.

Su funcionamiento se basa en el hecho de que el voltaje inducido en un secundario es proporcional a la velocidad con que varía lo corriente en el primario. En general, dentro de un cierto rango de frecuencia, el voltaje del secundario es proporcional a:

$$f \, n \, A$$

donde   f: es la frecuencia de la corriente aplicada al transformador.

      n: es el número de espiras del secundario.

      A: es la sección transversal del núcleo secundario.

Si aumenta la frecuencia, se puede obtener el mismo voltaje y corriente de salida con menos espiras y menos sección transversal del núcleo.

Generalmente la fuente conmutada es alimentada con corriente monofásica, que después de rectificada y filtrada es empleada para alimentar los transistores de conmutación que operan entre 100KHz y 500KHz.

La onda cuadrada resultante es aplicada a un transformador con núcleo de ferrita que eleva la tensión. La ferrita es un material mal conductor formado por la conglomeración de partículas de óxido de hierro que por sus propiedades magnéticas es empleada en altas frecuencias.

Para obtener un voltajes de salida continuo, la alta tensión alterna es rectificada, filtrada y utilizada para alimentar el tubo. La magnitud del voltaje de salida se controla por medio de la frecuencia de conmutación.

La rectificación se efectúa con diodos rápidos y el filtro está formado por inductores y condensadores. Debido a la alta frecuencia de conmutación, los condensadores que lo forman son de capacidad relativamente pequeña.

La fuente conmutada presenta la ventaja que puede ser activada por muy corto tiempo, algunos milisegundos, por lo que es adecuada para realizar exposiciones de muy corta duración.

Al principio, estos generadores fueron empleados en equipos pequeños y portátiles; actualmente se instalan en equipos de cualquier potencia. Debido a sus reducidas dimensiones, los principales componentes de la fuente conmutada pueden colocarse en el mismo recipiente que contiene el tubo, en el brazo del equipo, o en su cercanía.

LA RADIOGRAFIA

La radiografía es una imagen permanente registrada en una placa o película fotográfica que se obtiene al exponerla a una fuente de radiación X o gamma. Para facilitar su interpretación debe tener buenas condiciones visuales y geométricas, lo que incluye una adecuada densidad y contraste, contornos nítidos, abundantes detalles y no debe producir distorsión ni alterar el tamaño de los objetos radiografiados.

Al interponer parte del cuerpo entre la fuente de radiación y la placa, la imagen se forma con las radiaciones que logran atravesar las estructuras internas después de haber sido absorbidas, en forma diferencial, por los tejidos.

Las regiones de la placa muy expuestas a los rayos X, como las que están en la «sombra» de los tejidos blandos, aparecen más obscuras. Las menos expuestas, como las que están detrás de los huesos que tienen mayor densidad, aparecen más claras.

La opacidad o brillantez de una imagen depende de la cantidad de rayos X a la que estuvo expuesta. Puede controlarse modificando la corriente de ánodo, el tiempo de exposición y la tensión ánodo-cátodo. Depende también del proceso químico de revelado, fijado y secado de la placa radiográfica.

La imagen se percibe a causa de la diferencia de contraste entre sus partes. El contraste entre dos tejidos blandos es máximo para un voltaje dado, así, en cada caso la optimización de la imagen se obtiene ajustando el voltaje ánodo-cátodo, lo que modifica la energía de la radiación X.

La claridad de los bordes (sharpness) es un término empleado para describir su calidad. Una imagen con buena resolución reproduce fielmente los detalles «finos» del objeto. Los bordes se difuminan si el punto focal es grande y por la presencia de la radiación secundaria.

Para someter el paciente sólo a la radiación necesaria, el tiempo de exposición debe ser cuidadosamente limitado, el área de radiación debe confinarse a la región de interés y el haz debe ser colimado y filtrado.

Gran parte de los rayos X se originan por efecto de frenado; el espectro contiene un amplio rango de energía cuya distribución es similar a la mostrada en el espectro de la figura 1.19A. La composición energética no es la ideal para producir imágenes radiográficas; los rayos X de baja energía, por no poder atravesar el cuerpo del paciente no contribuyen a formar la imagen, sólo exponen a radiaciones innecesarias la piel y en los tejidos subcutáneos. Está radiación, sólo contribuyen a aumentar la dosis y a degradar la calidad de la radiografía.

Los fotones de baja energía se eliminan por medio de filtros. Los filtros, son láminas metálicas que se colocan en el recorrido del haz con la finalidad de absorberlos. Los de lámina de aluminio de espesor adecuado colocados entre el tubo y el paciente cumplen con esa función.

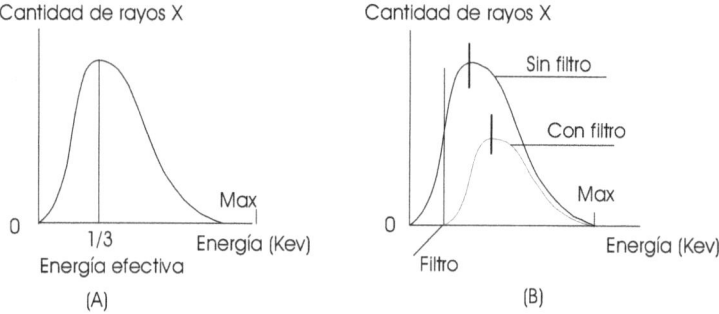

Fig.1.19. Efecto del filtro sobre el espectro de energía.

La figura 1.19B muestra el efectos que produce el filtro sobre el espectro: la cantidad de rayos X que alcanzan la placa fotográfica se reduce, el espectro se desplaza a la derecha y la energía promedio de los fotones es mayor.

A medida que el filtrado se incrementa, la energía de los fotones restantes se eleva y por lo tanto su poder de penetración. De esta forma se logra que sólo los rayos X de mayor energía alcanzan la placa radiográfica. Sin embargo, con un filtrado excesivo muy pocos fotones podrían alcanzar la placa y contribuir a crear la imagen. Normalmente el filtro forma parte del diseño del equipo y está incluido en la caja que aloja el tubo de rayos X. Aparte del filtrado, el equipo debe cumplir con las regulaciones y normas de seguridad establecidas por las autoridades que supervisan el empleo de las radiaciones ionizantes. Debe siempre procurarse que el paciente no recibirá más dosis de la requerida.

La rejilla Bucky

Anteriormente, se indicó que los rayos X al interactuar con la materia son afectados por el fenómeno de absorción y de dispersión. La absorción de los diferentes tejidos es precisamente lo que permite que se forme la imagen, por el contrario, la dispersión tiende a difuminarla. Para evitar que la radiación dispersa alcance la placa se emplea la rejilla Bucky. Está formada por un material muy absorbente, generalmente plomo, y se especifica por su espesor y superficie; a mayor espesor, mejor poder de absorción de las radiaciones dispersas. La superficie, que podría ser de 24cm por 18cm, debe ser suficiente para cubrir la placa fotográfica. Su localización y principio de funcionamiento lo ilustra la figura 1.20, donde se observa cómo a las radiaciones no dispersas alcanzan la placa fotográfica, mientras que las dispersas son absorbidas por el plomo.

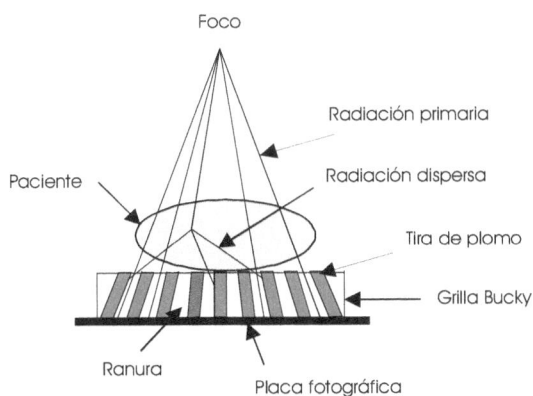

Fig.1.20. La rejilla Bucky suprime la radiación dispersa.

La rejilla de Bucky, inventada por Gustave Bucky en 1913, es un dispositivo rectangular con algunos centímetros de espesor que se coloca entre el paciente y la placa radiográfica. Su geometría evita que la radiaciones dispersas alcance el film, con lo que se obtiene una radiografía de mejor calidad, más clara, «limpia», con más detalles y con mejor definición de los bordes a expensas del tiempo de exposición y de someter al paciente a una dosis mayor.

La rejilla puede ser lineal, cuando las tiras están dispuestas siguiendo un patrón como el mostrado en la figura, o puede ser cruzada cuando está formada por dos rejillas lineales con las tiras dispuestas perpendicularmente. También se clasifica en estacionaria y móvil, la estacionaria (stationary grid) puede proyectar la «sombra» de sus propias tiras de plomo en la radiografía, en tanto que en la móvil, la sombra tiende a ser borrosa e imperceptible.

Las rejillas modernas son elementos bastante costosos, tienen de 60 a 70 tiras absorbentes por centímetro y las ranuras no son visibles a simple vista. Las tiras son tan delgadas que, a pesar de permanecer estáticas, su sombra prácticamente no afecta la calidad de la imagen.

La rejilla móvil (moving grid) fue inventada por Hollis Potter en 1920, se le conoce también como Rejilla Potter-Bucky. Cuando el ánodo comienza a girar, la grilla inicia un movimiento oscilatorio que se mantiene mientras dure la exposición.

Las tiras de la rejilla lineal no son perfectamente paralelas, están orientadas hacia un foco que es el punto focal del ánodo situado a una distancia focal, por lo que la rejilla es efectiva sólo para esa distancia.

INTENSIFICADOR DE IMAGEN

El intensificador de imagen (X-Ray Image Intensifier) es un instrumento presentado al mercado por Philips en 1955; se emplea principalmente en fluoroscopia y angiografía. Su implementación se debe al desarrollo de dispositivos para la visión nocturna donde la imagen, por ser muy tenue, precisa ser intensificada para poderla observar en condiciones normales de iluminación ambiental.

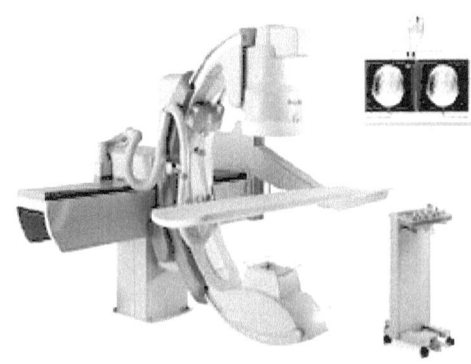

Fig.1.21. Equipo Philips Multi Diagnostic Eleva fijo.

En los estudios fluoroscópicos el tiempo de exposición es bastante prolongado. Para evitar someter al paciente a radiación excesiva se utiliza la mínima dosis posible. Las imágenes obtenidas con poca radiación son de baja calidad, poco nítidas y con poco contraste. El intensificador permite la observación de esas imágenes en ambientes con iluminación normal y abre la opción de grabarlas.

Se fabrica en dos versiones: fijo y móvil. El primero, mostrado en la figura 1.21, es empleado para el análisis rutinario. El móvil, mostrado en la figura 1.22, más pequeños y alimentado con baterías, es utilizado principalmente en quirófanos para realizar estudios endoscópicos, de fertilidad, angiográficos y cardíacos entre otros.

Normalmente el intensificador tiene forma cilíndrica, en sus extremos se encuentran las superficies de fósforo y en su interior el fotocátodo y la óptica electrónica, todo en un ambiente de vacío. El corte de un instrumento se muestra en la figura 1.23.

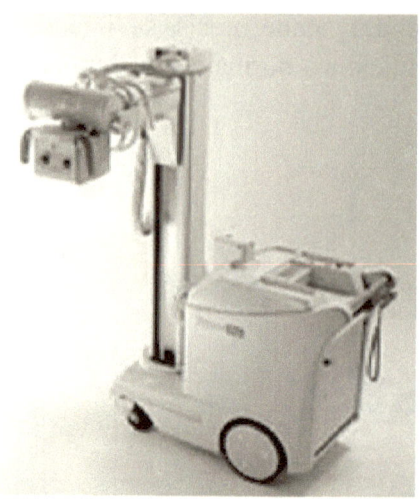

Fig. 1.22 Equipo móvil alimentado con baterías

Los rayos X atenuados por los tejidos del paciente penetran por la ventana de entrada y alcanzan la superficie de fósforo. El fósforo excitado centellea y emite fotones que chocan con el fotocátodo que a su vez emite electrones. Los electrones, acelerados y enfocados por la óptica electrónica, chocan con la superficie de fósforo adosada a la ventana de salida, que al ser excitada emite luz visible. La luz emitida forma una imagen mucho más intensa que original.

La ventana de entrada del los primeros intensificadores era de vidrio; producía absorción y dispersión de los rayos X incidentes. Esta limitación fue superada al reemplazar el vidrio por una lámina delgada de aluminio o titanio con espesor de 0,25 a 0,5 mm, que produce muy poca atenuación y a la vez es suficientemente fuerte para soportar la fuerza ejercida por la presión atmosférica, además, actúa como dispositivo de seguridad en caso que se produzca implosión.

El diámetro de la ventana de entrada es de 15 a 40cm. El material sensible está formada por ioduro de cesio (CsI) dopado con sodio (Na). Cuando se deposita sobre la ventana, se crean estructuras monocristalinas en forma de agujas cada una de 0,005mm de diámetro y 0,5mm de longitud.

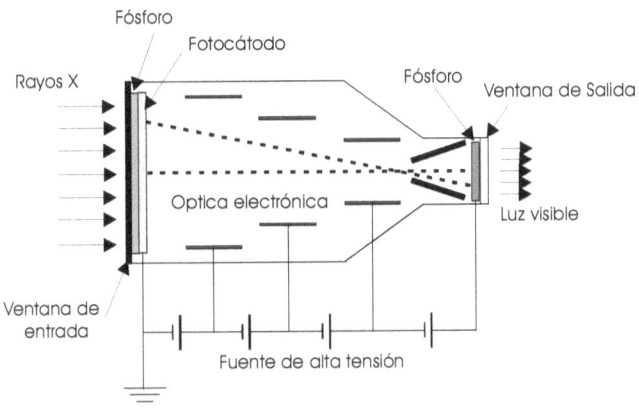

Fig. 1.23 Sección de un intensificador de imagen.

El cesio como el yodo son buenos absorbentes de la energía de los rayos X, su función de trabajo es 36 KeV y 33 KeV respectivamente. Cuando el fósforo absorbe los rayos X produce luz azul, que es guiada con poca dispersión por las agujas hacia el fotocátodo, en forma similar a una fibra óptica. El fotocátodo está formado por una aleación de antimonio y cesio (SbCs) y su espesor es de unos 2nm.

Entre el fósforo y el fotocátodo hay una capa intermedia de 0,001mm de espesor (no mostrada en la figura) formada por óxido de indio, que tiene buena transmisión óptica y aísla químicamente el fotocátodo. Los fotones de luz visible emitidos por el fósforo son absorbidos por efecto fotoeléctrico en el cátodo, el cual en respuesta libera fotoelectrones.

La fuente de alta tensión, cuyo voltaje está comprendido entre 25 y 35Kv, es empleada para acelerar los fotoelectrones hacia el ánodo y la óptica electrónica los enfoca sobre la superficie de la ventana de salida. Para compensar por la diferente trayectoria de los electrones y minimizar la distorsión, la superficie del fotocátodo es curva y la imagen proyectada sobre la ventana está invertida respecto a la imagen en la entrada.

El fósforo depositado sobre la ventana de salida es del tipo ZnCdS, conocido también como P20, tiene un espesor de unos 0,005mm y diámetro entre 25 y 35mm, convierte la energía cinética de los electrones en luz visible de color verde.

Un recubrimiento delgado de aluminio colocado sobre la capa de fósforo actúa como ánodo y refleja la luz hacia la ventana de salida. De esta forma aumenta la luminosidad de la imagen y se evita que los fotones exciten el fotocátodo. La ventana de salida es de vidrio coloreado de unos 15mm de espesor y con una capa antireflejos, su objetivo es reducir la difusión y la reflexión de la luz.

La magnificación de la imagen se logra variando la tensión aplicada a los electrodos de la óptica. Algunos equipos tienen la opción de magnificación discreta, otros poseen la opción del zoom, con lo que es posible adecuar la dimensión de la imagen en forma continua. La imagen resultante es recogida por una cámara fotográfica o de video, o por la combinación de estas.

La envoltura del intensificador está hecha de vidrio o acero inoxidable no magnético y la ventana de entrada está soldada a esta envoltura. El conjunto es colocado dentro un recipiente metálico que contiene dos camisas; una de plomo y otra de mu-metal. El mu-metal es una aleación de hierro, níquel, cobre y molibdeno, tiene muy alta permeabilidad y aisla la óptica electrónica de los campos magnéticos externos. La camisa de plomo la protege de las radiaciones ionizantes.

La intensificación de la imagen es el resultado de la combinación de dos factores: la reducción del área de imagen y la aceleración de los electrones. El aumento de brillo por la reducción de la imagen se debe a que el área de la ventana de salida es menor que el área de la ventana de entrada, lo que origina que el número de electrones por unidad de área es mayor en la ventana de salida. La ganancia es dada por la relación de las áreas; si el diámetro de la ventana de entrada es 30 cm y el de salida 3cm, la ganancia del brillo es 100.

La aceleración de los electrones depende del alto voltaje entre ánodo y cátodo; a mayor voltaje, mayor es la energía que entregan los electrones al impactar el ánodo, con lo que se producen más fotones de luz visible en la ventana de salida. La ganancia debida a la aceleración de los electrones está comprendida entre 50 y 100. La amplificación del brillo es dada por el producto de estos dos factores; en este caso 100 x 50 = 5000.

FLUOROSCOPIA

La fluoroscopia es una técnica no invasiva frecuentemente empleada en medicina para obtener imágenes en tiempo real de las estructuras internas del cuerpo. El instrumento empleado para obtenerlas es el fluoroscopio, que en su forma más simple consta de una fuente de rayos X y una pantalla fluorescente entre las que se sitúa el paciente. Un instrumento de última generación se muestra en la figura 1.24

En los fluoroscopios modernos se acopla a la pantalla un intensificador y una cámara de video, lo que permite que la imagen sea observada y grabada.

Mientras dure el estudio la emisión de rayos X es constante; los rayos X inciden continuamente sobre en la zona de interés, de forma que los órganos o tejidos son observados en tiempo real. Aunque la emisión es continua, la dosis por imagen que recibe el paciente es pequeña en comparación con la radiografía tradicional.

El instrumento, además de posibilitar la observación de los órganos internos en movimiento, también es empleado en la cirugía guiada por imágenes (Image-guided surgery). Durante la intervención va mostrando al cirujano la posición de los instrumentos quirúrgicos en relación con los órganos y tejidos.

En cirugía ortopédica, por ejemplo, guía la reducción de la fractura y la colocación de prótesis metálicas.

Generalmente las imágenes no son empleadas para el diagnóstico, son utilizadas preferentemente para colocar un catéter y observar en el monitor la maniobra de posicionamiento, para analizar el tránsito de sustancias radio-opacas por los órganos internos o en los vasos sanguíneos, o para colocar en su sitio el marcapaso cardíaco. Los órganos internos se observan gracias al empleo de material de contraste, que por tener alta densidad absorbe la radiación.

Los equipos de fluoroscopia modernos permiten una amplia variedad de aplicaciones; desde los exámenes gastrointestinales y urogenitales hasta los exámenes radiológicos rutinarios. Se construyen con el tubo de rayos X colocado en lo alto de la mesa del paciente (Over-table system) y con el tubo debajo la mesa (Under-table system). Estos sistemas son adecuados para personas de perfiles muy variados, desde pacientes pediátricos hasta adultos muy obesos, su manejo es muy eficiente y la dosis aplicada es generalmente baja. También se construyen sistemas multifuncionales, adecuados para la fluoroscopia y la angiografía. Esta versatilidad conduce a exámenes más rápidos y a menor costo.

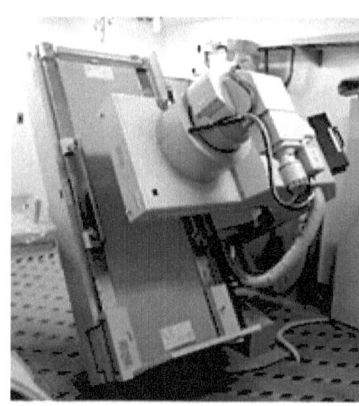

Fig. 1.24 Un fluoroscopio moderno.

La técnica fluoroscópica se remonta a 1895, cuando Röntgen notó que el platinocianuro de bario expuesto a los rayos X se volvía fluorescente. A los pocos meses de este descubrimiento fue creado el primer fluoroscopio que era un simple embudo de cartón. Por la abertura estrecha, el observador podía ver el extremo ancho del embudo donde se colocaba una hoja fina de cartón recubierta en la parte interna con una capa de material fluorescente. La imagen obtenida de esta forma era bastante tenue, así que el norteamericano Thomas Edison (1847-1931) utilizó pantallas de tungstenato de calcio que producía imágenes más brillantes. Por este hecho, se le acredita el haber diseñado y producido el primer fluoroscopio comercialmente disponible.

Muchos predijeron que el fluoroscopio reemplazaría completamente la radiografía estática, sin embargo, la calidad superior de las imágenes radiográficas evitó que esto ocurriera.

Por desconocerse los efectos biológicos adversos de las radiaciones no se tomaron las precauciones debidas. Los radiólogos detrás de la pantalla recibían altas dosis de radiación, los médicos y científicos colocaban sus manos directamente en la trayectoria del haz, por lo que padecieron importantes quemaduras. A causa de este desconocimiento, al fluoroscopio se le dieron aplicaciones tan triviales como la de observar la posición de los pies dentro del zapato; practica que se utilizó por varias décadas, hasta los años 50 del siglo pasado.

Para satisfacer estas frivolidades en los Estados Unidos habían unas 10.000 zapaterías que lo utilizaban. El Servicio Público de Salud determinó que el cliente estaba expuesto a unos 10 Röntgen, sin embargo, estudios posteriores determinaron que la exposición era de hasta 116 Röntgen. A efecto de comparación, una persona parada a 1500 metros de la explosión de Hiroshima hubiera recibido unos 300 Röntgen en todo el cuerpo, no sólo en sus pies.

Hay una relación predecible entre la exposición a los rayos X y la muerte por cáncer. Esta enfermedad, que puede manifestar décadas después, seguramente atacó a muchos clientes que murieron prematuramente debido a este invento publicitario.

Los que más sufrieron fueron los vendedores que estaban expuestos diariamente a dosis enormes.

Debido a la poca luminosidad producida en la pantalla, para poder ver las tenues imágenes fluoroscópicas los primeros radiólogos debían adaptar sus ojos a la oscuridad; antes de realizar las exploraciones debían permanecer en habitaciones obscuras unos 20 minutos. En 1916, el fisiólogo alemán Wilhelm Trendelenburg (1877-1946) desarrolló unos anteojos de adaptación al rojo (red adaptation goggles) dirigidos a resolver este inconveniente.

Con el desarrollo del intensificador de imagen se produjo un gran avance en la técnica fluoroscópica. La primitiva pantalla fluorescente y las gafas de adaptación se volvieron obsoletas. Fueron rápidamente reemplazadas por el intensificador, que genera imágenes suficientemente intensas que pueden percibirse en ambientes normalmente iluminados.

En los años 80 del siglo pasado se desarrolló la angiografía por sustracción digital (DSA) que amplió el campo de aplicaciones angiográficas, especialmente las exploraciones cardiovasculares con contraste. Con este método, las señales analógicas de video procedentes de la cámara de TV se convertían en datos digitales. Veinte años después, en los primeros años de este siglo, estuvo disponible la radiología digital y el detector plano de digitalización directa.

DIAGRAMA EN BLOQUES

La figura 1.25 muestra el diagrama en bloques de un fluoroscopio. En ella se distingue la parte de producción de rayos X, el sistema de generación de la imagen y el sistema de video. Los rayos X emitidos por el tubo inciden en la pantalla fluorescente donde se forma la imagen. La pantalla, compuesta de sulfato de zinc y cadmio, emite luz visible cuando es excitada.

Para observar en tiempo real los órganos en movimiento se emplea el mismo principio de las proyecciones cinematográficas; se toma una secuencia de imágenes, que proyectadas una tras otra, dan la sensación de movimiento. De esta forma podría analizarse, por ejemplo, el tránsito de un medio de contraste por los vasos.

Muchos fluoroscopios disponen de un sistema de control automático de brillo. Es empleado para evitar exponer al paciente a dosis excesivas y para estandarizar la intensidad de la imagen. Para lograrlo se utilizan dos métodos: En el primero suele medirse el brillo de la imagen en el centro de la ventana de salida del intensificador. El brillo es detectado por medio de un tubo fotomultiplicador, cuya señal de salida se utiliza para controlar la ganancia del intensificador. Si en el centro de la ventana estuviera presente un órganos altamente absorbentes, el control automático de brillo puede dar origen a que el paciente reciba una dosis excesiva. Para evitar el riesgo, los sistemas fluoroscópicos están limitados por normas que fijan la máxima dosis a que pueden exponerse. El segundo método, mide el nivel de video proveniente de una cámara de TV que está enfocada en la salida del intensificador y lo utiliza para controlar su ganancia. En las nuevas generaciones de fluoroscopios, donde prevalece la imagen digital, este problema es totalmente superado y el paciente recibe dosis mucho menores.

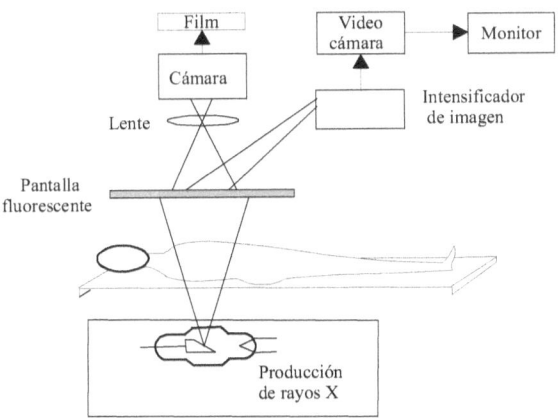

Figura 1.25 Diagrama del fluoroscopio

En algunos fluoroscopios modernos, el detector plano (flat-panel detectors) reemplaza el intensificador de imagen. Estos detectores, por ser más sensibles a los rayos X y por tener mejor resolución temporal, producen una imagen con menos exposición y reducen considerablemente la distorsión producida por los movimientos del paciente. Por ser mucho mas costosos, su uso está restringido a especialidades como la cardiológica que requiere la producción de imágenes a alta velocidad.

La relación del contraste del detector plano es lineal dentro de un amplio rango, mientras que el intensificador tiene una relación máxima de 35:1. La resolución espacial es aproximadamente igual, aunque cuando el intensificador opera en modo de «magnificación», la calidad de la imagen puede ser ligeramente superior.

RIESGOS

El estudio fluoroscópico implica el uso de rayos X y todos los procedimientos donde se emplean radiaciones ionizantes suponen un daño para la salud del paciente. Por tal motivo, el riesgo-beneficio de este examen debe ser cuidadosamente evaluado por un especialista. Aunque se procure emplear la mínima dosis posible, el tiempo de exposición es normalmente prolongado, la dosis absorbida por el paciente es relativamente alta, depende del volumen expuesto y de la duración del estudio. Una dosis típica es del orden de 20-50 mGy/min y el tiempo de exposición está superditado a la exploración a realizar; están documentadas sesiones de hasta 75 minutos.

Debido a la exposición, se han observado efectos directos como un eritema leve, equivalente a una quemadura solar, hasta quemaduras más importantes. Sin embargo, estas quemaduras no son típicas de los procedimientos fluoroscópicos estándar, sólo son parte de las procedimientos extremos necesarios para salvar la vida del paciente.

ANGIOGRAFIA

La angiografía es un procedimiento de diagnóstico que emplea los rayos X para «ver» la parte interna de los vasos sanguíneos de ciertos órganos: el corazón, el cerebro, los riñones, las piernas. Su nombre deriva de las palabras griegas *angeion*, «vaso», y *graphien*, «grabar». Los vasos a estudiar pueden ser las arterias o las venas; la arteriografía se refiere al estudio de las arterias, mientras que la flebografía, a las venas

Por tener la sangre densidad similar a los tejidos circundantes las arterias no se distinguen en la radiografías convencionales. Para hacerlas visibles se inyecta un material radio opaco en una o más de ellas. En el procedimiento se introduce en una arteria periférica un tubo de plástico, largo, delgado y flexible, del grosor de un espagueti, denominado *catéter* que se inserta hasta situarlo en el área que se desea estudiar. Una vez en el sitio, se introduce la sustancia de contraste por medio de un inyector de presión que regula automáticamente el volumen y la velocidad de la inyección. El contraste llena el vaso y lo hace radiológicamente visible. Los rayos X, al ser atenuados por el compuesto radiopaco, dejan impreso en la placa fotográfica la morfología del árbol arterial.

Mientras se inyecta el material de contraste se activa una cámara que va registrando su desplazamiento con hasta 30 imágenes por segundo. Las imágenes en su conjunto o individualmente permiten evaluar con precisión la anatomía de los vasos y determinar la existencia de estrechamientos, obstrucciones, dilataciones o comunicaciones anormales entre ellos.

El neurólogo portugués Egas Moniz, ganador del Premio Nobel en 1949, se le considera uno de los pioneros en este campo. En 1927 desarrolló la angiografía por contraste radiopaco, que luego utilizó para diagnosticar distintos trastornos cerebrales, desde tumores hasta malformaciones vasculares.

Las angiografías más frecuentes son la coronaria, la cerebral, la carotídea, la aórtica abdominal y la femoral. Con el estudio se busca determinar si la arteria se ha estrechado, si existe un bloqueo y señalar donde se encuentra, o si la pared arterial se ha debilitado.

Para la angiografía cerebral se inyecta el material de contraste en una o ambas arterias carótida en el cuello. En la angiografía coronaria se introduce el catéter en un vaso sanguíneo localizado en la ingle o el antebrazo, se avanza cuidadosamente por el sistema arterial hasta alcanzar una de las dos arterias coronarias y una vez allí se inyecta el contraste. Las imágenes del material radiopaco en tránsito y su distribución al ser «arrastrado» por la sangre permiten ver las ramificaciones arteriales. La figura 1.26 muestra una arteriografía coronaria, en la figura 1.27 la flecha indica una obstrucción en la arteria coronaria derecha.

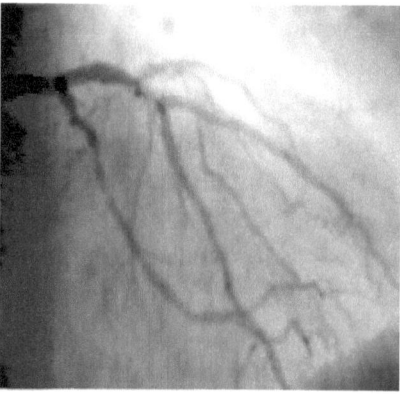

Fig. 1.26 Angiografía coronaria

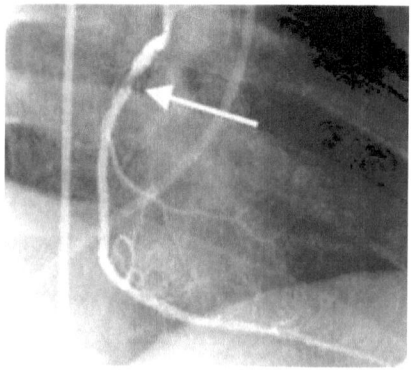

Fig.1.27. Angiograma coronaria, la flecha se indica la obstrucción.

En la angiografía coronaria la rápida sucesión de imágenes permite observar el flujo sanguíneo. En la cerebral, se pueden observar lesiones del cráneo, malformaciones vasculares, tumores y estructuras que alteran la distribución de los vasos en el cerebro. Algunas de las patologías que pueden identificarse por medio de la angiografía son:

Estenosis: Se observa la obstrucción total o parcial del vaso.

Shunt arterio-venoso: Malformación congénita consistente en un «cortocircuito» en el sistema vascular.

Malformación arterio-venosa: Entramado arterial congénito u originado por un tumor.

Aneurisma: La arteria se hernia y pierde parte de su pared arterial. Al adelgazarse la pared, hay mayor riesgo de una rotura que desencadena una hemorragia. Según la arteria afectada la hemorragia podría ser intracraneal, aórtica, etc.

ANGIOGRAFIA DIGITAL

La angiografía digital es el resultado de la investigación multidisciplinaria llevada a cabo principalmente en la Universidad de Wisconsin, la Universidad de Arizona y en la Kinderklinik en Alemania entre los años 70 y 80 del siglo pasado, fecha en la que los primeros instrumentos comerciales estuvieron disponibles.

Las imágenes que se «capturan» en formato digital tienen una excelente resolución, pueden ser rotadas en la pantalla proporcionando vistas que a menudo no se obtienen en las angiografías convencionales, de hecho, esta técnica permite al cirujano obtener una vista comparable al abordaje quirúrgico.

La imagen digitalizada permite ser fácilmente manipulada; la secuencia pueden ser detenida, adelantada o retrocedida, y a cada cuadro puede aplicarse zoom. Normalmente los equipos tienen el sistema *auto-loop*, que permite la observación inmediata y en tiempo real de una adquisición. Disponen de programas que en forma automática mejoran el contraste y la definición de los bordes, con lo que se disminuye la cantidad de material de contraste.

Todo órgano irrigado por vasos de suficiente tamaño puede ser explorado: la circulación coronaria, intracraneal, renal, pulmonar, hepática y hasta los vasos retinianos. En el estudio cardiológico, al analizar la serie angiográfica del ventriculograma y seleccionando una imagen de fin de sístole y otra de fin de diástole se puede determinar la fracción de eyección, luego el computador calcula los resultados en breves segundos.

El diagrama en bloques de un sistema digital se muestra en la figura 1.28. Los rayos X colimados, después de atravesar los órganos del paciente alcanzan el intensificador de imagen. La cámara de televisión captura la imagen y la transforma en señal analógica de video. En el procesamiento analógico, la señal es normalmente amplificada en forma lineal o logarítmica, luego es digitalizada y enviada a memoria del sistema y al monitor para ser observada.

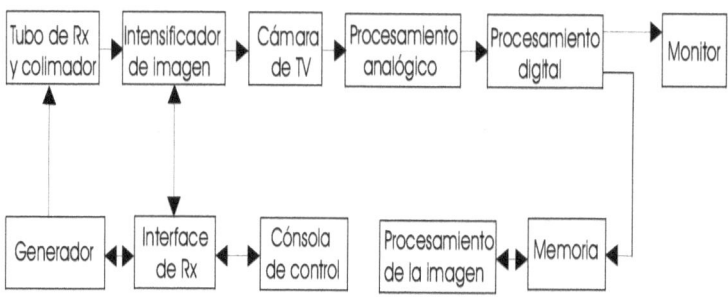

Fig.1.28. Diagrama de un sistema digital.

A cada cuadro de televisión le corresponde una imagen digital de 512 x 512 píxeles. Cada píxel tiene capacidad de 5 a 8 bits, lo que equivale a una escalas de gris de 32 a 256 tonalidades.

La angiografía por catéter tiende a ser reemplazada por la angiotomografía computarizada o la angiografía por resonancia magnética, ambas menos invasivas y más cómodas para el paciente debido a que no emplean catéter. Sin embargo, la angiografía convencional es todavía empleada en pacientes que se someten a cirugía, angioplastia o a los que se le coloca un stent.

La angiografía por resonancia magnética es un estudio que, sin emplear ningún medio de contraste, produce imágenes con mucho más detalles de los vasos sanguíneos. A pesar de esto, a menudo se administra un material especial para que las imágenes sean aún más claras.

Aun cuando existe la tendencia a sustituirlo, el examen angiográfico es el método clásico de elección para el diagnóstico de las enfermedades vasculares y el número de procedimientos que se practican cada año continua en aumento.

ANGIOGRAFIA POR SUSTRACCION DIGITAL

La angiografía tradicional con contraste, además de los vasos sanguíneos muestra imágenes de los tejidos circundantes y de las estructuras óseas. Para eliminar estas imágenes totalmente inútiles que sólo perturban la visualización de los vasos, es necesario disponer de una *imagen base* para sustraerla. La imagen base, llamada también *máscara* (mask), es simplemente la figura de la misma área obtenida antes de administrar el medio de contraste.

Cuando el instrumento trabaja en modo de sustracción digital (mask mode subtraction), la máscara se almacena en la memoria del computador, luego se inyecta el contraste y se procede a obtener una serie de hasta 30 imágenes por segundo que también se almacenan. Cada cuadro de la imagen es sustraído en tiempo real, píxel por píxel, de la máscara. La imagen resultante es mostrada en la pantalla del monitor como si se tratara de una película cinematográfica, donde se exhiben únicamente los vasos.

En la angiografía digital, el contraste y la luminosidad de la imagen pueden ser manipulados y puede seleccionarse una nueva máscara que ayude a mejorar su calidad. La función «recall», permite que cada imagen sea observada en el monitor las veces requeridas.

La angiografía por sustracción digital, es un procedimiento basado en técnicas computacionales avanzadas. Fue posible en la medida que se dispuso de computadores y software adecuados, lo que facilitó que el angiograma se convirtiera en un método normal de análisis de las estructuras vasculares. La figura 1.29 muestra una angiografía cerebral con sustracción usando contraste de yodo, donde se observan los vasos.

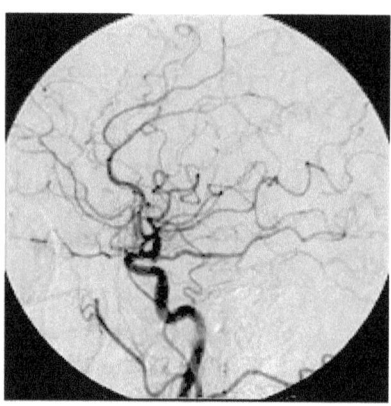

Fig 1.29. Angiografía cerebral con contraste de yodo.

Con la angiografía por sustracción digital están asociados los artefactos de movimiento (motion artifacts). Estos artefactos se refieren a los generados por el desplazamiento que sufren los tejidos entre el momento de tomar la imagen base y el momento de tomar las imágenes con contraste.

Si no se inyecta el medio de contraste y si no se produce ningún movimiento de los tejidos, al restar las dos imágenes el resultado debería ser una figura en blanco. Sin embargo, en la práctica esto es improbable, la causas principales de los artefactos son la respiración y la circulación del paciente.

ANGIOGRAFIA ROTACIONAL TRIDIMENSIONAL

En la angiografía rotacional, conocida también como angiotomografía computarizada, el equipo toma una secuencia rápida de imágenes de un mismo órgano desde diferentes ángulos, con lo que se obtienen vistas múltiples a partir de una única inyección del contraste. Un instrumento de este tipo se muestra en la figura 1.30, en ella se observa que el brazo en forma de C rota alrededor de la mesa donde se sitúa el paciente. En un extremo del brazo está montado el tubo de rayos X y en el otro el intensificador de imagen. La angiografía rotacional es mucho menos invasiva y más cómoda para el paciente que la angiografía por catéter; el medio de contraste se inyecta en una vena periférica pequeña a través de una aguja o catéter pequeño y normalmente no es necesario internar el paciente.

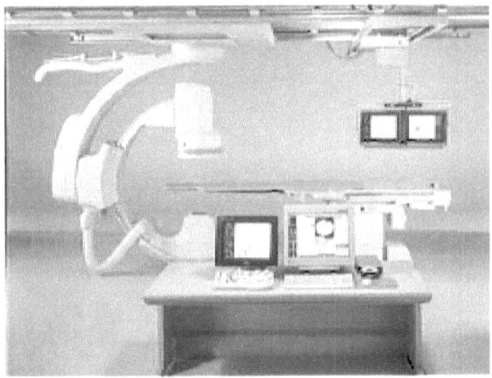

Fig.1.30.   Aparato de angiografía.

La angiografía por sustracción digital tridimensional basa su funcionamiento en el software capaz de manejar los datos provenientes de la angiografía por sustracción y rotación a fin de reconstruir un modelo tridimensional. Para mostrar la relación entre las varias estructuras de los vasos, el modelo 3D puede rotar en cualquier ángulo. Esta tecnología, disponible a partir de 1997, es todavía desconocida en muchos departamentos de imagenología médica.

ANGIOPLASTIA CON BALON Y COLOCACION DE STENT

La enfermedad arterial coronaria es la afección más común causada por la «aterosclerosis». Se produce cuando se forma una sustancia cérea dentro de las arterias que irrigan el corazón, tal como se muestra en la figura 1.31. Esta sustancia, denominada «placa», está formada por colesterol, compuestos grasos, calcio y una sustancia coagulante denominada «fibrina», cuando se acumula en la parte interna de la arteria disminuyen su sección transversal dificultando el flujo de la sangre.

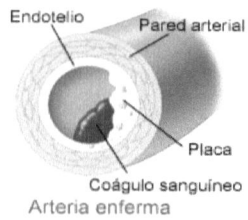

Figura 1.31. Sección de una arteria semi obstruida.

A medida que aumenta el grado de obstrucción puede aparecer un síntoma denominado «angina de pecho», causado por el cierre transitorio (espasmo) de las arterias que llevan la sangre y el oxígeno al corazón, lo que probablemente ocasionará un ataque cardíaco. Se manifiesta con una opresión o dolor temporal que se inicia en el pecho y a veces se extiende hacia la parte superior del tórax y cuello, comienza de repente y por lo general dura pocos minutos.

Para reducir el riesgo las arterias obstruidas deben ser tratadas. Una de las opciones es realizar una intervención coronaria tal como una angioplastia con balón y la colocación de un stent, procedimiento que se realiza con la ayuda de la angiografía. El stent, es una malla metálica de forma tubular que cuando se implanta dentro de la arteria actúa como una armazón que la mantiene abierta y así contribuye a mejorar el flujo de sangre y a reducir el dolor causado por la angina.

La angioplastia con balón, es un procedimiento realizado por cardiólogos intervencionistas que persigue aumentar la luz de las arterias afectadas. Utiliza un catéter que lleva un pequeño balón o globo en la punta, se infla en el lugar donde se encuentra la obstrucción y comprime la placa contra la pared arterial. Los procedimientos de colocación de stent generalmente se realizan junto con una angioplastia con balón. Alrededor del 80% de los pacientes que se someten a angioplastia con balón también reciben un stent.

Durante la angiografía se observa el progreso del catéter desde la arteria de la pierna hasta el corazón. Cuando alcanza la arteria obstruida se inyecta el medio de contraste y se obtiene el «angiograma coronario», donde puede descubrirse el tamaño y la ubicación de la obstrucción.

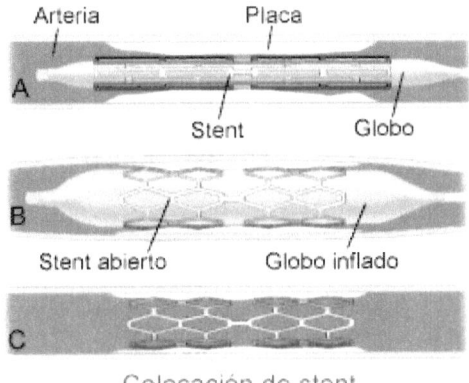

Colocación de stent

Figura 1.32. Angioplastia con balón y colocación de un stent.

Una vez conocida la ubicación exacta, se introduce lo que se denomina el *«alambre guía»* hasta que traspase la obstrucción. Luego, guiados por el alambre, se pasa el catéter con el globo y se avanza hasta el lugar donde se procede a inflarlo. En la medida en que el globo se dilata presiona la placa comprimiéndola contra la pared arterial, luego se procede a desinflarlo. Después de repetir el procedimiento varias veces se retira el catéter, el alambre guía y el globo desinflado.

Si es necesario colocar un stent dentro de la arteria, el stent se sitúa el extremo del catéter envolviendo el globo, tal como se muestra en la figura 1.32. Cuando el catéter llega al lugar de la obstrucción, se infla para que el stent se abra. Una vez abierto, se desinfla y se retiran el catéter, el alambre guía y el globo, dejando el stent instalado.

Alrededor de un 35% de los pacientes que se someten a la angioplastia con balón corren el riesgo de sufrir reestenosis; una nueva obstrucciones en la zona ya tratada.

La ciencia trata continuamente de encontrar la forma de evitar que las arterias se vuelvan a obstruir. En años recientes se han empleado nuevos tipos de stent, algunos de ellos recubiertos con medicamentos que reducen la posibilidad que el vaso sanguíneo se vuelva a cerrar; liberan gradualmente un fármaco en el tejido circundante que retarda o detiene el proceso de reestenosis. Para evitar la formación de coágulos dentro del stent algunos se recubren con diluyentes de la sangre.

Las investigaciones están encaminadas al diseño stent más pequeños para que puedan ser instalados en vasos de menor diámetro y stent hechos a la medida. También se están diseñando para vasos con múltiples obstrucciones, incluso con ramificaciones.

MAMOGRAFIA

La mamografía o radiografía de las mama se realiza con un aparato de rayos X llamado *mamógrafo o mastógrafo*. El instrumento, que emplea una placa radiográfica de alto contraste y alta resolución, está especialmente diseñado para obtener la imagen del tejido blando propio de ese órgano. Los mamógrafos modernos producen rayos X cuya energía es óptima para realizar esa actividad; utilizando muy baja dosis de radiación son capaces de detectar múltiples problemas, principalmente el cáncer de mama incluso en etapas muy precoces, mucho antes que pueda ser detectado por otros métodos.

La mamografía es un estudio destinado a salvar vidas, dura como máximo media hora y permite descubrir el cáncer unos dos años antes de que pueda detectarse con autoexamen. Considérese que 1 de cada 9 mujeres desarrollan un tumor maligno de mama antes de cumplir los 80 años y esta cifra va en aumento.

La mama esta formada por tejido fibroso, grasa y glándulas. Durante la mamografía, cuando los rayos X la atraviesan son atenuados según el tejido que encuentran a su paso. La grasa, por ser más densa atenúa mas, aparece en la imagen como una región obscura. Las masas benignas y cancerosas aparecen como regiones blancas, el resto, incluyendo el tejido fibroso, las glándulas y otras anormalidades como las microcalcificaciones muestran varias tonalidades de gris.

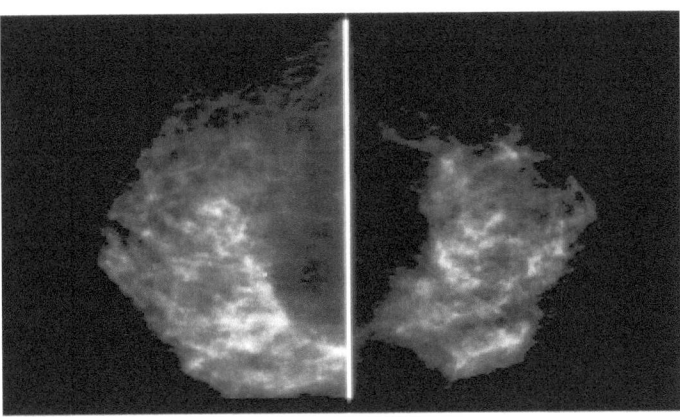

Fig.1.33. Mamografía tomada de arriba hacia abajo donde se observan áreas irregulares que resultaron ser cáncer.

Una mamografía normal implica que en el momento en que se realizó no se encontraron señales obvias de cáncer. Un resultado anormal no siempre significa la presencia de un tumor maligno, ya que en la placa pueden aparecer muchos tipos de quistes y área irregulares. Las microcalcificaciones, por ejemplo, se presentan como estructuras muy complejas que le toma a expertos radiólogos mucho tiempo y algunas veces le es imposible llegar a un diagnóstico.

Para realizar la mamografía se comprime la mama entre dos placas de plástico y se toma la radiografía. La compresión es necesaria para sujetarlas y reducir su espesor, de esta forma, con menos dosis de radiación se obtienen una buena imagen de todo el tejido mamario.

La radiografía de la mama se viene realizando hace unos 80 años, sin embargo, la mamografía moderna sólo existe desde los años setenta del siglo pasado cuando el primer equipo dedicado a este estudio estuvo disponible. Desde entonces han aparecido muchas innovaciones tecnológicas, de forma que un examen moderno difiere marcadamente de aquellos que se llevaron a cabo al principio.

Fig.1.34 Equipo de mamografía de 1966

Fig.1.35. Radiólogo tomando una mamografía.

El tubo de rayos X utilizado en los mamógrafos es de ánodo giratorio con doble punto focal. Algunos tienen blanco y filtro de molibdeno, otros blanco de molibdeno y filtro de berilio y otros, blanco de tungsteno y filtro de paladio, con lo que se logra un alto contraste de los tejidos blandos. Tienen punto focal de 0,1/0,3 mm y la máxima potencia es del orden de 1,0/3,0 Kw. El voltaje máximo es de unos 40Kv y la corriente de ánodo de 35/110 mA. El tubo tiene el cátodo conectado a tierra, produce un ángulo de 10/16 grados y rota a 9700 rpm. Si el ánodo es de molibdeno, cuando tiene aplicados 28 KVp produce un espectro cuya radiación característica es de 17,5 KeV.

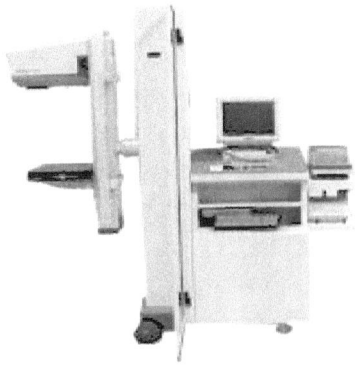

Fig.1.36. Vista de un mamógrafo

Algunas de las especificaciones de un aparato podrían ser:
- Mamógrafo plano digital de alta resolución.
- Control por microprocesador.
- Alta tensión: 21Kv a 35 Kv en pasos de 0,5 Kv.
- Amperaje: de 2 mA a 500 mA para FG de 2 mA a 200mA para FF
- Sistema de compresión de mama motorizada o manual.
- Magnificación 1,5x y 2x
- Estereotaxia computarizada digital.
- Alimentación monofásica: 220 V - 50/60 Hz.
- Control de exposición con tres posibilidades:
  1.- Totalmente automático: Kv automático y mAautomático (con disparo previo).
  2.- Semiautomático: Kv manual y mA automático.
  3.- Manual: Kv manual y mA manual.

Si la radiografía de mama no es suficiente para clasificar ciertas anormalidades se recurra a otros métodos tales como:

1.- Ecografía mamaria o sonograma con ultrasonidos.

2.- Resonancia Magnética Nuclear (MRI).

3.- Cintigrama. Este estudio implica la inyección de un trazador radiactivo que se acumula en forma selectiva en los tejidos cancerosos y no cancerosos.

4.- t-scan. Llamado también escáner de impedancia eléctrica (Electrical Impedance Scanning, EIS). Mide la forma en que la corriente pasa a través del tejido de la mama y confirma si el tejido del tumor es maligno o benigno.

La imágenes obtenidas con estos métodos no muestran los pequeños detalles y no tienen la resolución espacial que suministra la mamografía con rayos X. La MRI produce imágenes con excelente contraste que ayudan a diferenciar el tejido canceroso. La ecosonografía mamaria es útil para identificar quistes y para guiar la biopsia de la mama. El cintigrama es más efectivo en la evaluación de la diseminación o metástasis del cáncer en los ganglios linfáticos, huesos y otros órganos.

El objetivo de estos métodos es la detección incipiente de tumores malignos, mucho antes de ser descubiertos por los mamógrafos; lograrlo con dosis menores y aumentar la seguridad y el confort de paciente. La dosis absorbida por el tejido mamario debe ser lo más baja posible sin sacrificar la calidad de la imagen. Los mamógrafos de última generación utilizan dosis comprendidas entre 0,1- 0,2 rads, lo que representa muy bajo riesgo.

MAMOGRAFIA DIGITAL

La mamografía digital se diferencia de la convencional en que la imagen, en lugar de ser captada y almacenada en una placa fotográfica, es adquirida por medio de un detector digital de rayos X y es almacenada en la memoria de un computador. Se obtiene con menos dosis de radiación, es de fácil almacenamiento, presenta mejor contraste entre los tejidos densos y menos densos, requiere menos tiempo para examinarla y es tan precisa como la convencional, pero su costo es de 1,5 a 4 veces mayor.

La imagen puede ser corregida por sobreexposición y subexposición sin necesidad de repetir la mamografía. La magnificación, orientación, brillo y contraste pueden ser modificados después de haberse completado el examen, lo cual facilita ver más claramente ciertas áreas de tejido, además, la manipulación digital facilita la detección de tumores.

Proporciona el medio para obtener una rápida y precisa biopsia estereotáctica (método muy preciso para tomar muestra de los tejidos), que de otra manera requeriría exponer y revelar la placa fotográfica antes de poder observarla.

La mamografía digital es el método más eficaz para la detección temprana del cáncer, lo cual es esencial para un tratamiento efectivo, además, la imágenes pueden ser fácilmente remitida a otros especialistas.

DETECCION ASISTIDA POR COMPUTADOR

Las imágenes radiográficas de la mama son difíciles de interpretar y los radiólogos no siempre pueden descubrir la presencia de anormalidades. El diagnóstico asistido por computador (Computer-Aided Diagnosis, CAD) es una innovación tecnológica que alerta al especialista sobre las áreas que requieren mayor atención. Trabaja como «un segundo par de ojos», donde un computador revisa la imagen radiográfica en busca de zonas sospechosas y resalta aquellas anormales en densidad, masa o calcificaciones. Si el computador detecta en la imagen digital alguna región sospechosa, es prudente que el radiólogo vuelva a examinarla y determine si requieren un examen adicional o una biopsia.

El diagnóstico asistido por computador puede realizarse también cuando se dispone de la placa radiográfica, en este caso, la radiografía se introduce en una unidad especial de procesamiento que la digitaliza y resalta las áreas anormales.

Basados en estudios clínicos, se estima que por cada 100.000 casos detectados por los métodos convencionales, con el diagnóstico asistido se descubrieron 20.000 casos adicionales. Por tal motivo, muchos especialistas opinan que el CAD se utilizará más y más en los próximos años.

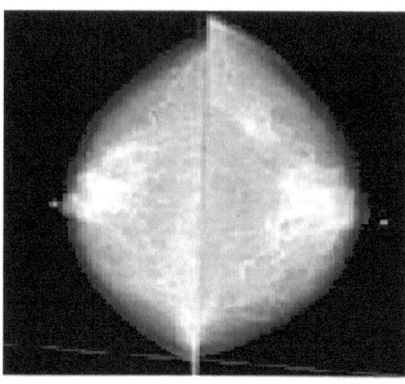

Fig.1.37. Mamografía digitalizada.

RADIOLOGIA DIGITAL

Hace más de un siglo que la radiología utiliza la proyección sobre una película fotográfica para capturar imágenes. La película expuesta después de procesada revela una figura adecuada para el diagnóstico. Sin embargo, con el advenimiento de la computación, la digitalización y las redes de intercambio de información, la radiografía impresa, tan útil durante tanto tiempo, tiende a ser reemplazada por la imagen digital (DI).

La representación digital es fácilmente manipulada, almacenada y enviada a otros destinos y por no utilizar las placas fotográficas no requiere del laboratorio químico para el revelado, gastos en mano de obra y productos químicos.

Los sensores digitales son mucho más sensibles a la radiación y muestran la imagen en forma instantánea. Por tal motivo, los equipos que incorporan esta tecnología exponen al paciente a menos dosis de radiación, no requieren del intensificador de imagen y pueden recurrir al diagnóstico asistido por computador.

Por estas razones, las innovaciones tecnológicas giran alrededor de la tecnología «sin placa fotográfica» (filmless technology) y los fabricantes de los equipos enfocan sus productos hacia esta técnica.

Pero no sólo la radiología se vale del formato digital, la mayor parte de los instrumentos generadores de imágenes para el diagnóstico lo utilizan. Para lograrlo se tuvo que disponer de monitores de alta resolución y luminancia, computadores capaces de manejar imágenes a alta velocidad, memorias rápidas con enorme capacidad de almacenamiento y sistemas de comunicación y archivo como el PACS (Picture Archiving and Communication System). En ciertas aplicaciones se generan hasta 30 cuadros por segundo, lo que corresponde a una velocidad de transmisión de hasta 1GBite/seg.

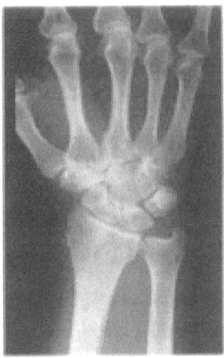

Fig.1.38. Radiología digital.

La captura directa de la imagen digital (Digital Direct Radiology, DDR) fue técnicamente posible y económicamente viables después de varias décadas de investigación. Desde el empleo de la radiografía convencional hasta la actual, han habido varias tecnologías intermedias de transición.

DIGITALIZACION INDIRECTA

En la digitalización indirecta, la imagen es capturada en forma analógica y luego convertida al formato digital. Una técnica de conversión se obtiene mediante el empleo de un digitalizador. Este instrumento, formado por un sistema óptico que barre la placa, suministra las coordenadas de posición, tiene un detector que cuantifica la luz modulada por la imagen y proporciona la información de la opacidad y de posición en formato digital.

Otra forma de captura indirecta, utilizada a partir de 1981, se obtiene cuando los rayos X inciden sobre una placa de fósforo fotoestimulable (Photostimulable Phosphor Plate, PSP). La placa, formada por una base de polyester recubierta con una emulsión cristalina, tiene la propiedad de almacenar en los cristales la energía de las radiaciones X. Dicha energía es liberada cuando el PSP es barrido con un haz de luz proveniente de un láser de helio-neón. El láser convierte la imagen latente previamente almacenada en los cristales en luz, la luz es capturada e intensificada por un tubo fotomultiplicador y luego digitalizada.

Un método más reciente de captura indirecta se obtiene por medio del detector plano (Flat Panel Detector FPD), el cual tiene la dimensión y la apariencia de una pantalla de televisión de cristal líquido. Existen dos tipos de detectores planos; los de conversión directa y los de conversión indirecta, ambos pueden emplearse para la adquisición de imágenes estáticas y dinámicas.

Los componentes principales de un detector de captura indirecta son mostrados en la figura 1.39. La capa de material fluorescente de yoduro de cesio absorbe los fotones de los rayos X y los convierte en fotones de luz visible. Estos fotones son «vistos» por una matriz activa, donde en cada píxel se encuentra un fotodiodo que «lee» y convierte la luz proveniente de la lámina de material fluorescente en señal eléctrica, la cual es detectada y enviada al sistema de lectura del computador.

El fotodiodo genera una carga eléctrica cuya magnitud es proporcional a la intensidad de la luz emitida por el fósforo en la región cercana al píxel. La magnitud de las cargas en los diferentes píxel contiene la información de la imagen.

El proceso es *indirecto*, debido a que los datos utilizadas para formar la imagen se obtienen de la transformación de los fotones de rayos X a fotones de luz visible y luego los fotones de luz visible en cargas eléctricas.

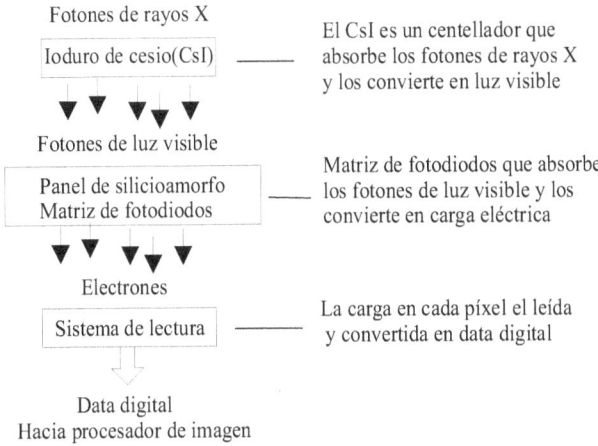

Fig. 1.39 Detector plano de conversión indirecta.

La figura 1.40 muestra un sistema que incorpora un intensificador, cuyo objetivo es lograr imágenes con menos exposición. La señal, después de intensificada, es digitalizada por la cámara de video y enviada al computador.

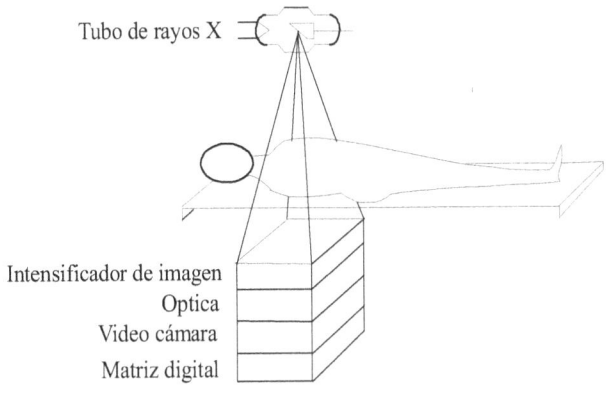

Fig. 1.40 Bloques del intensificador de imagen.

DIGITALIZACION DIRECTA

A principio de la década de los 90 del siglo pasado, muchos fabricantes centraron sus esfuerzos en el desarrollo de detectores de rayos X capaces de proporcionar imágenes totalmente digitales. El detector debía ser preciso, eficiente, confiable, de precio accesible y sobretodo que pudiera formar parte de los sistemas de intercambio de información ya existentes.

Después de más de una década y de cientos de millones de dólares invertidos se consiguieron los objetivos. Por medio de un sistema llamado *detector de captación plano* (Flat Panel Detector o FPD), se logró eliminar completamente la imagen analógica. Los rayos X son capturados directamente en formato digital y la eficiencia de conversión es del orden del 80%, contra un 40% que se obtiene con la conversión indirecta.

El formato digital se compone de píxel dispuestos en forma de matriz sobre una superficie plana rectangular, su contenido es leido periódicamente y enviado directamente al computador.

Para comprender el significado de esta innovación, basta decir que el detector digital substituye al intensificador de imagen, la óptica, la video cámara y la matriz digital; reemplaza todos los componentes mostrados en la figura 1.40 a excepción del tubo de rayos X.

Fig.1.41.   Detector de conversión directa.

Actualmente la digitalización directa ha sido adoptada por muchos fabricantes, llegándose a afirmar que es el aporte tecnológico más significativo de los últimos 30 años. El detector de conversión directa, mostrado en la figura 1.41, también tiene la forma y apariencia de una pantalla LCD de un computador.

La figura 1.42 muestra un esquema de digitalización directa; la imagen obtenida en el detector plano es digitalizada por el mismo detector y enviada al computador.

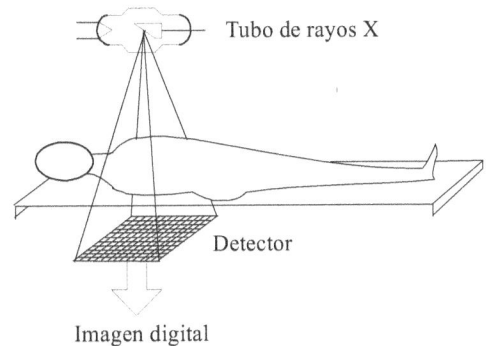

Fig.1.42. Sistema de conversión digital directa.

En cuanto a la fabricación de los sensores actualmente prevalecen dos tecnologías: la de cargas interconectadas o CCD (Charge-Coupled Device) y los CMOS (Complementary Metal Oxide Semiconductor). Aunque existen numerosas diferencias en la fabricación, ambos realizan la misma función.

Sensor plano tipo CCD

El CCD fue inventado en los Laboratorios Bell por Willard Boyle y George E. Smith en 1969 cuando trataban de desarrollar un teléfono con imagen. El CCD es un «shift register» donde las señales analógicas formadas por cargas eléctricas acumuladas en un condensador puedan ser transferidas a etapas sucesivas. La transferencia se efectúa cuando lo indique una señal de sincronismo. En tal sentido, el shift register es utilizado como una memoria.

En 1974, Fairchild fue la primera empresa que comercializó el producto; produjo un dispositivo lineal de 500 elementos y un dispositivo bidimensional de 100x100 píxel. El primer detector plano de conversión directa fue patentado por Varian y Xerox a principio de los años 1990. Estaba formado por una sola pieza de silicio amorfo con centellador de yoduro de cesio, que proporciona excelente eficiencia y calidad de imagen. Es sensible a los rayos X, en forma parecida a como una video cámara es sensible a la luz. Su propósito es acumular las cargas generadas por la absorción de los rayos X y almacenarlas en cada píxel. La carga es «leída» periódicamente y enviada a un computador para que sea interpretada y convertida en una imagen de alta calidad.

Los píxeles están dispuestos en forma de matriz; con filas y columnas. Por ejemplo, un detector con área activa de 41 x 41 centímetros contiene 1024 x 1024 píxel de 0,4 x 0,4 mm cada uno. Cada píxel consta de un fotodiodo de silicio adosado a una capa de vidrio y recubierto con un material fotoeléctrico, un condensador y un transistor fabricado con la tecnología TFT (Thin Film Transistor). La figura 1.43 muestra algunos detalles estructurales del detector.

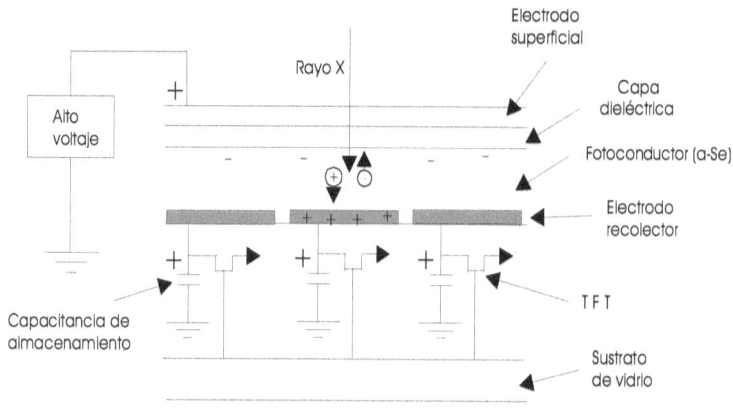

Fig.1.43. Esquema directo de adquisición de datos.

Los rayos X incidentes en el material fotoconductor son convertidos en pares iónicos, el fotodiodo, polarizado por la fuente de alto voltaje los convierte en corriente eléctrica que es utilizada para cargar el condensador. La carga acumulada es proporcional a la cantidad de rayos X a que estuvo expuesto el fotodiodo. Al término de la exposición, la unidad de procesamiento activa secuencialmente las columnas de la matriz para «leer y posteriormente «borrar» las cargas.

Cuando son direccionadas, las cargas acumuladas en los condensadores de cada columna se transfieren en paralelo al bus de salida. Las señales son amplificadas por medio de amplificadores de carga y luego convertidas a formato digital. La conversión la realiza un convertidor análogo-digital (Analog to Digital Converter, ADC) y los datos digitalizados se transmiten a la unidad de adquisición de datos (data adquisition unit). Esta unidad emplea el bus PCI (Peripheral Component Interconnect) para dirigir los datos a la memoria principal del computador. El PCI es un bus local desarrollado por Intel y forma parte del computador.

Una vez en la memoria, los datos pueden manipularse por métodos computacionales adecuados; normalmente se realizan tres tipos de correcciones: compensación (Offset), ganancia y píxel inactivo. Al igual que las cámaras con sensor CCD, la corrección del offset se emplea para ajustar la corriente en la oscuridad de cada píxel. La corrección de ganancia (Gain correction) se emplea para homogeneizar su sensibilidad y la corrección por píxel inactivo (Dead Píxel Correction) permite al software «reparar» aquellos que por algún motivo quedan «apagados». Normalmente, la reparación consiste en almacenar en el píxel «apagado» el valor promedio de los píxeles adyacentes, de esta forma los inactivos no se notan en la imagen.

Sensor plano tipo CMOS

El sensor plano tipo CMOS, también llamado sensor de píxel activo (Active Pixel Sensor, APS) es muy empleado en la fabricación de memorias y circuitos integrados. Fue desarrollado, en 1995, por tres ingenieros del Jet Propulsion Laboratory de la NASA en Pasadena, California. Descubrieron que podían utilizar la misma tecnología CMOS para detectar la luz. Su hallazgo facilitó el camino para que los CMOS fueran empleados en webcam, cámaras digitales y en la detección de los rayos X.

Este sensor, cuya característica principal es su alta resolución espacial, está formado por una matriz de píxeles, cada uno contiene un fotodiodo y un convertidor analógico-digital. Sobre los fotodiodos se coloca una matriz de cristales centelleantes de CsI(Tl) que son muy eficientes para la detección de los rayos X.

La energía de los rayos X, convertida en luz visible por el cristal centelleante, es detectada por los fotodiodos. La fotocorriente resultante es transformada, por medio de un convertidor analógico-digital sigma-delta, en una señal digital. El convertidor contiene un condensador y 18 MOSFET microscópicos y tiene resolución de 8 a 10 bits.

Los detectores modernos con CMOS generan imágenes con mejor resolución que las producidas por las placas fotográficas. Con esta resolución, se superan las limitaciones que tenían los sistemas digitales y se reemplazan con ventaja los detectores de silicio amorfo utilizados en radiología y fluoroscopía.

Los detectores fabricados con CMOS que emplean la tecnología TFT son compactos y duraderos, reducen en un factor de 100 el consumo de energía y pueden operar con una sola fuente de 5 v. Su costo es por lo menos la mitad de los primeros sistemas digitales y de 5 a 10 veces inferior que los detectores planos fabricados con silicio o selenio amorfo. La velocidad de lectura es de hasta 60 cuadros por segundo, por lo que son adecuados para obtener cardioimágenes.

Si se dispone de equipos de rayos X de vieja tecnología y se decide optar por digitalizar la imagen, muchos usuarios recuperan la inversión en cuatro o cinco meses. Además de incursionar en la tecnología del siglo XXI, obtienen la ventaja que el almacenamiento de las imágenes se reduce a un archivo económico y permanente en un disco compacto CD (Compact Disc).

Sin importar el método mediante el cual se captura la imagen, una vez digitalizada puede ser manipulada por los conocidos métodos computacionales. Por ejemplo, la imagen puede hacerse más clara o más oscura simplemente sumando o restado el mismo número a cada píxel. El contraste puede ser manipulado por medio del gradiente de la escala de grises. La escala de grises podría invertirse, con lo que se logra una imagen con fondo negro.

La señal proveniente del detector digital es fácilmente utilizable en una amplia variedad de rutinas de post-procesamiento, con lo que obtienen mejoras considerables en la calidad de la imagen, algunas de estas rutinas pueden ser automáticas.

REFERENCIAS

1.-http://nobelprize.org/physics/laureates/1901/rontgen-bio.html
2.-http://mx.encarta.msn.com/text_761579196_0/Rayos-.html3.
3.-La Energía Atómica, Samuel Glastone,Compañia Editorial Continetal,S.A.Calzada de Tlalpan No 4620, México, D.F., 1960 (pag.76 y 851)
4.-http.//www.fda.gov/cdrh/radhlth/resource/ diagnosticxraysystems.html
5.-http://en.wikipedia.org (X ray unit)
6.-http://www. amershamhealth.com
7.-http://www.fastcomtec.com
8.-http://www.maloka.org
9.-http://elmedico.metropoliglobal.com
10.-htt://www.xtal.iqfr.csic.es
11.-http://es.encarta.msn.com
12.-http://www.cis.rit.edu
13.-http://rst.gsfc.nasa.gov
14.-http://www.gehealthcare.com
15.-http://epswww.unm.edu
16.-http://www.anatomohistologia.uns.edu.ar
17.-http://en.wikipedia.org/wiki/X-ray_tube
18.-http://www.sprawls.org/ppmi2/XRAYHEAT/

Intensificador

19.-http://en.wikipedia.org/wiki/X-ray_image_intensifier
20.-http://radiographics.rsnajnls.org/cgi/content/full/20/5/1471
21.-http://sales.hamamatsu.com/assets/pdf/catsandguides/x-ray_image_intensifiers.pdf
22.-http://www.e-radiography.net/radtech/i/intensifier.htm
23.-http://www.bh.rmit.edu.au/mrs/kpm/EPCR/ CR_XII.html#Top

Fluoroscopia

24.-http://www.droid.cuhk.edu.hk/web/service/angio/dsa.htm
25.-http://es.wikipedia.org/wiki/Angiograf%C3%ADa
26.-http://www.radiologyinfo.org/sp/ info.cfm?pg=angiocath&bhcp=1

27.-http://www.texasheartinstitute.org/HIC/Topics_Esp/Diag/ diangio_sp.cfm

28.-http://www.salud.gob.mx:8080/JSPCenetec/ ArchivosGuiaTecnologica/angiografia.pdf

29.-http://www.southernhealth.com.au/imaging/publications/ 3d_dsa.pdf

30.-http://www.chestjournal.org/cgi/reprint/84/1/68.pdf

31.-http://wws.princeton.edu/ota/disk2/1985/8506_n.html

32.-http://www.gehealthcare.com/usen/xr/edu/products/ dose.html

33.-http://en.wikipedia.org/wiki/Charge-couped_device

Angiografía

34.-http://www.hospitalsanmartin.org.ar/medicina_familiar/ temas_interes/angiografia%20digital.htm

35.-http://www.med.unipi.it:8080/crd5/TSRM/ Fluoroscopia%20e%20Intensificatore%20di%20Brillanza.doc

36.-http://www.texasheart.org/HIC/Topics_Esp/Proced/ angioplasty_sp.cfm

Mamografía

37.-http://www.imaginis.com/breasthealth/advances.asp

38.-http://www.emiamerica.com/newmamografia.ivnu

39.-http://www.bh.rmit.edu.au/mrs/kpm/EPCR/ CR_XII.html#Top

Radiología digital

40.-S.T.Smith, D.R.Bednarek,et.al.,1999, Evaluation of a CMOS Image Detector For Low Cost and Power Medical X-ray Imaging Applications, Proc.of SPIE, Vol 3659, pp 952-961

41.-Kinno A, Atsuta M, Tanaka M, et al. Development of a large area conversion X-ray image detector. IDW,1998

42.-J.M. Casagrande, B. Munier, A. Koch, «High resolution digital flat-panel X-ray detector», 15th WCNDT, Roma, October 2000.

43.-http://www.seeic.org/articulo/rxdigital/rxdigital.htm

44.-http://www.gehealthcare.com/inen/rad/xr/education/ index.html

45.-http://www.sefm.es/revista/publicaciones/revistas/REVIS
TA11/112_1.pdf

46.-http://www.toshiba-europe.com/Medical/Materials/
Visions/Asahina.pdf

47.-http.//www.toshiba-europe.com/Medical/Material/
Whitepapers/Dr.S.Rudin.pdf

48.-http://www.gehealthcare.com/inen/rad/xr/education/
dig_xray_intro.html.

49.-http://www.thejcdp.com/issue012/williamson/
williamson.pdf.

50.-http://ciberhabitat.gob.mx/hospital/rx/

51.-http:// www.dimond3.org/Trier_2006/
Basic%20principles%20of%20flat%20panel.pdf

52.-http://www.cmosxray.com/index.shtml

53.-http://dei-s1.dei.uminho.pt/pessoas/higino/pampus/

54.-http://en.wikipedia.org/wiki/Charge-coupled_device

55.-http://www.sprawls.org/ppmi2/XRAYHEAT/ -

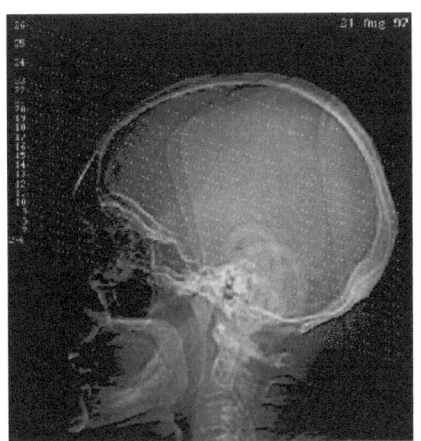

CAPITULO   2

TOMOGRAFIA   COMPUTADA

La tomografía computada (TC) es una técnica de diagnóstico utilizada en medicina para explorar el cuerpo humano. Utiliza un escáner, que mediante el empleo de un delgado haz de rayos X que rota alrededor del cuerpo del paciente, genera imágenes de planos tomográficos. El escáner, del inglés *scanner*, es un aparato que produce una representación visual de las secciones del cuerpo. Su funcionamiento se basa en la medida de la atenuación que experimenta el haz cuando traspasa el cuerpo del paciente desde diferentes direcciones. El valor de la intensidad del haz atenuado y las coordenadas de posición son almacenados en un computador y utilizadas para construir la imagen. La imagen representa el mapa de densidades tomográficas del corte, por esta razón se llama también con este nombre. Para reconstruir el plano de los coeficientes de atenuación, el computador utiliza un algoritmo matemático especializado y la imagen reconstruida se almacena en la memoria del mismo.

En la figura 2.1 se muestra el principio de funcionamiento del sistema. El tubo de rayos X y el detector, separados 180 grados, rotan alrededor del cuerpo del paciente. El haz colimado, después de traspasar las estructuras que presentan diferente espesores y densidades, incide en el detector. La señal detectada es enviada al computador y de allí al monitor o a la impresora.

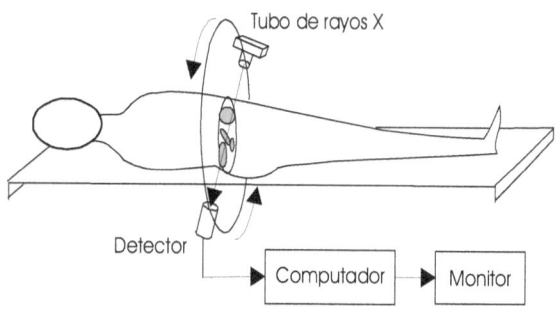

Fig.2.1. Tomografía computarizada

El tomógrafo permite obtener imágenes de cortes milimétricos perpendiculares respecto al eje céfalo-caudal, por este motivo el procedimiento se le llama también Tomografía Axial Computarizada o TAC. En inglés se le conoce como «Computer Axial Tomography» (CAT) y «Computer Assisted Tomography» (CAT) o simplemente Computed Tomography (CT).

Tomografía, es una palabra compuesta que proviene del griego: «*tomos*» significa corte o sección y «*grafía*» representación gráfica. El término *axial* se refiere al eje corporal y la palabra *computada* indica que los datos son procesados por métodos computacionales.

La imagen tomográfica se llama *corte* o *sección* (slice), cada corte podría ser análogo a una tajada de pan, en el sentido que ambos tienen cierto espesor. De la misma forma como se reconstruiría un pan, apilando ordenadamente las diferentes tajadas, se reconstruye un volumen del cuerpo.

La tomografía computada suministra imágenes de órganos y tejidos, permite «ver» lo que antes sólo podía descubrirse por medio de la cirugía abierta o la autopsia. Detecta enfermedades hepáticas, pulmonares, vasculares, coronarias, tumorales, cáncer, apendicitis, entre muchas otras. Permite la detección de aneurismas, que hasta podrían pasar desapercibidos durante las intervenciones quirúrgicas. La detección temprana del cáncer es una de sus mayores ventajas; el cáncer pancreático, por ejemplo, es una enfermedad severa si no es detectado a tiempo.

La imagen tomográfica apoya al médico a evaluar correctamente y permite al cirujano tomar decisiones acertadas, por lo que se disminuyen considerablemente los costos de diagnóstico. El análisis de sus imágenes evita operaciones innecesarias, hasta tal punto que el 30% de las intervenciones de apendicitis podrían evitarse. Por tales razones, si esta técnica es empleada adecuadamente no representa costos adicionales sino ahorros. Los tomógrafos, al igual que otros instrumentos que emplean rayos X, producen imágenes gracias a la atenuación que experimenta el haz al recorrer estructuras internas del cuerpo del paciente. Las imágenes provenientes por la radiografía convencional son borrosas debido a que las estructuras internas se sobreponen. La tomografía fue desarrollada con el objeto de reducir este inconveniente y para obtener imágenes de zonas específicas.

Los fundamentos teóricos fueron presentados en 1917 por el matemático checo Johann Radon, quien demostró que es posible construir la imagen de un objeto a partir de un conjunto de proyecciones. Radon, asumió que la radiación que atraviesa el cuerpo lo hace en línea recta y a lo largo de esa línea es absorbida y atenuada. La integral de la radiación atenuada es medida, y a partir de esa valoración obtuvo la fórmula para la reconstrucción.

Aunque la principal actividad del físico surafricano-americano Allan Cormack (1924-1998), estaba relacionada con la física de las partículas, su afición a la tecnología de los rayos X lo llevo, en 1964, a desarrollar el algoritmo inicial y la teoría de funcionamiento del escáner CT. Sus resultados fueron publicados en dos artículos en el Journal of Applied Physics en 1963 y 1964. Las publicaciones despertaron poco interés en el mundo científico, hasta que el ingeniero inglés Godfrey N.Hounsfield (1919-2004) advirtió que la información contenida en el coeficiente de atenuación de muchos haces de rayos X proyectados sobre un cuerpo contiene los datos suficientes para reconstruir su imagen. Su trabajo, basado en la teoría de Cormack, le permitió crear un prototipo de escáner.

Curiosamente, el primer aparato fue producido por la compañía disquera EMI (Electric and Musical Industries) que 1955 había decidido diversificar su actividad comercial. Reunió algunos científicos en su Laboratorio Central de Investigación a fin de que propusieran proyectos comercialmente interesantes. Hounsfield se incorporó a ese grupo algunos años después.

Este notable hombre de ciencia, nacido en Nottinghamshire, Inglaterra, obtuvo su grado en la Faraday House Engineering College de Londres, y después de adquirir experiencia en la fuerza aérea sobre radares y misiles ingresó en la empresa en 1951. Se interesó en los computadores y comenzó a investigar nuevos procesos de almacenamiento, dirigió la construcción de la primera computadora con tecnología basada en transistores bautizada con el nombre de EMIDEC 1100.

Cuando el proyecto terminó, fue transferido al Laboratorio Central de Investigación donde comenzó a explorar el área del reconocimiento automático. En 1967 propuso la construcción del escáner EMI, que contenía los fundamentos técnicos para el futuro desarrollo del TC. Los primeros aparatos fueron empleados exclusivamente en medicina, luego en la industria, la mineralogía, la metalurgia y en el campo de la seguridad, como lo evidencian los detectores de armamentos y de equipaje en los puertos y aeropuertos. Por ser precursores de la revolución de la imagenología médica, Cormack y Hounsfield compartieron el Premio Nobel en 1979.

A partir de 1972 el tomógrafo computado, que se considera el mayor avance en el radiodiagnóstico desde el descubrimiento de los rayos X, fue comercializado en los Estados Unidos. El sistema original, EMI Mark 1, estaba dedicado exclusivamente al estudio de la cabeza, producía imágenes en una matriz de 80 por 80 con resolución de 3mm. El escáner para cuerpo entero se comercializó dos años más tarde y desde 1980 está disponible para todos los requerimientos. A pesar de su costo, unos 400.000 dólares, más de 170 hospitales lo solicitaron. En 1972, en el Hospital Morley de

Inglaterra se instaló el primer tomógrafo computado comercial. Se calcula que existen unos 40.000 TC distribuidos en todo el planeta.

Desde esa fecha, la evolución tecnológica ha sido espectacular, el primer tomógrafo de un solo detector obtenía un corte cada 4,5 minutos y necesitaba 1,5 minutos para reconstruirlo. Los nuevos tomógrafos exploran la totalidad del cuerpo humano en 2 minutos y suministran una infinidad de cortes y excelente resolución.

La tecnología actual produce imágenes en una matriz de 512 por 512 o de 1024 por 1024 píxeles, con resolución espacial de 0,5 mm. El tiempo de adquisición es de fracciones de segundo y la reconstrucción de la imagen se acerca al tiempo real.

Para que el tomógrafo fuera más «amigable»; para mejorar la calidad, resolución y confiabilidad de la imagen; para someter al paciente a dosis menores de radiación y para que tuviera más confort durante el estudio, a lo largo de los años se produjeron innovaciones importantes: El tiempo promedio que dura el examen se redujo drasticamente y se aumentó la velocidad de barrido, con lo que se ayuda a eliminar los artefactos que se generan por el movimiento del paciente.

ATENUACION DE LOS RAYOS X

El objetivo del TC es reconstruir la forma y la estructura de órganos a partir de múltiples proyecciones. Supóngase que un órgano K, formado por una masa de densidad variable dada por la función F(x,y,z), es atravesado por un haz de radiación X cuya trayectoria es una línea recta S, de la cual se puede medir la intensidad de entrada y la intensidad de salida.

La diferencia entre las intensidades depende de la absorción que experimenta el rayo al desplazarse por la materia en el interior de K, o dicho de otra manera, depende del coeficiente de absorción de la materia que atraviesa. La medida experimental de esta función se llamará F(S). El matemático austríaco J.Radon encontró la manera de calcular F(x,y,z), para lo cual utilizó la *transformada de Radon* conocida como F(G).

A pesar de los alentadores resultados teóricos, Cormack y Hounsfield tuvieron que resolver muchos problemas, asumir, por ejemplo, que con un número finito de rectas, aunque muy grande, es posible reconstruir una imagen bastante confiable. El procedimiento que adoptaron consiste en dividir K en secciones planas y resolver el problema sección por sección, para luego ensamblarlas y reconstruir el cuerpo K.

El coeficiente de atenuación lineal expresa el debilitamiento que experimenta un haz de rayos X al recorrer un determinado espesor de una sustancia dada y es específico para cada una de ellas. Para un rayo X monoenergético que atraviesa un trozo uniforme de material, la atenuación a que está sometido se expresa de la siguiente manera:

$$I_o = I_i \ e^{-(\mu \ L)} \qquad (2.1)$$

Donde I_o el la intensidad del haz después de atravesar el material, I_i es la intensidad del haz incidente, μ es el coeficiente de atenuación lineal del material y L es la distancia recorrida por el haz en el material.

Pero en el cuerpo humano el haz de rayos X pasa a través de tejidos con distintos coeficientes de atenuación, a los que podemos identificar como μ_1, μ_2, ...μ_n. Entonces la ecuación 2.1 se transforma en:

$$(\mu_1 + \mu_2 + ... + \mu_n) \ L = \ln(I_i / I_o) \qquad (2.2)$$

La ecuación (2.2) muestra que el logaritmo natural de la atenuación total, para un haz en particular, es proporcional a la suma de los coeficientes de atenuación de todos los materiales que traspasa el haz. Para determinar la atenuación de cada elemento debe obtenerse un gran número de mediciones desde distintas direcciones, lo que permite la generación de un sistema de ecuaciones múltiples.

TIPOS DE ESCANER

Desde el primer equipo desarrollado por Hounsfield se han incorporado y se siguen incorporando importantes innovaciones, casi todas encaminadas a acortar el tiempo de «barrido» y mejorar la calidad de imagen. La recopilación los datos y la capacidad de cálculo de los computadores, que para entonces estaba dando sus primeros pasos, fue fundamental para la reconstrucción de la imagen a partir de planos superpuestos. Las incorporaciones tecnológicas relevantes, son las que marcan las diferentes generaciones de los tomógrafos, entre las que se puede nombrar:

TC DE CORTES INDIVIDUAL

La figura 2.2. muestra el diagrama de un escáner de corte individual. En el gantry está la fuente de rayos X que emite un haz colimado dirigido hacia el paciente y el detector. El espesor del corte depende de la colimación. El tubo y el detector están diametralmente opuestos y tienen libertad para rotar 180 grados.

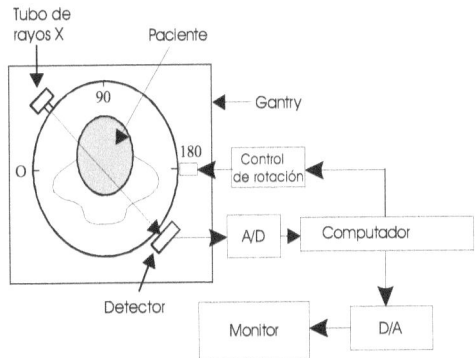

Fig.2.2. Esquema básico de funcionamiento.

El paciente, acostado en la mesa se introduce en al orificio del gantry, la mesa avanza y se detiene en la zona del primer corte, el tubo de rayos X y el detector comienzan a rotar 180 grados mientras se emite un haz de rayos X de algunos milímetros de espesor. Las señales atenuadas por los diferentes órganos son «recogidas» por el detector, digitalizadas y enviadas a un computador, donde son sometidas a un tratamiento matemático que las convierte en imágenes bidimensionales.

Una vez terminado el barrido del primer corte, la mesa se desplaza algunos milímetros, los mismos que el espesor del haz.

En este momento el tubo de rayos X y el detector rotan en sentido contrario y regresan a la posición original y mientras lo hacen exploran el siguiente corte.

El procedimiento se repite hasta cubrir toda la región de interés. Al final del estudio, se obtienen un conjunto de cortes que pueden ser analizados individualmente, o «ensamblados» para producir la imagen tridimensional de los órganos objeto del estudio.

TC HELICOIDAL

Es un escáner con capacidad de realizar cortes individuales y explotación helicoidal. En la explotación helicoidal se combina el movimiento rotatorio del tubo y el desplazamiento continuo de la mesa. Se abandona el concepto de *cortes aislados* para pasar al concepto de *adquisición de volúmenes*. Su principio de funcionamiento se muestra en la figura 2.3.

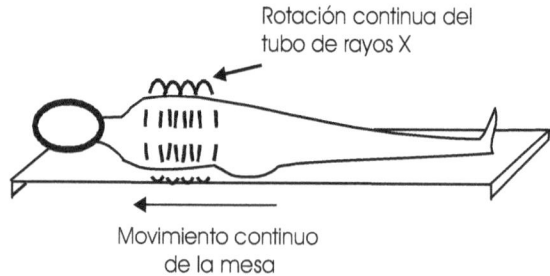

Fig.2.1. Cortes en la TC helicoidal. El tubo de rayos X gira alrededor del paciente mientras la mesa se mueve continuamente.

Puesto que la adquisición se lleva a cabo con la mesa en continuo movimiento, para obtener imágenes de distintos planos es necesario utilizar nuevos algoritmos de reconstrucción.

En la reconstrucción multiplanar (MPR), por ejemplo, se obtienen planos tales como el sagital, el coronal y el oblicuo, donde la imagen no debe presentar escalonamientos debidos al movimiento de la mesa.

El procesamiento de las imágenes se efectúa por medio de las plataformas tecnológicas conocidas como *procesamientos de señales digitales a alta velocidad* (High speed DSP o Digital Signal Processing) y *dispositivos de procesamiento de señales con matrices de compuertas programables* (signal processing devices o Field Programmable Gate Array, FPGA).

Debido a la mayor velocidad de procesamiento, combinado con la adquisición volumétrica, se producen imágenes tridimensionales de excelente calidad, surgiendo así nuevas aplicaciones como los cálculos volumétricos, la angio-TC y la endoscopia virtual. En ellas se obtiene, por ejemplo, detalles de las arterias renales y la aorta, o se distinguen claramente fracturas complejas de la cara, lo que permite al cirujano planificar su reconstrucción.

La tecnología 3D, llamada *Volume rendering,* originalmente concebida por un grupo guiado por George Lucas, fue creada con la tarea de producir efectos especiales para la serie cinematográfica Guerra de las Galaxias (Star Wars). Esta tecnología, por ser muy costosa, fue adoptada para aplicaciones médicas sólo a finales de los años 70 del siglo pasado.

Contactos deslizantes

El contacto deslizante, desarrollado en 1987, es una excelente innovación que ha contribuido al desarrollo de la tecnología helicoidal. Se le conoce también como *unión eléctrica rotativa* (rotary electrical joint), *conector rotante para transmisión de potencia y señales* o simplemente *conector eléctrico rotante.* Este contacto, permite transmitir energía y/o señales eléctricas desde una estructura electromecánica estacionaria a una en rotación y viceversa. Además, posibilita un enorme aumento de la velocidad de giro, lo que redunda en la disminución del tiempo de captura. La transmisión se efectúa por medio de contactos con escobillas o con fibra óptica.

Contactos con escobillas

La conexión eléctrica de los componentes móviles del gantry se efectúa con contactos deslizantes, formados por escobillas metálicas o de carbón que tocan un anillo metálico en rotación. Deben transmitir la potencia necesaria para la operación del tubo de rayos X, transferir datos digitales a alta velocidad e interconectar las señales de control. Con el tiempo, la calidad del contacto se deteriora y se produce degradación de las señales.

En los contactos deslizantes modernos, la conexión se efectúa en un ambiente líquido de moléculas metálicas adosadas a los contactos, con lo que se logra una conexión estable y de baja resistencia. Además, son más compactos, económicos y no requieren mantenimiento. Durante la rotación el fluido mantiene la conexión eléctrica sin que se produzca desgaste, el «ruido» del contacto es prácticamente inexistente y la resistencia es menor que un miliohmio; mucho menor que en los contactos deslizantes convencionales.

En los primeros escáner, el transformador de alta tensión se hallaba en la parte estacionaria. Con el desarrollo de las fuentes de poder conmutadas que han hecho que el sistema de alimentación del tubo sea más pequeño y menos pesado, la fuente se instala en la parte móvil, con lo que se evita transmitir la alta tensión.

Contacto con fibra óptica

En los TC modernos, la transmisión de datos a alta velocidad se efectúa por medio contactos rotativos con fibra óptica (Fiber Optic Rotary Joints, FORJ). La junta rotatoria con fibra óptica es una forma pasiva bidireccional para transmitir señales a través de una interface en rotación, particularmente cuando se requiere transferir una gran cantidad de datos. La transmisión se efectúa entre dos fibras de plástico o de vidrio, donde una de ellas, o ambas, rotan sobre un mismo eje.

La transmisión se realiza por medio de luz modulada que se propaga a través del aire o de un fluido situado entre los terminales de la fibra. No se produce contacto físico entre el medio transmisor y el receptor, por lo que el desgaste se reduce a cero. Los contactos rotativos con fibra pueden transmitir hasta 10 GBit/s, sin embargo, no tienen capacidad para transmitir potencia eléctrica. Cuando se requiere la transmisión simultánea de datos y potencia se recurre al modelo híbrido, formado por una junta rotatoria con fibra óptica y otra con contactos deslizantes.

Gran parte de las fibras ópticas operan con la tecnología de haz expandido (expanded beam technology). Con esta técnica, la alineación entre la superficie transmisora y receptora es menos crítica. Para lograrlo se colocan dos lentes esféricas, una en el extremo de la fibra transmisora y otra en la receptora. La lente transmisora expande el haz de luz en el punto de transmisión hasta 45 veces su tamaño. La lente receptora capta la luz y reduce el haz su tamaño original. Para la transmisión de canales múltiples se recurre a la multiplexación, donde muchos canales de información son transmitidos por una sola fibra.

TC HELICOIDAL MULTICORTE

Los escáner helicoidales multicorte surgen en la última década del siglo pasado. Tienen la propiedad de rotar a mayor velocidad y adquirir los datos de varios cortes simultáneamente. Con el mismo fin, se desarrollaron detectores multifila que posibilitan la adquisición simultánea de 4 cortes por vuelta. Con ellos, se logra aprovechar mejor el haz de rayos X y al mismo tiempo se incrementa la resolución espacial del eje z.

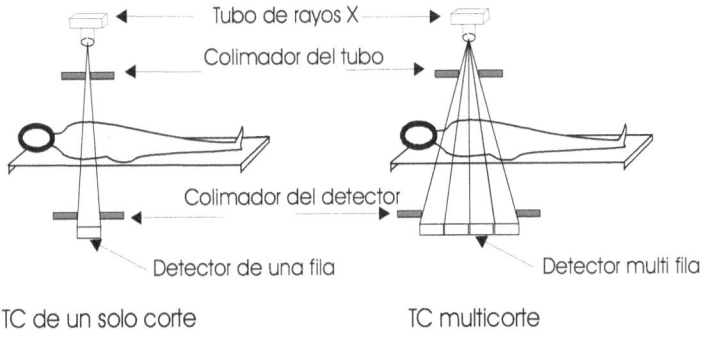

Fig. 2.4. Sistema TC de un solo corte y multicorte.

La posibilidad de hacer cortes de 0.5 mm en tórax, oído y columna, ha proporcionado el medio para ver estructuras impensadas. La superioridad del sistema multicorte fue tan evidente que en 1998 la mayoría de los fabricantes lo habían adoptado. La figura 2.4. muestra la diferencia entre el TC de un solo corte y el multicorte.

Actualmente se dispone de equipos que realizan 8 y 16 cortes y se proyectan sistemas de 64 y hasta de 256 cortes por revolución, con tiempo de adquisición de 0,4 segundos.

Con el incremento de la velocidad de rotación, de hasta 7200 rpm, se alcanza una importante frontera tecnológica. Se someten los componentes del Gantry a una fuerza centrífuga equivalente a 13 veces la fuerza que está expuesto el trasbordador espacial en sus vuelos al espacio exterior. Por tal motivo, para poderlos incorporar en la parte móvil del gantry, se tuvieron que rediseñar tubos, generadores de rayos X y otros dispositivos.

VENTAJAS DE LA TC HELICOIDAL

La principal causa de muerte en el mundo occidental son las enfermedades cardíacas. Tradicionalmente, el diagnóstico se basa en técnicas invasivas como la angiografía, que es un procedimiento costoso, requiere hospitalización y consume mucho tiempo del especialista. La tomografía computada helicoidal multicorte con sólo aplicar un medio de contraste endovenoso, ofrece a la cardiología la posibilidad de realizar estudios coronarios rápidos, seguros y confiables. Permite evaluar no sólo la luz de las arterias sino también la pared de la mismas. Se pueden analizar las obstrucciones coronarias, lo que lleva a la rápida adopción de tratamientos preventivos.

Por tener mayor velocidad de captura, el paciente está menos tiempo expuesto a radiaciones ionizantes. Al acortarse el tiempo de estudio, puede pedirse al paciente que retenga la respiración, con lo que se eliminan los artefactos debidos al movimiento. Además:
- Posibilita las exploraciones con menor cantidad de contraste i.v.
- Se eliminan cortes adicionales, ya que al manejar volúmenes es posible, luego de finalizado el estudio, hacer todas las reconstrucciones en los planos que se desee.
- Posibilita la reconstrucción multiplanar de imágenes.
- Mejora la calidad de la reconstrucción tridimensional.
- Permite la Angio-TC.
Entre las nuevas aplicaciones se encuentran las siguientes:

102

Adquisición Helicoidal en Tiempo Real. Ofrece la posibilidad de vigilar la adquisición de datos y con ello la facilidad de interrumpir el estudio en el momento de completarse el «barrido» de la región de interés y así evitar exponer al paciente a radiación innecesaria.
Detección del medio de contraste. Permite observar la «llegada» del medio de contraste a la región de interés. De esta forma, la adquisición se inicia en forma manual o automática cuando la densidad Hounsfield en esa región alcanza un valor prefijado. Mediante esta técnica se obtienen excelentes estudios contrastados, especialmente cuando es necesario captar las distintas fases del contraste, como por ejemplo, la fase arterial y venosa.
Fluoroscopia en Tiempo Real. Esta función permite observar en tiempo real ciertas intervenciones. Durante las biopsias o punciones se vigila el recorrido de la aguja y eventualmente se corrige su orientación. Esta práctica es más segura para el paciente y permite acortar el tiempo de intervención.

CONFIGURACIONES DE ADQUISICION

La configuración de adquisición está asociada a la tecnología disponible para la época en que se diseñó el escáner y se clasifica en generaciones.

Primera generación. Los TC de primera generación utilizan la tecnología *traslación-rotación* esquematizada en al figura 2.5. La adquisición de los datos se inicia con el tubo de rayos X en posición denominada proyección 0°. Allí se exploran 160 líneas paralelas y se obtienen 160 datos de atenuación. Luego se rota el conjunto tubo-detector un grado y se producen 160 datos adicionales. La operación se repite hasta completar 180 proyecciones con 160 muestras cada una, obteniéndose 28800 datos de atenuación.

Los datos provenientes del detector son digitalizados, procesados y almacenados en la memoria y utilizados para presentar la imagen en la pantalla de un monitor. La imagen se produce utilizando la escala de Hounsfield, explicada posteriormente en este capítulo.

Para colocar la imágenen en una matriz de 80 por 80 se requieren 6400 celdas. Para hallar la atenuación correspondiente a cada celda hay que resolver 28.000 ecuaciones con 6.400 incógnitas. Los computadores de la época empleaban 5 minutos para realizar los cálculos.

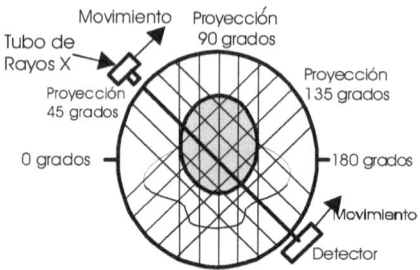

Fig.2.5. Esquema del TC de primera generación.

Segunda generación. Los TC de segunda generación emplean la tecnología *traslación-rotación*, similar a la anterior en cuanto a los movimientos, pero utiliza un haz de rayos X en forma de abanico con ángulo de apertura de unos 5° y un conjunto de 10 a 30 detectores en línea, colocados de la forma mostrada en la figura 2.6.

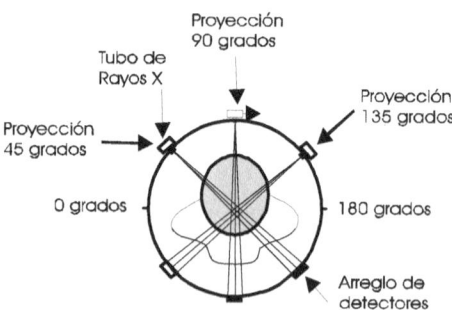

Fig.2.6. Esquema del TC de segunda generación.

De esta manera se logra reducir el tiempo de exploración a cerca de 2 minutos. Por su nombre en inglés, los escáner que emplean múltiples detectores se la llama MDCT (Multi Detector Computarized Tomography).

Tercera generación. Los TC de tercera generación, presentes a partir de 1975, emplean la geometría *rotación-rotación* donde el tubo y los detectores giran de la forma indicada en la figura 2.7. El haz rotante, que tiene forma de abanico y ángulo de apertura grande, incide sobre una línea formada por 800 detectores. La apertura del haz tiene el arco suficientemente amplio que permite «interrogar» un corte completo.

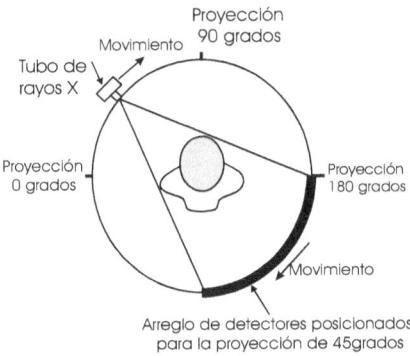

Fig.2.7. Esquema del TC de tercera generación.

La imagen de cada corte se forma con los datos aportados por cada uno de los 800 detectores. El espesor del corte ya no depende del ancho del haz de rayos X, sino es determinado por el espesor de la fila de los detectores.

Este tipo de escáner es más propenso a fallas llamadas *artefactos del anillo* (ring artifacts) propias de los MDCT. Los artefactos son distorsiones que diferencian la imagen reconstruida de la original. Se generan, por ejemplo, si uno o más canales de detección no son idénticos. Cada detector y su canal de amplificación con el tiempo tienden a sufrir pequeñas variaciones en sus características, lo que causa «corrimiento» de la señal. Para que la amplificación tenga siempre el mismo valor, en los detectores modernos la ganancia se ajusta automáticamente. Para lograrlo emplean un haz de referencia que incide en todos los detectores, y por medio del software se ajusta la amplificación los canales para que la señal de salida tenga el mismo valor.

Otra fuente de deformación de la imagen es debida a que los detectores situados en el centro del arco suministran datos provenientes de un área menor que los situados en la periferia. Esta anormalidad también puede ser corregida por software.

Los TC de tercera generación aprovechan más eficientemente la radiación y reducen el tiempo de exploración a unos 3 segundos, pero debido a la complejidad del detector son más costosos.

Cuarta generación.

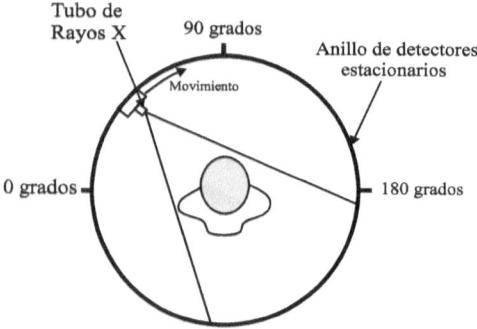

Fig.2.8. Esquema del TC de cuarta generación.

Los tomógrafos de cuarta generación, desarrollados en los años 70 del siglo pasado, emplean el sistema *rotación-estático*.

El tubo que rota a alta velocidad, genera un haz divergente en forma de abanico que incide sobre un anillo estacionario formado por 4800 detectores. Con este sistema, mostrado en la figura 2.8, se logran tiempos de exposición muy pequeños, su costo es elevado debido al gran número de detectores y al hardware asociado.

Quinta generación. El escáner de quinta generación, también conocido como escáner de haz de electrones (electrón-beam) o *cine-TC*, se distingue por emplear una geometría *estática-estática*. Tanto el tubo de rayos X como es detector permanecen estáticos, mientras que el tubo genera por si mismo un haz que se mueve. En el interior del tubo, el cañón desvía el haz de electrones y los enfoca en la superficie de un gran ánodo giratorio de tungsteno.

106

Debido a la geometría del sistema, el haz emergente se mueve en abanico con el vértice en el ánodo, después de colimado recorre los tejidos del paciente e incide en el anillo de detectores.

Como en el gantry no hay partes móviles, el tiempo de captura se reduce a unos 50ms, de forma que los artefactos debidos a los movimientos del paciente son casi inexistentes. La rápida sucesión de imágenes posibilita captar las diferentes fases de los latidos del corazón, por lo cual es preferido por los cardiólogos. Se emplea también para los exámenes rutinarios y de enfermos incapaces de cooperar y retener el aliento, como los niños o pacientes con trauma.

Sexta generación. Es un escáner tipo MDCT que emplea una matriz de detectores dispuestos en filas y columnas, se caracteriza por utilizar la geometría de la tercera y sexta generación mejoradas.

Durante la adquisición emplea una porción más ancha del abanico de rayos X, con lo que se incrementa su utilización. Los píxeles tienen la misma área que los detectores, de forma que las dimensiones de un detector individual fija la resolución del escáner, y el número de detectores determina la cantidad de datos que se adquieren simultáneamente. El espesor del corte es determinado por les medidas del detector y puede ajustarse para que la resolución sea igual para las tres coordenadas X, Y, Z. Por tener iguales dimensiones en sus tres ejes, el vóxel se llama *isotrópico*.

Un escáner MDCT con una matriz de detectores formada por cuatro filas paralelas de 5mm de espesor y un ancho de colimación de 20 mm, puede ser empleado para adquirir simultáneamente cuatro imágenes adyacentes por rotación, con espesor de 5mm por corte. Si se emplean 64 filas se obtienen simultáneamente 64 imágenes. Con el aumento del número de filas se reduce el tiempo de captura y se logra obtener imágenes 3D en tiempo real.

La flexibilidad de los protocolos de adquisición, el aumento de la eficiencia, la velocidad de captura y la tecnología MDCT, producen imágenes de muy alta calidad.

COMPONENTES DE UN TOMOGRAFO

Los equipos de tomografía axial computada, como el mostrado en la figura 2.9, están formados por el gantry, la mesa y la consola de control.

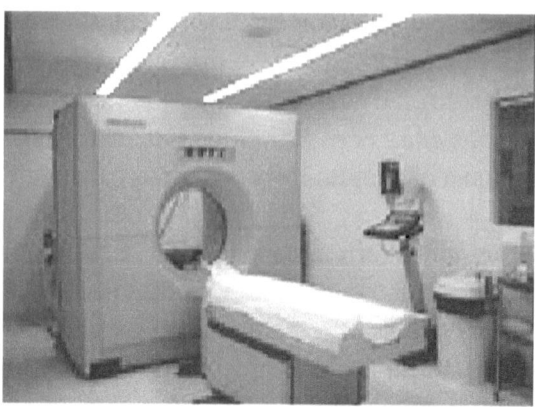

Fig.2.9. Foto de un tomógrafo

EL GANTRY

Es una pieza rectangular de aproximadamente 1,80m de alto, 2m de ancho y 1m de profundidad. Tiene un orificio central de unos 70cm de diámetro donde se introduce el paciente que se encuentra acostado en la mesa. En la parte interna del gantry está la estructura donde está montado el tubo de rayos X, el colimador, y diametralmente opuesto un conjunto de detectores que forman el sistema de adquisición de datos. Contiene además los sistemas electromecánicos de giro, los tubos de refrigeración, las mangueras del cableado y un sistema de conexiones que suministra energía eléctrica a los varios elementos.

Hay dos tipos de gantry; los de cortes individuales que rotan 360° e invierten el sentido de giro y los más modernos, empleados por los TC helicoidales que rotan continuamente durante el estudio.

LA FUENTE DE RAYOS X

El tubo de rayos X es básicamente un diodo contenido en una ampolla de vidrio al vació. La ampolla está rodeada por una cubierta

108

de plomo con una pequeña ventana por donde emergen las radiaciones. El espacio entre la ampolla y la cubierta está lleno de aceite u otro refrigerante.

Dentro la ampolla está alojado el ánodo y el cátodo. El cátodo está formado por un filamento de tungsteno arrollado en espiral, similar al de una bombilla eléctrica. Por el filamento circula la corriente que lo lleva a la incandescencia y a la emisión de una gran cantidad de electrones. Los electrones son atraídos por el ánodo que tiene aplicada alta tensión suministrada por la fuente conectada entre el ánodo y el cátodo.

Los electrones en su recorrido son acelerados, adquieren alta velocidad y chocan con el ánodo donde pierden bruscamente toda su energía cinética; el 99% se transforma en calor y el resto en rayos X. La energía cinética de los electrones es disipada en la superficie del ánodo, la temperatura en el sitio de impacto es tan alta que podría causar su fusión.

Para evitar que la energía se disipe sobre el mismo punto el ánodo tiene forma de disco y gira a 2500-3000 rpm. El anillo donde impactan los electrones esta hecho de una aleación de tungsteno, renio y molibdeno, cuyo punto de fusión es de unos 3300C° y está embutido en cobre que es buen conductor de calor.

Para que los rayos X emerjan por la ventana del tubo, la superficie del ánodo está inclinada 45° respecto al haz electrónico incidente.

Los Rayos X son ondas electromagnéticas con longitud de onda menor de 10 Angstrom. Tienen la propiedad de atravesar la materia donde pierden energía. Gracias a esa atenuación es que se obtiene la imagen de los órganos internos.

Para evitar someter al paciente a dosis excesivas y a la vez resaltar la imagen de los diferentes tejidos, los TC emplean una dosis limitada de rayos X de energía adecuada. La energía determina la penetrabilidad y el contraste entre tejidos. Los rayos X más energéticos son menos sensibles a la composición y densidad de los órganos que atraviesan, por estas razón, el voltaje aplicado al tubo es limitado a unos 100 Kv.

El haz de rayos X emergente del tubo es colimado, tiene forma de abanico y un espesor determinado, gira alrededor del paciente, traspasa sus órganos e incide en un banco de detectores. Cada vez que rota 360° se recogen datos suficientes para reconstruir uno o varios cortes.

El colimador es un dispositivo hecho de un material muy absorbente como el plomo, que colocado frente al tubo limita el campo del haz de rayos X, tiene una rendija de ancho variable con obturador (lead shutter) que se utiliza para ajustar el espesor del abanico entre 1mm y 10mm. La colimación fija el espesor del corte y limita la región expuesta a las radiaciones.

Con el fin de eliminar la radiación dispersa (stray radiation), se coloca otro colimador frente al banco de detectores. La radiación dispersa es aquella que al atravesar la materia se ha desviado de su trayectoria.

Las variables que intervienen en la calidad de la imagen son el espesor del abanico, el espectro de energía de los rayos X y su intensidad. El espesor del abanico lo determina la apertura de la rendija de colimación, mientras más pequeña es la apertura mejor resolución, pero se requieren más cortes pera visualizar un mismo órgano.

Idealmente los rayos X deberían ser monocromáticos, es decir, todos con la misma energía. De no ser así, las desviaciones se interpretan como atenuaciones diferentes. Los rayos X generalmente se especifican en término de la energía característica del material del ánodo expresada en KeV.

DETECTORES DE RAYOS X

El primer detector de rayos X fue la placa fotográfica. Desafortunadamente no es posible obtener rápidamente de ella los datos digitales necesarios para alimentar el computador del tomógrafo. Por tal motivo tiende a ser reemplazada por los modernos detectores de estado sólido. Los detectores de estado sólido están formados por cristales centelladores íntimamente acoplados a fotodetectores. Se construyen en arreglos de líneas paralelas adyacentes. Una línea puede estar formada por 512 detectores de tungstenato de cadmio (cadmiun tungstate) empaquetados en peine y cada detector está ópticamente acoplado a un fotodiodo de silicio. La separación entre canales es de 0,381mm y su extensión horizontal es de 195mm.

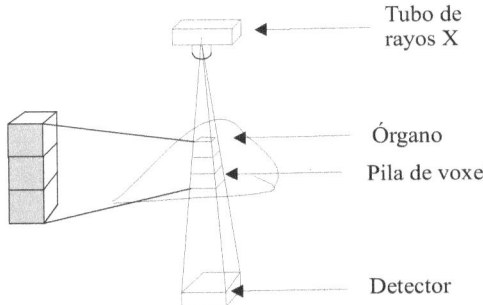

Fig. 2.10 Los rayos X alcanzan el detector después de pasar a través del tejido donde son atenuados.

La figura 2.10. muestra cómo los rayos X alcanzan el detector después de atravesar cierta porción de tejido. Para efectos de la posterior reconstrucción de la imagen, se asume que el tejido está formado por pequeños cubos llamados vóxel, palabra derivada de la contracción inglesa de *volumen elements*.

LA MESA

La mesa donde se acuesta el paciente es una camilla telecomandada. Por medio de un control manual puede subir, bajar y deslizar hacia adentro hacia afuera del gantry. Durante el estudio para el TC multicorte, la mesa se mueve automáticamente cada cierto tiempo con pasos discretos, en tanto que en el TC helicoidal, se mueve continuamente con velocidad uniforme.

EL SISTEMA DE COMPUTACION

El sistema de computación, formado por el teclado, el computador y el monitor está montado en la consola de mando. Con el teclado el operador controla la operación del equipo y observa las imágenes en el monitor. El computador tiene a su cargo el control y funcionamiento del tomógrafo, realiza los cálculos que conducen a la formación de la imagen, almacena y presenta en el monitor las imágenes reconstruidas. Su software contiene un sistema de adquisición de datos (Data Adquisition System o DAS), el procesamiento y archivo de datos, los algoritmos de cálculo, la reconstrucción y la visualización de la imagen. En general, el computador está compuesto por tres unidades operativas cuyas funciones están claramente diferenciadas.

Unidad central de procesamiento (Central Processing Unit, CPU): Tiene a su cargo el funcionamiento total del equipo y la ejecución de los programas. Su configuración es similar a la de cualquier sistema computacional con su software y hardware asociados.

Unidad de almacenamiento de datos e imágenes: Cuenta con una unidad de almacenamiento de datos primarios (raw data) e imágenes. El sistema de almacenamiento está compuesto por uno o más discos donde se almacenan las imágenes reconstruidas, los datos primarios y el software de aplicación del tomógrafo.

Unidad de reconstrucción rápida (Fast Reconstruction Unit, FRU): Es la encargada de realizar los procedimientos necesarios para la reconstrucción de la imagen a partir de los datos adquiridos por el sistema de detección.

ADQUISICION Y PROCESAMIENTO DE DATOS

Los detectores de estado sólido empleados en los tomógrafos, convierten la energía de los fotones de los rayos X en impulsos eléctricos, cuya magnitud es proporcionales a la energía de dichos fotones. Si se asume que la fuente de rayos X es monocromática, la energía de los rayos que alcanzan el conjunto de detectores no lo es. Los rayos X en su camino son atenuados por los tejidos que encuentran a su paso, en consecuencia, el grado de atenuación depende del recorrido de cada fotón. Los rayos X atenuados inciden sobre un material centelleante que tienen la propiedad de convertir su energía en destellos de luz visible. El material centelleante es acoplado ópticamente a fotodiodos de silicio, donde el fotón incidente genera pares iónicos que se acumulan en la capacitancia de los fotodiodos polarizados. Las cargas se van acumulando durante cierto tiempo para luego ser «leídas». El número resultante, representa un promedio de la atenuación que han sufrido los rayos X al pasar por la pila de vóxel que han encontrado a su paso. La figura 2.10. ilustra este procedimiento.

Un arreglo Si-2D, formado por fotodiodos y transistores TFT con sus respectivas líneas de control para una matriz de 2 x 4 detectores, se muestra en el diagrama de la figura 2.11. Los transistores son controlados por las líneas de comando y por el driver de filas. Cuando se direccionan, la carga acumulada es transferida al amplificador de cargas donde es amplificada y convertida a formato digital.

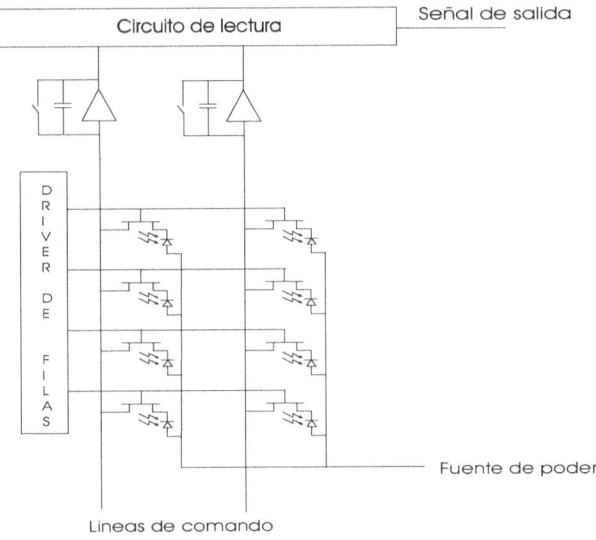

Figura 2.11. Diagrama de una matiz Si-2D.

La adquisición de datos se realiza durante la rotación de 360°, en ese periodo se producen de 600 a 3600 proyecciones, lo que corresponde a un ángulo de 0,6° a 0,1° por proyección respectivamente. La transmisión de datos a alta velocidad se efectúa por medio de contactos rotativos con fibra óptica. Los datos se almacenan de forma que cada línea contiene el conjunto de lecturas correspondiente a cada proyección. A medida que se adquieren datos las líneas se van llenando de arriba hacia abajo. A este conjunto se le llama *sino grama* y a los datos se les llama *datos primarios* (raw data).

La señal digitalizada es transmitida al sistema de adquisición de datos (Data Adquisition System DAS) a través del bus PCI (Peripheral Component Interconnect) que la dirige a la memoria principal y al controlador de imágenes del computador. La memoria principal es utilizada como buffer para retener los píxeles de video, suministrarlos al monitor y refrescar la imagen.

Para cada proyección, se obtiene un conjunto de ecuaciones que contienen el valor de la radiación inicial y las medidas de la radiaciones leídas por los detectores. El conjunto de ecuaciones se resuelve utilizando métodos matemáticos que permiten calcular el coeficiente de atenuación de cada vóxel. A cada vóxel le asigna un valor numérico llamado «número CT» que posteriormente será representado por un píxel de luminosidad adecuada.

RECONSTRUCCION

La reconstrucción de la imagen digital, a partir de los datos aportados por la acumulación de las números, es muy compleja y requiere del auxilio de sistemas computacionales. Para visualizar el procedimiento de reconstrucción, imaginemos que nos encontramos frente a la Catedral de San Pedro donde se han descubierto detalles arquitectónicos que se desean observar. Seguramente se recurrirá a la cámara fotográfica, y para obtener mejor representación se tomarán fotografías desde diferentes ángulos, mientras más se tomen, mayor cantidad de detalles podrán observarse. La figura 2.12. muestra una aproximación del procedimiento. La cámara toma cuatro fotografías del objeto, la primera, llamada proyección 1 genera los datos 1, la segunda fotografía se obtiene después de rotar 90° y genera los datos 2, la tercera y cuarta generan los datos 3 y 4. A partir de los 4 conjuntos de datos se procede a la reconstrucción, que idealmente debería originar la fiel imagen del objeto. En la tomografía computarizada también se reconstruye la imagen de los órganos a partir de la combinación de imágenes procedentes de diferentes ángulos. El tubo de rayos X y los detectores rotan alrededor del paciente tomando «fotografías» llamadas *proyecciones* y el procedimiento mediante el cual se juntan las proyecciones para obtener la imagen se llama *reconstrucción de la imagen*. La reconstrucción se obtiene por medio de un procedimiento matemático llamado *algoritmo de reconstrucción* implementado por el computador que convierte el sino grama en imagen bidimensional.

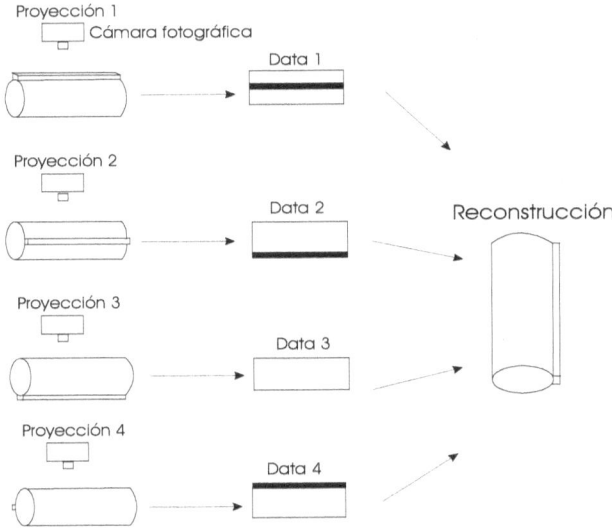

Fig. 2.12. Datos obtenidos de cuatro proyecciones empleadas para reconstruir la imagen.

Entre los algoritmos de reconstrucción se encuentra el algebraico, el iterativo y el analítico. Uno de los más empleados, por ser rápido, preciso y de fácil implementación es el algoritmo de *Retroproyección Filtrada* (Filtered Back Projection, FBP). La descripción de varios algoritmos, incluyendo el FBP, pueden encontrarse en la referencias 16,17,18,19,20,21,22 al final del capítulo.

La retroproyección, para reconstruir la imagen en dos y tres dimensiones, utiliza el vector de rayos X, la información de atenuación y el sino grama obtenido durante la adquisición. Las tres variables principales para la reconstrucción son el número de proyecciones, el número de píxel y el número de imágenes por segundo. Los valores típicos actuales son 1000 proyecciones,

115

1.000.000 de píxel y 15 imágenes por segundo, lo que equivale a $15x10^9$ operaciones por segundo. La figura 2.13. muestra una versión simplificada de la retroproyección.

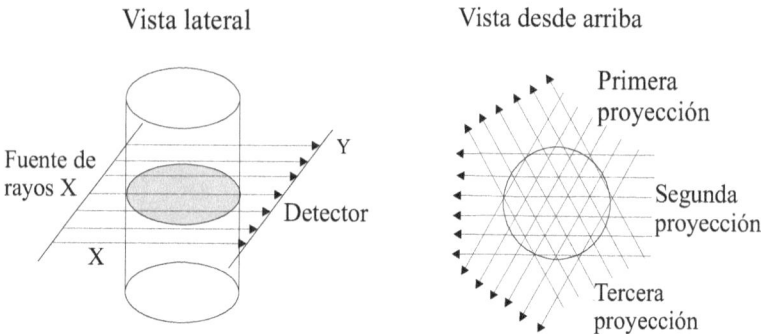

Fig. 2.13. Retroproyección en la Tomografía computarizada.

SISTEMA DE VISUALIZACIÓN Y ARCHIVO

Toda imagen, analógica o digital, obtenida por medio de una cámara fotográfica o por un equipo de rayos X encierra una gran cantidad de información acerca del objeto representado. La imagen sin tratamiento informático se llama *analógica,* por ser una representación análoga a la estructura y por contener una distribución continua de intensidades luminosas. Por el contrario, en la imagen digital la distribución de intensidades no es continua sino discreta y ofrece la posibilidad de ser almacenada y procesada por métodos computacionales. Está formada por una matriz de píxeles cuadrados o rectangulares. El píxel (acrónimo del inglés *picture element*, «elemento de imagen») es la menor unidad de superficie homogénea en luminosidad o color que forma parte de una imagen digital. También puede considerarse el elemento homogéneo más pequeño observable en la imagen.

La matriz se caracteriza por el número de píxeles de las filas y por el número de píxeles de las columnas. Cada píxel se específica por sus medidas, luminosidad y localización en la matriz. La luminosidad para imágenes en blanco y negro se expresa por medio de tonos de gris.

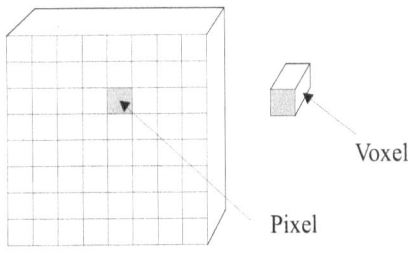

Fig.2.14. Presentación de la imagen.

Según se observa en la figura 2.14, aunque el píxel es bidimensional, en realidad representa un volumen, pues, además de su superficie tiene la profundidad del corte tomográfico.

La luminosidad de cada pixel expresa la densidad del vóxel. A cada densidad se le asigna un tono de gris dentro de la escala del blanco al negro y a cada tono de gris se le asigna un valor numérico llamado *número CT*. Por tanto, la imagen plana está formada por un conjunto de píxeles cuya luminosidad representa la absorción de cada vóxel. El vóxel (palabra proveniente de la contracción del término inglés «volumetric pixel», píxel volumétrico) es la menor unidad de volumen homogénea en luminosidad o color que forma parte de una imagen 3D digital. El resultado es la figura de una matriz formada por píxel, como la mostrada en la *figura 2.15 y 2.16*. La imagen es manejada por el computador, almacenada en su disco duro, visualizada en el monitor, o impresa en formatos fotográficos especiales.

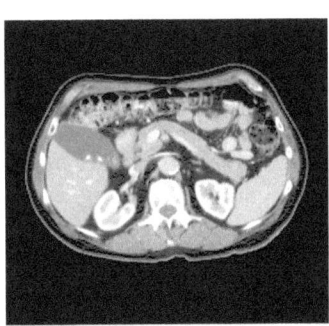

Fig.2.15. Imagen tomográfica está formada por píxeles.

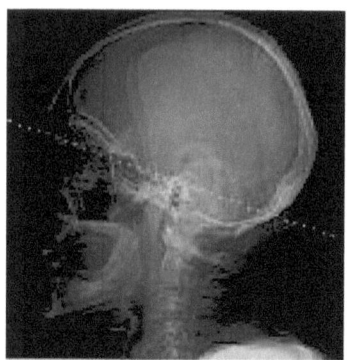 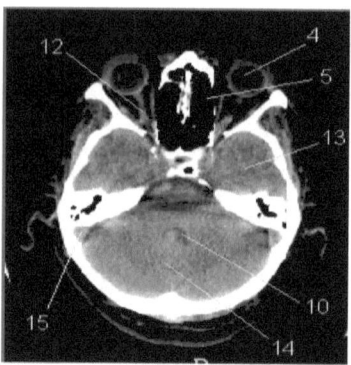

Fig.2.16. TC cerebral.

La figura 2.16. muestra uno de los cortes de la exploración cerebral donde está indicado el globo ocular (4), las cerdillas etmoidales (5), el IV ventrículo (10), el nervio óptico (12), el lóbulo temporal (13), el cerebelo (14) y el seno sigmoideo.

UNIDADES DE HOUNSFIELD

El tono de gris de los píxeles que forman la imagen plana está relacionado con la atenuación que sufre el haz al atravesar los tejidos. Es tarea del computador asignar un número CT a cada tono. La ecuación que relaciona el número TC con el coeficientes de atenuación es:

$$TC = \frac{E}{K}(\mu_m - \mu_a)$$

donde, E es la energía del haz de rayos X, K es una constante que depende del diseño del equipo y μ_m y μ_a son los coeficientes lineales de atenuación del material en estudio y del agua respectivamente.

El número entero asignado a cada pixel se compara con el valor de atenuación del agua y acomodado en una escala de unidades arbitrarias llamadas *Unidades de Hounsfield* (Hounsfield Units, HU). La escala asigna al agua atenuación cero, al aire −1000 y al hueso compacto +1000. Por lo tanto, el rango de los números CT es de 2000HU, aunque en algunos escáner se expande a 4000.

Cada número representa una luminosidad, en un extremo del espectro está el blanco designado con +1000 y en el otro extremo, el negro con −1000. La escala de Hounsfield, universalmente aceptada, es mostrada en la figura 2.17.

Las localidades de la memoria donde se almacena la imagen están estructuradas de forma que a cada píxel le corresponde una localidad. En cada localidad está almacenado un número CT expresado en forma binaria y cada número binario representa un tono de gris. Para números iguales le corresponde el mismo tono. La figura 2.18. muestra el arreglo descrito.

Fig. 2.17.   Escala de Hounsfield y números TC.

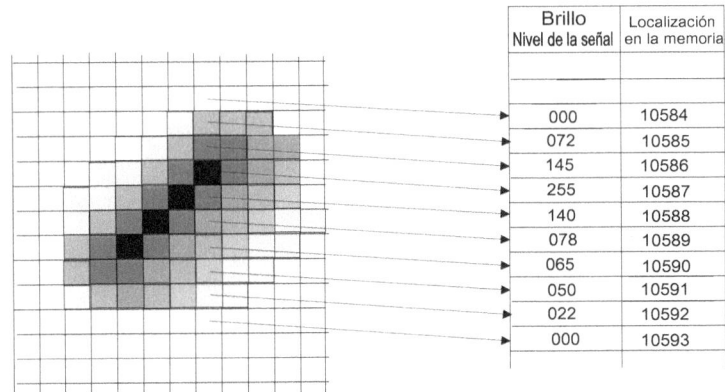

2.18. Distribución de los píxeles y su almacenamiento en la memoria.

119

Una imagen de 25 x 25 centímetros podría estar formada por un millón de píxeles organizados en 1000 filas y 1000 columnas. Si se asume que la imagen se construye con 256 niveles de gris, lo que equivale a 8 bit por píxel, entonces cada imagen ocupa 256 MByte.

FUNCIÓN VENTANA

La función *ventana* (window) ofrece la posibilidad de seleccionar un pequeño rango de números TC y extenderlo a toda la escala, con lo que se logra mejor contraste y diferenciar claramente las estructuras de opacidad similar.

El rango de los números TC a extender se seleccionan por medio de un control denominado *Ancho de Ventana* (Window Width, WW) y el lugar en la escala de Hounsfield donde se coloca el centro de la ventana se selecciona con el *Nivel de Ventana* (Window Level, WL). La función «ventana» se visualiza mejor si se acude al ejemplo mostrado en la figura 2.19.

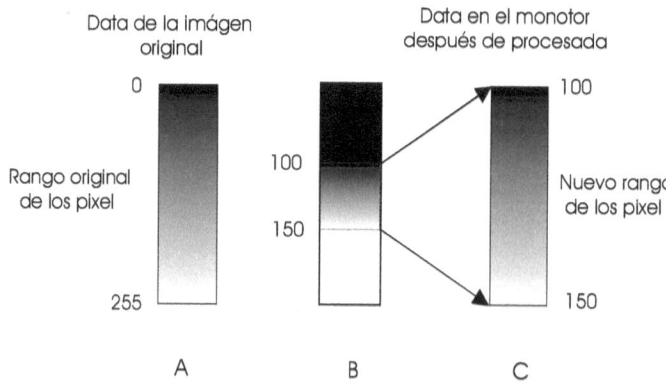

Figura 2.19   Procesamiento de la escala de grises.

Se mencionó anteriormente que en la composición de una imagen intervienen 256 tonalidades de gris. Si el órgano que se desea visualizar tiene tonalidades comprendidas entre 100 y 150, es deseable eliminar todas los valores que no estén comprendidos dentro de este rango. En esta ocasión, el nivel de ventana se ajusta en 125 con la apertura 50, de forma que todos los píxeles con valor inferior a 100 se asigna el negro y los que tienen valor superior a 150 se le asigna el blanco.

Con referencia a la figura 2.17, si se desea observar los tejidos blandos se coloca el nivel de ventana en el centro del rango, es decir +60 y el ancho de ventana en +40, con lo que se observarán únicamente aquellos píxeles comprendidos entre +40 y +80 unidades HU. Así, por ejemplo, desplazando WL y WW se pueden analizar las zonas más densas que corresponden a los huesos y   eliminar prácticamente las blandas. Si se desplaza WL en sentido contrario se visualizan preferentemente las blandas y las grasas.

Para realizar una TC del pecho puede escogerse WW=350 y WL=+ 40, con lo que se obtiene la imagen del mediastino, que es un tejido blando, mientras que con WW = 1500 y WL = -600 se observan los pulmones que son tejidos llenos de aire.

RESOLUCION

Resolución, es un término utilizado para describir la calidad visual de los detalles que componen una imagen. Tener mayor resolución se traduce en una reproducción de más calidad.

Se dijo anteriormente que la imagen digital está formada por píxeles organizados en forma de matriz, de manera que la resolución se expresa en número de píxeles por unidad de superficie; comúnmente en píxeles por pulgada cuadrada (ppi). Para una imagen dada, cuanto más alto es el ppi más alta es la resolución. La figura 2.20, ilustra este concepto.

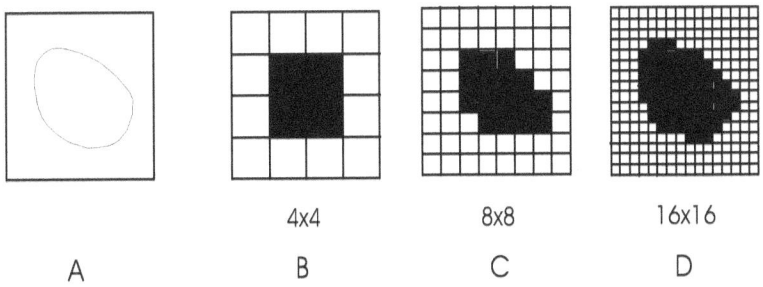

	4x4	8x8	16x16
A	B	C	D

Fig. 2.20. Efecto del número y dimensiones de los píxel en la y reproducción de la imagen de un objeto.

En A se observa un objeto oval que se quiere representar en un campo visual constante. En B, C, y D se muestra cómo las dimensiones de los píxeles afectan la forma y la definición de los bordes del objeto. En B se emplea una matriz de 4x4, en C una de 8x8 y en D una de 16x16. Al aumentar el número de píxeles y hacerse éstos mas pequeños, aumenta la calidad de la reproducción.

DEFINICIONES

Espesor de corte: Es el ancho del corte medido en milímetros. Para un píxel dado, el espesor del corte está relacionado con el volumen del vóxel.

Paso: Es la distancia entre un corte y otro. El paso está relacionado directamente con el movimiento de la mesa. Si el espesor es de 10mm y el paso 10mm, se producen cortes que comienzan donde terminan los anteriores. Si el espesor es de 5mm y el paso 3mm, se produce imágenes solapadas, lo cual permite una buena reconstrucción 3D a expensas de irradiar algunas zonas por duplicado. Si el espesor es de 4mm y el paso de 6mm, se presenta entre un corte y otro una zona de 2mm sin estudiar y sin irradiar.

Kv y mA: Kv indica los kilovoltios aplicados entre el ánodo y cátodo del tubo de rayos X y mA la corriente de ánodo. Según el tipo de exploración, ambos valores se seleccionan en forma automática, aunque existe la posibilidad de poderlos ajustar manualmente.

Tiempo de disparo: Es el tiempo durante el cual el tubo de rayos X emite radiaciones. Se le llama también tiempo de barrido o de adquisición.

Factor de desplazamiento o pitch: En el TC helicoidal indica la separación entre espirales. Se define como la distancia que se mueve la mesa durante una rotación completa del tubo de rayos X dividido por el grosor del corte. Si la mesa se desplaza 10mm cuando el tubo da una vuelta y el espesor del corte es de 10mm, el factor de desplazamiento es 1. Si en las mismas condiciones el espesor del corte se reduce a 5mm, el factor es 2. Si se aumenta el factor incrementando la velocidad de la mesa, se reduce el tiempo de exploración y la dosis a que está expuesto el paciente a expensas de disminuir la resolución de la imagen.

Imagen de exploración. Antes de cada estudio el operador puede decidir realizar una imagen de exploración (Scout image, surview), que le facilita planificar los cortes que ha de realizar.

Consola de trabajo: Consta de un teclado que es utilizado para programar los cortes y otras utilidades de pantalla, dos potenciómetros para cambios de centro y amplitud de ventana y dos monitores; uno para ver las imágenes y otro para los protocolos de estudio.

ESTUDIO TOMOGRAFICO

Se le pide al paciente quitarse las joyas, la ropa y otros objetos y utilizar la bata de hospital. Dependiendo del estudio que se va a realizar, deberá acostarse en la mesa boca arriba, de espaldas o de lado. El operador debe dar al paciente instrucciones oportunas a través de un intercomunicador para que no se mueva o contenga la respiración. Es posible que se le suministre un medio de contraste ya sea por vía oral o intravenosa. El medio de contraste intravenoso más comúnmente utilizado está hecho a base de yodo. En algunos aparatos, la dosificación del medio de contraste es controlada por el computador. Antes de administrarlo se debe obtener el consentimiento del paciente o de la persona a su cargo.

Los TC están diseñados para obtener las imágenes tomográficas utilizando la mínima cantidad posible de radiación ionizante. Los riesgos asociados con una sola tomografía son mínimos, sin embargo, aumenta a medida que se realizan estudios adicionales. Para proteger al feto, las pacientes con sospecha de embarazo deben consultar con el médico antes de someterse al estudio, en todo caso no es recomendable la TC abdominal.

Cuando inicia el estudio la mesa comenzará a moverse hacia el centro del gantry con pequeños pasos o con movimiento continuo. Para evitar daños en el mecanismo interno la mesa tiene un límite, el peso del paciente que no debe exceder de 150 kilos o 300 libras.

Generalmente los rastreos completos tardan unos pocos minutos, sin embargo, el tiempo se puede alargar si se solicitan rastreos adicionales. Los escáner multi-detector modernos pueden tomar imágenes de los pies a la cabeza en menos de 30 segundos. Por su velocidad y resolución espacial, la tomografía multicorte proporciona una imagen de mejor calidad, es más confortable para el paciente, utiliza menor cantidad de material de contraste y expone al paciente a menos dosis de radiación.

PERSPECTIVAS CLINICAS

La Tomografía Computada es una excelente opción no invasiva y de bajo costo que posibilita obtener imágenes de prácticamente de todo el cuerpo para el diagnóstico primario. La amplia gama de tonos de gris de que dispone permite identificar con precisión los diferentes tejidos.

Los exámenes tomográficos son tan frecuentes que millones de pacientes se someten a ellos cada año. Son tan útiles y necesarios que actualmente muchos especialistas no toman decisión quirúrgica o terapéutica alguna sin antes tener el resultado de una TAC.

Es empleada para obtener imágenes del abdomen y tórax, en aplicaciones oncológicas y neurológicas como la perfusión cerebral, la evaluación de accidentes cerebrovasculares, el estudio de columna vertebral. Es utilizada para observar el canal medular con un alto grado de definición, examinar las vías pancreáticas y biliares y muchas otra aplicaciones. En el sistema musculoesquelético, permite la visualización de huesos y articulaciones.

De la misma manera se puede utilizar para guiar procedimientos como la biopsia y la colocación de tubos de drenaje. Posibilita la realización de exámenes de las funciones cardiovasculares, la medida del calcio coronario, la evaluación de la fracción de eyección y el movimiento de la pared. Crea imágenes de corte transversal que luego pueden reconstruirse en modelos tridimensionales. Las imágenes mejoradas con medios de contraste intravenosos permiten la evaluación de estructuras vasculares y la valoración de masas y tumores.

Algunos expertos creen que el CT de un solo corte permanecerá en uso por muchos años, otros esperan que el hospital adquiera un MDCT al término del ciclo de utilidad de los viejos CT. Seguramente en poco tiempo la tomografía volverá a sorprender con equipos que realizan 256 cortes y que crean imágenes 3D en tiempo real. Lo verdaderamente importante no son las imágenes tridimensionales en sí mismas, sino la posibilidad de tener en tiempo real los cortes sagitales y coronales con la suficiente calidad como si se hubiesen adquirido en esos planos.

REFERENCIAS

1.- http://www.xtec.es/~xvila12/

1.- http://www.mercotac.com/

3.- http://www. diagnostico.com.ar/diagnostico/dia135/d-tc135.asp

4.- http://www.smf.mx/boletin/Oct-95/ray-med.html

5.- http://www.princetel.com/tutorial_fori_faq.asp

6.- http://www.altera.com/literature/cp/gspx/fpga-coprocessing.pdf

7.- http://www.coe.berkeley.edu/AST/srms/2007/Lec25.pdf

8.- http://www.imagingeconomics.com/library/200410-08.asp

9.- http:// www.ctlab.geo.utexas.edu/overview/index.php

10.- http://radiographics.rsnajnls.org/cgi/content/full/22/4/949

11.- http://www.mercotac.com/html/faqs.html#q5

12.- http://www.polysci.com/fiberopticsandsecurity/forj.html

13.- http://www.fiberinstrumentsales.com/white-papers/WhitePapers.asp?wpid=6

14.- http://radiographics.rsnajnls.org/cgi/content/full/22/4/949#SEC7

15.- Instrumentación Biomédica, Alvaro Tucci R. Universidad de Los Andes, Laboratorio de Instrumentación Científica, Mérida, Venezuela, 2005.

16.- Hendee WR, Ritenour R. Medical imaging physics St Louis, Mo: Mosby, 1992.

17.- Bushberg JT, Siebert JA, LeidholdtEM, Boone JM. The essential physicsof medical imaging Baltimore, Md: Williams & Wilkins, 1993.

18.- Zatz L. General overview of computed tomography instrumentation. In: Potts D, eds. Radiology of the skull and brain: technical aspects of computed tomography. St Louis, Mo: Mosby, 1981; 4025-4057.

19.- Gould RG. CT overview and basics. In: Gould RG, eds. Specification, acceptance testing and quality control of diagnostic x-ray imaging equipment. AAPM Monograph 20. New York, NY: American Institute of Physics, 1994;801-831.

20.- Napel S. Computed tomography image reconstruction. In: Fowlkes JB, eds. Medical CT and ultrasound: current technology and applications. Madison, Wis: Advanced Medical Publishing, 1995; 311-327.

21.- Seeram E. Computed tomography: physical principles, clinical applications, and quality control Philadelphia, Pa: Saunders, 2001.

22.- Hsieh J. A general approach to the reconstruction of x-ray helical computed tomography. Med Phys 1996; 23:221-229.

23.- http://www.madehow.com/Volume-3/CAT-Scanner.html

CAPITULO 3

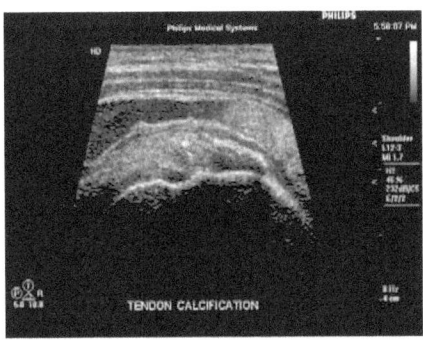

Ultrasonografía de la calcificación de un tendón

ULTRASONOGRAFIA

ULTRASONIDOS

Debido a que exceden los límites audibles del oído humano, las vibraciones mecánicas con frecuencia superior a los 20KHz que se transmiten al medio circundante en forma de ondas sonoras son llamadas ultrasonidos. Las ondas ultrasonoras no son de uso exclusivo de los seres humanos, ciertos animales como los murciélagos, los delfines y algunas aves se valen de su eco para orientarse, evadir obstáculos o cazar.

En 1793, el biólogo italiano Lazzaro Spellanzani observó que los murciélagos pueden "ver con los oídos"; al chillar emiten ultrasonidos de unos 130.000 Hz cuyas ondas reflejadas son oídas por el mismo animal. La dirección del reflejo, el tiempo que transcurre entre la emisión del chillido y el eco, y su intensidad, le permiten orientarse, localizar los objetos que han de evitar en su vuelo o identificar los insectos que han de cazar. Los murciélagos, aun siendo ciegos pueden volar perfectamente, sin embargo, privados del sentido del oído no podrían hacerlo.

Recientemente, en el 2005, se descubrió en China un sapo que para comunicarse, sin ser detectado por los predadores, emite ultrasonidos en el mismo rango de frecuencia. Las marsopas, cetáceos parecido al delfín, al igual que los guácharos, aves que viven en cuevas en Venezuela, utilizan también el eco para localizar los objetos y sus presas. Estos animales, por consumir presas de mayor tamaño, emiten sonidos de mayor longitud de onda; en la región audible. Según el biólogo americano John C. Lilly, los sonidos complejos que emiten los animales de cerebro mayor, como las marsopas y los delfines, pueden incluso utilizarlos con otros fines: para localizarse, aparearse, comunicarse o simplemente para "charlar".

Antes de utilizar las propiedades de las ondas ultrasónicas el hombre tuvo que aprender a producirlas. El primer intento fue quizás el silbato de Francis Galton, construido hacia 1883, empleado para controlar perros por medio de un sonido de 23KHz, inaudible para los humanos. Otro intento fue realizado por los hermanos Pierre y Paul-Jacques Curie en 1880, ellos descubrieron que se generaban potenciales eléctricos entre las caras opuestas de un fragmento de cristal de cuarzo cuando era sometido a una presión o esfuerzo mecánico que lo deformaba. Observaron, además, que el valor de dichos potenciales era proporcional a la deformación mecánica que los producía. De ahí surgió el nombre de *piezoelectricidad*, palabra derivada del griego *piezein*, equivalente a presionar.

Los mismos investigadores hallaron que al aplicar un potencial eléctrico a un cristal de este tipo se producía una ligera deformación, similar a cuando se le aplicaba presión. Advirtieron, además, que la deformación era proporcional al voltaje aplicado. A este fenómeno o efecto piezoeléctrico inverso se le llamó *electrostricción*. De esta manera, a un cristal que se le aplica una tension con ciertas características se deforma, comprime el aire a su alrededor y produce ondas sonoras. Contrariamente, cuando recibe ondas sonoras de ciertas características se deforma y genera un potencial eléctrico.

Después del descubrimiento de las propiedades de los cristales de cuarzo los investigadores se dedicaron a la búsqueda otros materiales, descubrieron la sal de Rochela y el Titanato de bario. Con el hallazgo de la piezoelectricidad, aunado al desarrollo de las válvulas termoiónicas que permitía amplificar los pequeños voltajes, ya se disponía de los medios necesarios para la producción y recepción de ultrasonidos de mediana y alta potencia.

Es de interés histórico notar que los rayos X despúes de descubiertos tuvieron aplicación inmediata, en tanto que los ultrasonidos lo hicieron 50 años más tarde. Quizás la primera mención corroborada de la aplicación de ultrasonidos se deba a Gordon, quien en 1883 describió un dispositivo que podría considerarse precursor de los generadores de chorro utilizados en la industria.

La utilización de las ondas ultrasonoras comenzó en 1917 con los experimentos del físico francés Paul Langevin, quien descubrió sus excelentes propiedades de reflexión y comprendió que podrían tener aplicaciones interesantes. Ese mismo año, sus investigaciones lo condujeron a la aplicación exitosa de la comunicación subacuática por vibraciones acústicas de alta frecuencia. Por tal motivo, durante la Primera Guerra Mundial fue comisionado por el gobierno francés para desarrollar alguna forma de localización de submarinos enemigos que producían estragos a la flota francesa. En su patente describe que la generación y recepción de ondas ultrasonoras se efectuaba por medio de un arreglo de cristales de cuarzo en mosaico cementados entre láminas de acero. El aparato, que nunca llegó a utilizarse, fue el precursor de dispositivos que se desarrollaron posteriormente.

Con el mismo fin, durante la Segunda Guerra Mundial el método de Langevin perfeccionado se transformó en el sonar. La palabra "sonar" deriva de las primeras letras de la expresión inglesa *sound navigation and ranging*, o sea, navegación y localización por medio del sonido;*"ranging"* tiene implícito el concepto de distancia.

Una de las primeras aplicaciones de los equipos de ultrasonido fue sustituir la sondaleza en la determinación de la profundidad del fondo marino. El intervalo entre el envío de un impulso sonoro y el retorno de su eco se utilizó y se sigue utilizando para medir la profundidad. Con este método fue posible trazar el perfil del fondo marino sobre el que se movía un barco, de esta manera se descubrieron mesetas del tamaño de un continente, cadenas montañosas más largas y elevadas que las de la tierra no sumergida y profundos abismos, mucho mayores que el Gran Cañón. A partir de 1920, el método ultrasónico se empleó para localizar bancos de peces y algas, con la consiguiente aplicación en las flotas pesqueras.

Se le atribuye al científico soviético, Sergei Sokolov (1897-1957) el desarrollo del ultrasonido. A partir de 1937 trabajó intensamente en este campo, estudió la propagación de las ondas ultrasonoras en sólidos y líquidos y desarrolló la técnica para la detección de grietas en metales, método que permitió "ver" el interior de ciertas estructuras.

Del estudio de los ultrasonidos, Sokolov se percató que cuando la energía ultrasonora que se propaga por la materia alcanza una discontinuidad o límite entre dos estructuras de densidades diferentes, parte de la energía la atraviesa y parte se refleja en forma de eco. Los ecos pueden ser captados, amplificados y presentados gráficamente en una pantalla para ser interpretados. De esta forma, es posible conocer la profundidad y características de la discontinuidad o interface reflejante.

La primera aplicación en medicina se atribuye al austríaco Karl Dussik(1908-1968), quien utilizó la transmisión de Sokolov para intentar demostrar la presencia tumores intracraneales. Dussik llamó su método *hiperfonografía;* consiste en colocar el transmisor en un lado del cráneo y el receptor en el lado opuesto, de forma que el receptor recibe las señales ultrasónicas después que recorren las estructuras craneales. Dussik supuso que la atenuación del tejido tumoral era diferente, y por tanto podía ser detectada, tal suposición resultó incorrecta debido a que la diferencia de atenuación entre los tejidos sanos y tumorales es imperceptible.

Durante la Segunda Guerra Mundial en la Universidad Ann Arbor, al estudiar los ecos generados por la energía ultrasonora, el norteamericano Floyd Firestone y sus colaboradores crearon un método preciso para detectar las grietas internas de estructuras sólidas. Su instrumento, llamado *reflectoscopio*, no utilizaba la detección directa empleada por Sokolov, sino el eco producido por las interfaces. El emisor, formado por cristales de cuarzo y el receptor, por sal de Rochela; se colocan del mismo lado del objeto en estudio.

El método ideado por Firestone consiste en la emisión de ondas ultrasonoras moduladas en "trenes de impulsos cortos" emitidos a intervalos relativamente largos. Los trenes son reflejados por las interfaces, captados por el cristal receptor y visualizados en la pantalla de un osciloscopio.

A partir de 1945, los ecos generados por el método de Firestone se utilizaron en metalurgia; fueron empleados para el estudio no destructivo de materiales y en pruebas de homogeneidad en metales y aleaciones metálicas. También incursionaron con cierto éxito en el campo de la medicina, donde proporcionaron una forma de observar las estructuras y figuras anatómicas de diferentes órganos.

Su funcionamiento se basa en el análisis de los ecos producidos por esas estructuras, que analizados por sistemas de adquisición y tratamiento de datos, son capaces de generar imágenes útiles para el diagnóstico.

Hasta 1952 el ultrasonido en la valoración clínica se había limitado a la ecografía unidimensional. Ese mismo año, en la Universidad de Minnesota el inglés John Wild y el norteamericano John Reid realizaron un experimento empleando un cristal de 15MHz montado sobre un pivote que le permitía cierto grado de oscilación. Para poder colocar el cristal y el sistema de pivote debajo del agua lo envolvieron en una membrana de caucho. Una vez colocado en el líquido, hacieron que el cristal oscilara y así produjeron el primer ecograma bidimensional, que le permitió detectar y estudiar muchos tumores palpables en las mamas. Con ello había nacido el escáner lineal tipo B. Wild y Reid realizaron la hazaña de diagnosticar en el preoperatorio 26 de 27 casos de cáncer y 43 de 50 casos de tumores benignos que luego fueron confirmados por diagnóstico histopatológico.

Otro método de diagnóstico por ultrasonidos fue culminado en 1952 en la Universidad de Colorado por el físico norteamericano

Douglas Howry y sus colaboradores. Ellos desarrollaron un tomógrafo que utilizaba un procedimiento de exploración por barrido empleando impulsos ultrasonoros de poca potencia y menor frecuencia llamado *rastreador compuesto*. Con este aparato lograron producir ecogramas de elevada calidad técnica.

Para facilitar la propagación del sonido, Howry hacía exploraciones de 360° en áreas sumergidas, con lo que producía imágenes de un corte transversal de excelente definición. Las imágenes de neoplasias en el seno y algunos cortes transversales del antebrazo de uno de los investigadores fueron las primeras producidas por este método, logró, además, producir imágenes de la próstata y del feto en el útero.

Otra técnica, creada para el estudio de órganos en movimiento se basa en el efecto Doppler. Este instrumento, transmite y recibe ecos provenientes del flujo sanguíneo y de órganos tales como el corazón y sus válvulas. El transductor para la detección Doppler contiene un cristal transmisor y otro receptor. El transmisor emite un haz continuo de ultrasonidos de baja intensidad, parte del cual es reflejado por las estructuras en movimiento y detectado por el cristal receptor. La diferencia entre la frecuencia emitida y la reflejada indica la velocidad del móvil.

Los descubrimientos y desarrollos tecnológicos que comenzaron con los hermanos Curie, el efecto piezoeléctrico, el método de transmisión de Sokolov, la emisión de "trenes" de impulsos cortos ideado por Firestone, la técnicas de exploración por barrido y el efecto Doppler, hicieron posible el desarrollo de una gran variedad de equipos utilizados en el campo de la medicina y otras disciplinas.

El diagnóstico con ultrasonido es cómodo, inocuo, seguro y sin riesgos para el paciente. Los niveles de potencia utilizados son muy bajos, del orden de 0,01 a 0,04 W/cm^2. Los exámenes con ultrasonido son de uso externo o poco invasivos, permiten la observación de órganos blandos, pueden repetirse cuantas veces se requiera y no exponen al paciente a radiaciones ionizantes.

PROPAGACION DE LAS ONDAS SONORAS

Las ondas sonoras se propagan en medios elásticos, es decir, en materiales donde las partículas que lo forman están vinculadas con sus vecinas por medio de una especie de banda elástica. En reposo, están distribuidas en forma regular y el espacio entre una y otra partícula es constante.

Una perturbación acústica en la superficie del material hace que las partículas oscilen respecto a su posición de reposo, transmiten el movimiento a sus vecinas, que también entran en oscilación y así se difunde el movimiento en el interior del medio. La alteración hace que la energía se propague en sentido de al perturbación original y en menor grado lateralmente.Las partículas que vibran en sentido del impulso original transmiten energía cinética en el mismo sentido y a una velocidad determinada.

Aunque la perturbación se propaga a lo largo del material, cada partícula oscila únicamente respecto a su posición de reposo.El roce intermolecular hace oscilen progresivamente con menor amplitud, hasta detenerse en la posición de equilibrio.

Contrariamente con lo que sucede con la transmisión del calor, donde las partículas vibran en forma aleatoria, las ondas sonoras se propagan en los medios elásticos en forma "ordenada". La amplitud de su movimiento depende de la magnitud del impulso inicial, del tipo de banda elástica del material y de la distancia de la partícula respecto al lugar donde se genera la perturbación. De acuerdo a la forma de propagación, las ondas sonoras se clasifican en longitudinales y transversales.

ONDAS LONGITUDINALES

Si en un medio elástico la perturbación inicial impulsa las partículas hacia la derecha, chocarán con sus vecinas de la derecha y les transmitirán su movimiento, estas a su vez, lo transmiten a la derecha y así sucesivamente. La propagación es preferentemente es de izquierda a derecha y el movimiento oscilatorio de cada partícula es paralelo a la dirección en que se propaga la perturbación. Puesto que las oscilaciones tienen la misma dirección del movimiento de las ondas sonoras, se les llama *longitudinales* o *compresivas*. Las ondas longitudinales se propagan en medios sólidos, líquidos y gaseosos. A lo largo de su camino surgen compresiones y rarificaciones alternadas, donde las partículas se distribuyen en forma sinusoidal, como se muestra en la figura. 3.1.

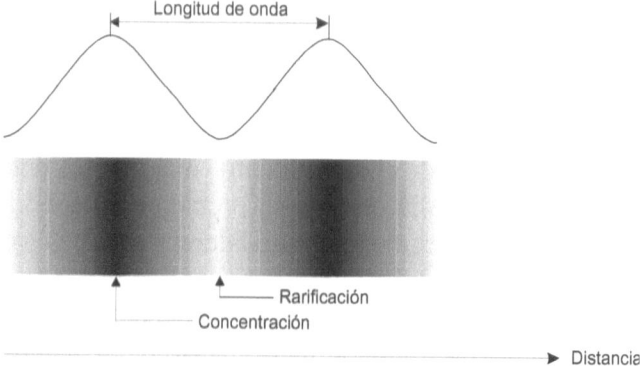

Figura 3.1. Onda acústica sinusoidal longitudinal.

En las regiones de compresión, donde se produce aglomeración de partículas, la presión es mayor que en las regiones de rarificación. Por tal motivo, en el medio se generan ondas de presion que varían en forma sinusoidal. La distancia entre compresiones sucesivas se mantiene constante a o largo de la trayectoria de la perturbación y se llama *longitud de onda*. Las concentraciones y rarificaciones de partículas respecto al medio no se mantienen en un solo lugar, sino se desplazan. La velocidad de desplazamiento es la velocidad de propagación del sonido en ese material. Se concluye entónces, que las vibraciones sonoras son ondas de presión que viajan por un medio a una velocidad finita. El oído, es sensible a estas variaciones si el rango de frecuencia y su intensidad está dentro de los límites audibles.

ONDAS TRANSVERSALES

Las ondas transversales son aquellas donde el movimiento de las partículas es perpendicular a la dirección de propagación. Para visualizar el fenómeno se puede recurrir a la siguiente analogía:

136

Cuando se agita el extremo de una cuerda las ondas se propagan a lo largo de ella, pero las partículas que forman la cuerda siguen un movimiento oscilatorio perpendicular a la propagación.

Aunque todos los materiales pueden ser medios de propagación para las ondas longitudinales, las ondas transversales se propagan únicamente en los sólidos. Para un mismo sólido, la velocidad de propagación de las ondas transversales es muy inferior a la velocidad de las ondas longitudinales. Esta característica se aprovecha, por ejemplo, para medir la distancia del epicentro de un temblor de tierra que es proporcional al intervalo entre la llegada al sismógrafo de las ondas longitudinales y transversales.

En relación con la propagación de las ondas sonoras, los tejidos de los mamíferos pueden considerarse como líquidos, en ellos la componente transversal es insignificante. Por lo tanto, para el estudio de los tejidos biológicos por medio de ultrasonidos se consideran únicamente las ondas longitudinales.

CARACTERISTICAS FISICAS

Aunque el sonido se percibe como una sensación audible, para los físicos son vibraciones mecánicas que generan variaciones de presión dentro o fuera de la frecuencia audible. Las ondas sonoras, lo mismo que las de radio, las calóricas, la luz y los rayos X son oscilaciones sinusoidales que se caracterizan por su frecuencia, amplitud, periodo, fase, intensidad y potencia.

Frecuencia (f). Si una perturbación sonora se propaga en un medio y un observador estático cuenta el número de oscilaciones por segundo que "pasan" frente a él, ese número, es la frecuencia y se expresa en Hertz (Hz).

Las ondas sonaras se clasifican en:

Subsónicas o infrasonoras, las de frecuencia inferior a 20 Hz.

Audibles, las de frecuencia comprendida entre 20 a 20.000 Hz.

Ultrasónicas, las que exceden los 20.000 Hz.

El rango de frecuencias empleadas para el diagnóstico médico está comprendido entre 1 MHz y 15 MHz. Los ultrasonidos de mayor frecuencia son adecuados para la detección de estructuras anatómicas pequeñas, producen imágenes nítidas y con abundantes detalles, es decir, con mayor resolución, sin embargo, su poder de penetración es menor.

Período (T): Es el tiempo que tarda en pasar una oscilación frente al observador. Su valor es el recíproco de la frecuencia y se expresa en segundos.

$$T = 1/f \ (\text{seg.})$$

Longitud de onda (λ): Es la distancia que mide el observador entre dos ondas consecutivas, por ejemplo, entre una cresta y la siguiente. Se expresa en unidades de longitud.

Velocidad (c): Es la rapidez con que el observador ve pasar las perturbación sonora en el medio. Es equivalente al número de oscilaciones por segundo multiplicado por la longitud de onda, así:

$$c = f \ \lambda$$

Como la velocidad promedio en los tejidos de 1540 m/s, la longitud de onda y su frecuencia equivalente se muestran en la *tabla 3.1*.

Tabla 3.1

Frecuencia (Mhz)	Longitud de onda (mm)
1.0	1.54
2.0	0.77
3.5	0.44
5.0	0.31
10	0.15
15	0.10
20	0.08

La velocidad de propagación de las ondas longitudinales depende de la densidad y elasticidad del medio donde se transmiten y viene dada por la siguiente expresión:

$$c = \frac{1}{r \times B}$$

"r" es la densidad del medio y "B" es su compresividad.

Es necesario notar la diferencia entre el movimiento de las partículas y la velocidad de propagación de la onda sonora: las partículas oscilan respecto a un punto de reposo, por lo tanto su desplazamiento promedio es cero, mientras que la onda sonora se propaga en el medio a una velocidad finita.

En la *tabla 3.2* se indica la velocidad con que se propaga el sonido en algunos materiales orgánicos e inorgánicos.

Tabla 3.2

Inorgánico	Velocidad(m/s)	Orgánico	Velocidad(m/s)
Aluminio	6400	Grasa	1540
Cobre	4700	Cerebro	1540
Níquel	5600	Sangre	1570
Acero	6000	Músculos	1580
Nylon	1850	Higado	1585
Aceite	1400	Riñones	1560
Agua	1400	Tejido óseo	4080
Goma	1600		
Aire	330		
Oxígeno	320		

Intensidad. La intensidad de una onda sonora se define como la cantidad de energía que traspasa cada segundo una superficie perpendicular a la dirección de propagación. Se expresa en mw/cm^2, w/cm^2, w/m^2 o unidades similares. Para el diagnóstico ecosonográfico se emplean valores comprendidos entre 1 y 100 mw/cm^2, para la fisioterapia, que basa su acción en el calor generado en los tejidos, se utilizan hasta $10 w/cm^2$. En aplicaciones quirúrgicas, donde se requiere la evaporación de los tejidos o soldar la retina desprendida, se emplean intensidades de hasta $1500\ w/cm^2$ durante una fraccion de segundo. No es posible dejar este tema sin referirse al notable comportamiento del oído humano, es capaz de detectar ondas sonoras de tan baja intensidad como $10^{-16}\ w/cm^2$ hasta 10^{14} veces más intensas.

Amplitud. La onda sonora altera el equilibrio de las partículas en el medio donde se propaga y producen cambios de presión debido a sus compresiones y rarificaciones. La amplitud de la onda es el máximo cambio de presión generado por la onda misma. El término también es empleado para describir la magnitud del eco.

Potencia. Es la energía total del haz expresada en vatios. La potencia y la intensidad están relacionadas por la siguiente expresión:

$$\text{Potencia(w)} = \text{Intensidad(w/cm}^2) \cdot \text{Area del haz(cm}^2)$$

La potencia de salida de los instrumentos para el diagnóstico normalmente es especificada por el fabricante. Para los que generan impulsos es importante conocer la potencia promedio y la instantánea, la primera es de algunos milivatios, mientras que la segunda es de decenas de vatios. Los instrumentos Doppler generan un haz continuo cuya potencia está comprendida entre los 5 y 50 mw.

Reflexión, refracción y difracción. La refracción se refiere al cambio de dirección que experimenta una onda sonora al pasar de un medio a otro. Cuando encuentra una discontinuidad o interfase, parte de la onda se refleja y parte se transmite con difernte dirección. Tal situación se muestra en la figura 3.2, donde se aprecia la onda transmitida y la onda reflejada o eco.

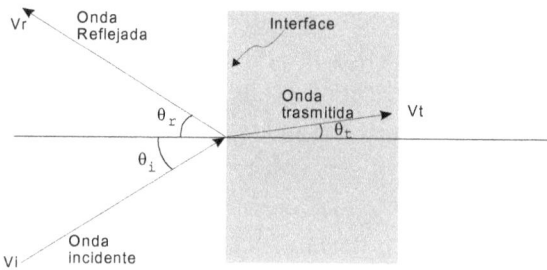

Figura 3.2. Reflexión y refracción de una onda.

En la figura se observa cómo la onda sonora es reflejada y refractada al ser interceptada por una interface plana. El ángulo de incidencia θi es igual al ángulo de reflexión θr, mientras que el ángulo de la onda transmitida θt respecto a la incidente esta relacionado por:

donde Vi y Vt representan la velocidad del sonido en el medio respectivo.

Cuanto mayor es la diferencia de la impedancia acústica entre los dos medios, mayor es el coeficiente de reflexión y la amplitud del eco. Este concepto es importante, puesto que los equipos dedicados a la producción de sonogramas se valen del eco para formarlo.

El físico francés Agustín Fresnel (1788-1827), demostró que existe la posibilidad de que una onda sonora que incide en una interface no se refleje en absoluto, que lo haga depende de longitud de onda en relación con el tamaño del obstáculo. Cuando la dimensión del obstáculo es igual o menor a la longitud de onda no hay reflexión, el haz sonoro se "desvía y lo rodea". A este fenómeno se le llama *difracción*.

Por el contrario, si el obstáculo es considerablemente mayor que la longitud de onda se produce el eco. Un haz ultrasonoro con longitud de onda de 0,5 mm que incide sobre cualquier obstáculo mayor de unos 2 mm, generará ecos detectables. Si el obstáculo es de 0,5 mm, la generación de ecos detectables es incierta.

Si la superficie donde incide la onda no es plana, se produce una reflexión difusa, tal como se muestra en la figura 3.3.

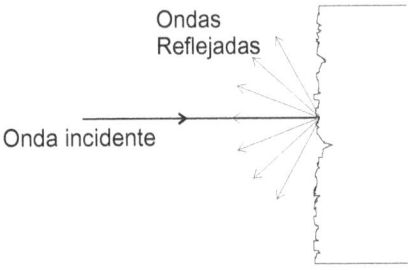

Figura 3.3. Reflexion difusa en superficie rugosa.

Frente de onda. Una perturbación sonora que se propaga en un medio, crea planos o frentes de onda con altas y bajas concentraciones de partículas que se alejan de la fuente a la velocidad del sonido. Si se generan ondas pulsantes de tres o cuatro ciclos, se producen sólo tres o cuatro planos de altas y bajas presiones.

Fase. Con relación a la figura 3.4, tómese P como un punto de referencia estático situado en un medio donde se está propagando el sonido. La fase de la onda en cualquier instante se expresa como un ángulo- expresado en grados o radianes- respecto al punto *P*.

Una onda completa tiene 360°; el punto A está atrasado media onda o -180° respecto a P; el punto B lo está un cuarto de onda o sea -90°; en cambio el punto D está adelantado 30° respecto a P y F, 180°.

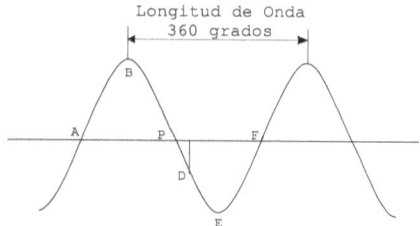

Figura 3.4. Fase de una onda.

Diferencia de fase. Se dice que dos ondas de la misma frecuencia están en fase si ambas alcanzan su valor máximo positivo o negativo al mismo tiempo. Tal situación se muestra en la figura 3.5a.

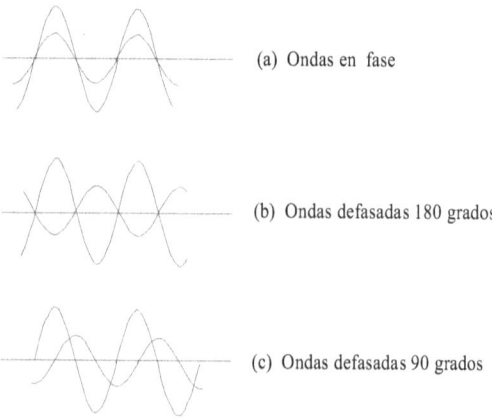

Figura 3.5. Ondas desfasadas.

Dos ondas de la misma frecuencia están desfasadas 180° o en contrafase cuando en un mismo instante una de ellas se encuentra en su valor máximo positivo y la otra en su máximo negativo, tal como se indica en la figura 3.5b. La figura 3.6c muestra dos ondas defasadas 90°. Evidentemente, el defasaje entre dos ondas puede tener cualquier valor comprendido entre −180° y +180°.

Si dos o más ondas son transmitidas en un mismo medio, la variación de presión en un punto dado se obtiene sumando las presiones aportadas por cada una de ellas.

Si dos ondas de la misma frecuencia están en fase las presiones se suman, si están en contrafase se restan, y hasta se anulan si son de la misma amplitud y frecuencia. A este fenómeno se le llama *interferencia*.

En general, la onda resultante de dos o más ondas, desfasadas o no, se obtiene por métodos matemáticos o gráficamente sumando punto a punto la amplitud de cada una de ellas.

ULTRASONIDOS EN LOS TEJIDOS

Existen varios campos de aplicación en medicina donde se emplean ondas ultrasónicas. Las utilizadas para producir imágenes para el diagnóstico son de baja potencia y de alta frecuencia; las empleadas en fisioterapia para generar calor son de media potencia y alta frecuencia; los ultrasonidos u ondas de choque destructoras de cálculos (litotricia) son de alta potencia y de muy corta duración y las utilizadas en cirugía son de diferentes frecuencias pero concentran su energía en algunos milímetros cuadrados.

Otras consideraciones físicas relacionadas con la transmisión de las ondas ultrasonoras con los tejidos son las siguientes.

VELOCIDAD DE PROPAGACION

La velocidad con que se propaga una onda ultrasonora en un medio depende de su densidad y compresibilidad. Mientras más rígido es el material, mayor es la velocidad de propagación; en los tejidos blandos es casi cinco veces mayor que en el aire y en los huesos doce veces.

Para los ultrasonidos empleadas con fines de diagnósticos no se observan cambios de la velocidad con la frecuencia, sin embargo, la velocidad varía con la temperatura. En el agua, un aumento de 5°C produce una variación del 1%.

En los estudios ultrasonográficos donde se determina la profundidad de las interfaces es necesario conocer la velocidad del sonido. Su velocidad, multiplicada por la mitad del tiempo que demora el eco en regresar al punto de emisión, es igual a la profundidad.

IMPEDANCIA ACUSTICA

La impedancia acústica(z),conocida también como impedancia característica, indica la resistencia que ofrece un medio al paso de las ondas sonoras. Depende principalmente de la elasticidad, densidad, frecuencia y tipo de onda. Para ondas sinusoidales cuya frecuencia es la adecuada para el diagnóstico, la impedancia acustica es dada por:

$$z = dv$$

donde "d" es la densidad del medio expresada en gr/cm^3 y "v" es la velocidad en cm/seg.

Si dos tejidos tienen impedancia acústica distinta, en su interface se genera un eco de magnitud proporcional a la diferencia:

$$\Delta z = d_1 v_1 - d_2 v_2$$

Para que una estructura o masa pueda ser detectada debe generar ecos de magnitud apreciable, para lo cual, su impedancia acústica relativa al medio que la circunda debe ser diferente. Muchas interfaces no se detectan por tener impedancias iguales o muy parecidas. La tabla 3.3 indica la impedancia acústica de algunos tejidos y la velocidad de propagación. A partir de los valores se pueden hacer interesantes observaciones; por ejemplo, se nota que la diferencia de impedancia entre el aire y los tejidos es grande, por lo que es de esperar que un haz incidente en la piel es fuertemente reflejado, en tanto que la porción que la penetra es muy poca.

Tabla 3.3

Material	Z (gr/cm^2)10	v (m/s)
Aire	0,0004	330
Grasa	1,38	1450
Aceite de castor	1,43	1500
Agua(20 C)	1,48	1480
Humor acuoso	1,50	1500
Humor vítreo	1,52	1520
Cerebro	1,58	1540
Sangre	1,61	1570
Riñón	1,62	1560
Tejido blando(promedio)	1,63	1540
Hígado	1,65	1550
Músculo	1,70	1580
Polietileno	1,84	2000
Lentes del ojo	1,84	1620
Hueso	7,80	3500

Los equipos que detectan los ecos deben ser muy sensibles y selectivos, ya que la diferencia de impedancia entre los tejidos blandos es pequeña y la magnitud del eco también lo es. Sólo se produce una reflexión considerable en las interfaces con los huesos. La tabla 3.4 indica el porcentaje de reflexión entre diferentes tejidos.

Tabla 3.4

Agua – Hueso	68 %
Agua – Cerebro	3,2 %
Cerebro – Hueso	65 %
Músculo – Hueso	65 %
Sangre – Riñón	0,69 %
Sangre – Cerebro	0,3 %

ATENUACION

Cuando el sonido se propaga en un medio, su intensidad decrece progresivamente. A esta disminución se le llama atenuación. El debilitamiento es propiciado por tres fenómenos concurrentes: absorción, divergencia y reflexión.

Absorción: En aplicaciones con fines de diagnóstico la absorción es el mecanismo principal de atenuación. La energía es absorbida por los tejidos debido al roce molecular generado por las mismas vibraciones sonoras. La energía utilizada para vencer el roce se convierte en calor dentro del mismo medio. El coeficiente de absorción en tejidos blandos aumenta con la frecuencia, por tal motivo, el poder de penetración de las altas frecuencias es menor. La absorción comparativa para algunos tejidos es la siguiente:

Tabla 3.5

Material	dB/cm
Agua	0,002
Sangre	0,2
Grasa	0,63
Tejido blando	1.0
Tejido muscular	2,5
Aire	12
Hueso	20

Los tejidos más rígidos y viscosos atenúan más las ondas, por lo cual, para obtener suficiente penetración deben emplearse frecuencias bajas. Con los tejidos menos rigidos, para obtener buena penetración y mejor resolución se amplean frecuencias más altas.

Divergencia: Cuando un haz de ultrasonido se propaga tiende a divergir, es decir, el área transversal por donde se propaga aumenta a medida que el frente de onda se aleja de la fuente. En consecuencia, la intensidad del sonido por unidad de área disminuye. La divergencia depende de la frecuencia; para frecuencias mayores de 1 MHz es prácticamente inexistente.

Reflexión: Cuando el haz ultrasonoro se propaga en medios no perfectamente homogéneos, como las estructuras tisulares, se interponen muchas pequeñas interfaces. En ellas se producen diminutas reflexiones, donde parte de la energía es reflejada, lo cual contribuye a atenuar la onda transmitida.

ESPESOR MEDIO

Es aquel espesor de un material específico que al ser traspasado por una onda sonora reduce su intensidad a la mitad. El espesor nedio depende de la naturaleza del material y de la frecuencia.

La figura 3.6 muestra la forma en que se atenúan las ondas sonoras en función de la profundidad. Para la frecuencia f1 el espesor medio es d1. Si la frecuencia aumenta a f2, el espesor medio es menor, lo que indica que las ondas de mayor frecuencia son atenuadas más fácilmente. A la frecuencia de 1MHz, el espesor medio de los tejidos blandos es de unos 5 cm y para 3 MHz se reduce a 1,5 cm.

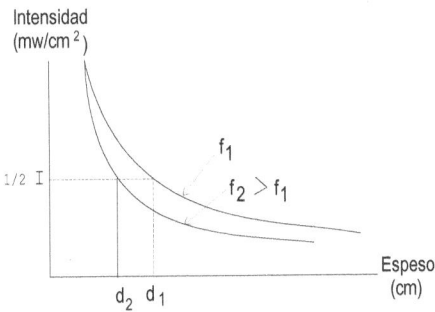

Figura 3.6. Atenuación de una onda sonora en función del espesor.

EFECTOS DE LOS ULTRASONIDOS

Cuando los ultrasonidos se propagan en un medio, el roce molecular hace que su energía se transforme predominantemente en calor. Su absorción puede causar también cavitación o efectos bioquímicos. Si la generación excede la capacidad de disipación la temperatura aumenta, lo cual es utilizado en ciertas aplicaciones terapéuticas para aplicar calor en forma selectiva. Si la agitación térmica de las partículas es grande se pueden causar cambios estructurales.

La cavitación se refiere a la producción de burbujas de gas en el tejido sometido a ultrasonidos. Se forman en el transcurso de cada ciclo, en el momento de menor presión acústica. Durante el resto del tiempo, cuando la presión aumenta las burbujas colapsan con apreciable liberación de energía.

Durante el proceso de cavitación puede ocurrir que las burbujas aumentan de tamaño y alcanzan dimensiones que les permiten resonar. Su resonancia causa alteraciones violentas de los tejidos circundantes. La cavitación sólo se produce si la frecuencia es del orden de los 30KHz y la intensidad es mayor de $10w/cm^2$ y no puede ocurrir en equipos que generan trenes de pulsos.

En aplicaciones ultrasonográficas con fines de diagnóstico no se han rerportado efectos nocivos. La intensidad utilizada es menor que $100mw/cm^2$, por lo tanto, la generación de calor, los cambios estructurales y la cavitación son inexistentes.

GENERACION DE ULTRASONIDOS

El altavoz es un dispositivo que transforma la energía eléctrica en acústica. Está formado por un imán cilíndrico alrededor del cual se coloca una bobina móvil que es sostenida por el diafragma. La bobina se alimenta con corriente variable, la cual produce un campo magnético que al reaccionar con el campo del imán impulsa el diafragma. El diafragma, al moverse, altera la condición estática del aire que lo circunda, genera presiones y depresiones que son captadas los órganos auditivos. El altavoz no pueden vibrar a frecuencias ultrasónicas, su respuesta es limitada por la inercia de las masas en movimiento, sólo con diseños muy especiales logran oscilar a algunas decenas de kilociclos.

El dispositivo capaz de convertir la energía eléctrica en ultrasonora y viceversa es el cristal piezoeléctrico. Los primeros empleados en la generación de ultrasonidos fueron de cuarzo y de sal de Rochelle, luego fueron reemplazados por cristales sintéticos como los de titanato de bario, sulfato de litio o zinconato y titanato de plomo. Estos últimos, menos sensibles a las variaciones de temperatura, tienen mayor rendimiento y menor costo.

El cristal está montados en un cabezal que tiene forma y dimensiones adecuadas para su fácil manipulación. La transmisión de las señales de ultrasonido y la alimentación se efectua por medio de conductores que lo unen al resto del equipo. En uno de los extremos del cabezal está una ventana de plástico de donde emergen y/o se reciben las señales de ultrasonido. La ventana de plástico que se coloca en contacto con el paciente confiere protección mecánica al cristal.

Para máxima transferencia de energía entre el transductor y la piel es necesario un buen acoplamiento de impedancias, lo cual se logra mediante la eliminación de la capa de aire que pudiera existir entre ellos. El aire es una barrera casi infranqueable para los ultrasonidos, en ella son atenuados rápidamente. La capa de aire se "desaloja" colocando entre ambas superficies una estrato de aceite que actúa como acoplamiento y el acoplamiento puede optimizarse seleccionando la viscosidad del aceite.

Por la experiencia diaria se sabe que el sonido audible se propaga en todas direcciones y es muy difícil focalizarlo. Afortunadamente, con los ultrasonidos se pueden producir haces delgados, bien dirigidos y muy poco divergentes. Si los haces emergentes de un transductor tienen esas características, y además se enfocan, pueden emplearse para producir imágenes de alta resolución. El enfoque, cuando es necesario, se logra mediante la utilización de un cristal cóncavo que actúa en forma similar a un lente óptico, o con un arreglo de cristales que se excitan en forma secuencial y enfocan un mismo punto.

El cristal piezoeléctrico debe estar conectado a dos electrodos; uno en la cara anterior y otro en la posterior. Los contactos se obtienen por deposición de una película metálica evaporada.

Cada transductor está construido para operar a la frecuencia natural de oscilación del cristal o frecuencia de resonancia, la cual es determinada por sus dimensiones. Para aplicaciones médicas, el diámetro de los cristales cilíndricos varía entre los 4 y 25 mm. A esa frecuencia, la eficiencia de conversión entre la energía eléctrica y la sonora y viceversa, es máxima.

Algunos equipos emiten energía ultrasónica en forma continua, mientras que en otros, es intermitente. En los instrumentos Doppler, el transductor está formado por dos cristales montados en el mismo cabezal, uno transmite continuamente y el otro, el receptor, permanece en espera de los ecos. En los equipos que transmiten en forma intermitente, el transductor esta formado por un solo cristal que emite trenes de ondas sinusoidales de muy corta duración a intervalos regulares, llamados pulsos. La emisión de un pulso significa que una perturbación de algunos ciclos se propaga en un medio y en cada instante afecta una región limitada. Una perturbación de 1 a 2 mm de espesor se aleja de la fuente y se refleja en las discontinuidades que encuentra en su camino.

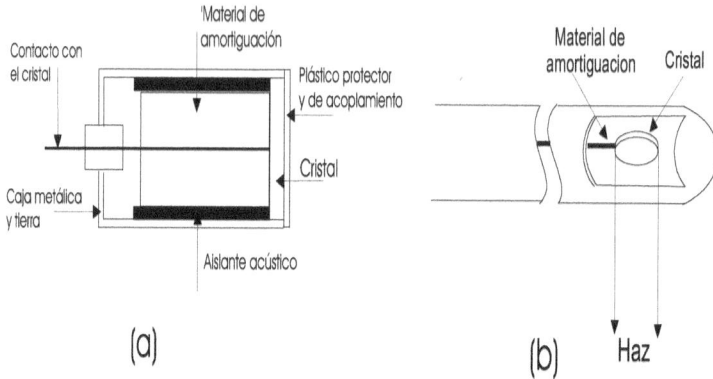

Figura 3.7. Dos transductores de ultrasonidos que emiten en modo intermitente.

En el intervalo entre pulso y otro el transductor permanece en "silencio" en espera de las ondas reflejadas. De esta manera, el mismo cristal actúa como transmisor y receptor. Normalmente el tiempo de transmisión es únicamente el 1%, el 99% restante se dedica a la recepción.

Para poder detectar la llegada de los ecos inmediatamente despues de la transmisión, se coloca en la parte posterior del cristal un material de amortiguación que evita que siga oscilando después de emitir el tren de ondas. Los ecos excitan el cristal y hacen que oscile a su frecuencia natural, y por efecto de la electrostricción se generen pequeños voltajes entre sus caras que posteriormente son amplificados y utilizadas para crear la imagen.

La figura 3.7a, muestra un transductor de un solo cristal donde el haz emerge de la parte frontal. En el montaje de la figura 9.7b el haz emerge lateralmente.

TECNICAS DE EXPLORACION

Las primeras aplicaciones de de los ultrasonidos para el diagnóstico eran similares a los rayos X, se transmitían a través del cuerpo y se registraba la magnitud de la atenuación originada por los diferentes órganos. A partir del año 1937, se desarrollaron varias técnicas que se utilizan para clasificar los equipos de acuerdo al tipo de exploración que realizan. Los tipos de exploración son: Modo A, Modo B, TiempoReal, Tiempo-Movimiento (T-M mode) y Efecto Doppler.

La técnica de barrido en Modo A (A scanning) se desarrolló en 1945 cuando entraron en el mercado nuevos componentes electrónicos que permitieron su implementación. El Modo B apareció a principios de los años 50, seguido por la técnica de exploración Tiempo-Movimiento. El primer instrumento de onda continua basado en el efecto Doppler lo hizo en 1958 y los de onda pulsátil, en 1969. A principio de los años 70 se desarrollo la técnica de escalas de grises y de barrido en tiempo real. Las conversiones analógico/digitales para almacenamiento y procesamiento de imágenes se emplearon a partir de 1974.

EXPLORACION EN MODO A

El método más simple y fácil de usar es la *exploración en Modo A,* conocida también como *Presentación en modo A* o *A Scan mode.* El transductor formado por un solo cristal actúa como transmisor y receptor, se "apunta" hacia la región de interés y se detectan los ecos producidos por las interfaces.

La imagen resultante, es un perfil que suministra información referente a la distancia entre la superficie del transductor y las interfaces de los tejidos. La presentación en modo A se emplea para explorar pequeñas áreas; es utilizada para el estudio de estructuras anatómicas simples donde se requieren medidas de profundidad, como por ejemplo la determinación de la línea media del cerebro o el diámetro del bulbo ocular, el corazón y los vasos. A veces son utilizadas como complemento de otros estudios.

La figura 3.8 muestra la gráfica de los ecos reflejados por las interfaces tisulares. El tiempo que transcurre entre el envío del tren de pulsos y su eco es proporcional a la profundidad de la interface, mientras que la amplitud del voltaje generado por el cristal está relacionado con la diferencia de impedancias.

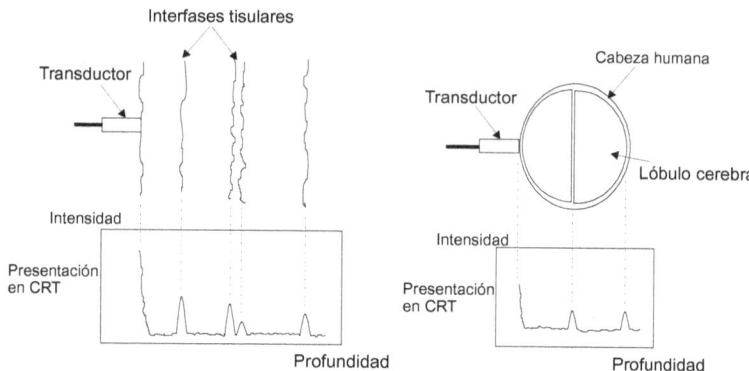

Figura 3.8. Perfil de los ecos generados por la exploración en Modo A.

De la figura anterior se concluye que:

$$\text{Profundidad} = \text{velocidad} \ \frac{\text{Tiempo de ida y vuelta}}{2}$$

Para un tiempo de ida y vuelta de 80ms, la profundidad de la interface es:

$$\text{Profundidad} = 1540 \ \frac{80 \times 10^{-6}}{2} = 6{,}2 \text{ cm}$$

INSTRUMENTOS QUE OPERAN EN MODO A

El instrumento básico que opera en modo A está constituido por los bloques mostrados en la figura 3.9. El generador de pulsos produce señales de sincronismo que se emplean para "disparar" simultáneamente el generador de alto voltaje, la unidad TGC (Time-Gain Compensation) y el generador de base de tiempo. La señal de sincronismo, cuya repetición es determinada por el fabricante del equipo, está comprendida entre los 200 y 1500 pulsos por segundo.

Cuando el generador de alto voltaje recibe esta señal produce un tren de ondas sinusoidales de unos 300 voltios con duración de 0,5ms que induce el cristal de 2MHz a que oscile. El cristal responde con un incremento súbito de energía ultrasonora conocido como *burst,* después se detiene y queda en "silencio" en espera de los ecos.

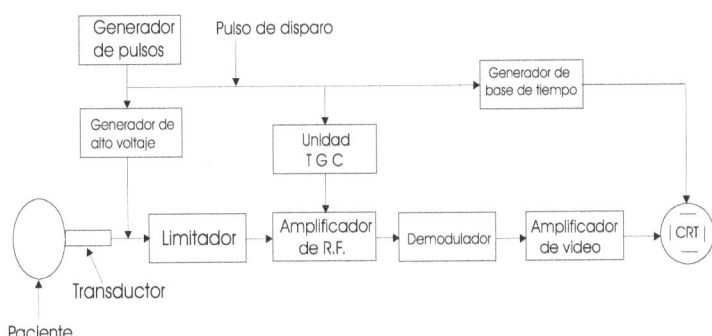

Figura 3.9. Diagrama en bloques de un instrumento que opera en modo A.

El impulso de energía ultrasónica dirigido hacia los tejidos encuentra interfaces de distintas impedancias acústicas localizadas a diferentes profundidades que generaran ecos. Los ecos son parte de la energía sonora que "rebota" y regresa al transductor, y como son de la misma frecuencia, inducen al cristal a que vibre. Las vibraciones hacen que entre sus caras se generen pequeños voltajes, no mayores de algunos milivoltios. Estas señales son dirigidas el Amplificador de RF que se encarga de incrementar su nivel hasta algunos voltios. (El nombre se debe a que amplifica señales en el rango de las radiofrecuencias). Dicho voltaje, después de procesado por el demodulador y el amplificador de video, es aplicado a las placas de desviación vertical del CRT u otro dispositivo de visualización.

Para que el ecosonograma sea inteligible, es necesario que el barrido horizontal del CRT se inicie en el preciso momento en que el cristal entre en estado de "silencio", de forma que mientras transcurre el barrido horizontal se reciban los ecos.

La desviación horizontal indica la profundidad a que se encuentra la interface y puede leerse directamente en la escala graduada que se encuentra en la pantalla.

Entre la emisión de un tren de pulsos y otro debe transcurrir el tiempo suficiente para permitir que los ecos provenientes de las interfaces más lejanas sean detectados, sólo entonces se emite el siguiente impulso. La frecuencia de repetición depende de la profundidad de las interfaces más alejadas que se pretende registrar.

Como la velocidad promedio de los ultrasonidos en los tejidos es de 1540m/seg, para la profundidad máxima de 10cm, la repetición de los trenes de pulsos no debe exceder:

$$1540/(2 \times 0,1) = 7700 \text{ pulsos por segundo.}$$

En los equipos la frecuencia de repetición no excede los 1500 pps.

El objetivo del Limitador, mostrado en la figura 3.9, es "acoplar" al amplificador los pequeños voltajes provenientes del transductor y evitar que los impulsos de alto voltaje que alimentan el cristal lo puedan alcanzar.

La ganancia del amplificador de RF es gobernada por la Unidad TGC o Unidad de Compensación Tiempo-Ganancia. Dicha unidad hace que la ganancia varíe con el tiempo, es decir, amplifica más aquellos ecos que tardan más en alcanzar el transductor. Su principio de funcionamiento será analizado adelante en este capítulo.

A fin de obtener una imagen "limpia y nítida", los ecos amplificados son rectificados, filtrados y "alisados" en el demodulador. En la etapa también se elimina el ruido y los ecos de baja amplitud. Este tratamiento se muestra en la figura 3.10.

Finalmente, el amplificador de video incrementa la amplitud de los impulsos hasta algunas decenas de voltios, que aplicados al dispositivo de visualización producen la desviación vertical de algunos centímetros.

Los ecos se muestran en la pantalla a la frecuencia de repetición del generador de impulsos, y para evitar la sobreposición de imáges, en el caso que se utilice el tubo de rayos catódicos, debe estar recubierto con fósforo de baja persistencia. Las imagenes pueden ser almacenadas en la memoria del sistema y/o impresas para su futura utilización. Los equipos que operan en modo A son de bajo costo y de uso específico.

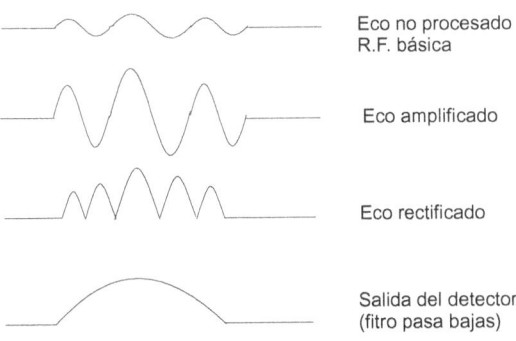

Figura 3.10 Procesamiento de la señal en el demodulador.

EXPLORACION EN MODO B

El modo B suministra imagenes en dos dimensiones, los ecos son reemplazados por puntos luminosos cuyo brillo es proporcional a su amplitud.

En la exploración en Modo A, un haz delgado de ultrasonido se dirige a los tejidos donde la magnitud del eco y el tiempo de tránsito aportan datos suficientes para el estudio de ciertas estructuras tisulares simples. Sin embargo, en la mayoría de los casos las estructuras anatómicas son bastante más complejas, de manera que su identificación, localización y forma se precisan mejor si se emplea la información aportada por muchas líneas de eco, como es el caso de la *exploración en Modo B*. La letra B proviene de la palabra inglesa *Brightness,* equivalente a brillantez. Este sistema de representación, donde la intensidad de los puntos es modulada, se le conoce también como *registro por escala de grises* (Gray Shade Recording), puesto que emplea toda una variedad de intensidades, desde la más brillante hasta la más opaca.

La forma de generar información es acumulando datos de muchos ecos y con ellos construir una imagen bidimensional. Normalmente, unas 500 líneas por segundo son suficientes para obtener resultados satisfactorios. Para lograrlo, los equipos comerciales utilizan el tranductor de un sólo cristal o el transductor compuesto, formado por múltiples cristales.

Transductor de un solo cristal. La imagen es generada cuando el transductor oscila continuamente respecto a una posición central como si fuera un columpio. Durante su recorrido emite trenes de ultrasonidos y recibe los ecos de todas las líneas de información. Los ecos debidamente procesados dan origen a una imagen bidimensional. El "campo visual" lo determina el arco que recorre, normalmente limitado a 90°.

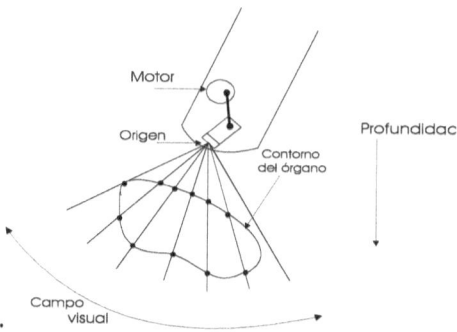

Figura 3.11. Exploración en modo B, transductor de un solo cristal.

En el cabezal, esquematizado en la figura 3.11, se observa el motor y las levas encargadas de hacer que el cristal oscile con respecto a un eje. Los trenes de impulsos ultrasonoros se generan en el origen y se propagan por el órgano de interés en líneas de exploración en forma de abanico. Durante su propagación se encuentran con discontinuidades que los reflejan. Los ecos reflejados son detectados por el mismo cristal, convertidos en puntos, cuyo brillo es proporcional a la magnitud del eco que los produjo, y proyectados sobre una pantalla. El resultado es una imagen bidimensional compuesta por puntos con diferente luminosidades. Como el cristal emite los ultrasonidos en forma de abanico, la imagen es deformada; el tamaño de los órganos aumenta a medida que se aleja del transductor.

Transductor compuesto. El principio de funcionamiento del transductor compuesto utilizado para la presentación en modo B lo ilustra la figura 3.12. Consiste en un arreglo de cristales piezoeléctricos colocados en línea, uno al lado de otro.

Los cristales se excitan en forma secuencial, uno a la vez, y uno a la vez irá recibiendo los ecos. Los datos "recogidos" provienen de líneas de exploración paralelas, por lo que no produce deformación del órgano. La posición de cada punto en pantalla está relacionada con la profundidad de la interface, mientras que su brillo es proporcional a la magnitud del eco.

En la imagen que se forma, la desviación horizontal es producida por el generador de base de tiempo, la desviación vertical es proporcional a la profundidad de la interface y el brillo de los puntos, por la magnitud del eco.

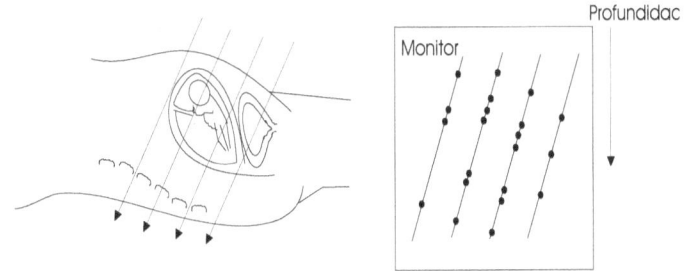

Figura 3.12. Producción de imágenes utilizando un transductor compuesto.

La conversión de la magnitud del eco en brillantez puede ser lineal o seguir otra función como la logarítmica. El objetivo de esta última es incrementar el brillo de los ecos de menor amplitud, es decir, aquellos provenientes de interfaces con poca diferencia de impedancia acústica. Mediante el empleo de la función logarítmica se mejora la calidad de la imagen y se logran descubrir detalles anatómicos que de otra manera pasarían desapercibidos. La función se obtiene empleando un amplificador logarítmico. Otra forma de conversión no lineal es mediante el uso de convertidores digitales, cuyo principio de funcionamiento se analizará más adelante en este capítulo.

La imagen obtenida en Modo B es normalmente almacenada en la *memoria del convertidor de barrido* (*Scan converter memory*). Esta información puede ser procesada digitalmente, reproducirse, imprimirse en papel, borrarse o ser "manipulada" mediante técnicas de computación.

INSTRUMENTOS QUE OPERAN EN MODO B

El instrumento básico que opera en Modo B está formado por los bloques mostrados en la figura 3.13. La manipulación óptima de los controles está asociada a ciertos conocimientos anatómicos y clínicos.

Para obtener imágenes de buena calidad es preferible que sea operado por el mismo médico especialista. El cabezal está sostenido por un sistema de "brazos mecánicos" que le permite gran libertad de movimiento y además proporciona información precisa y continua de la posición y dirección del haz ultrasonoro.

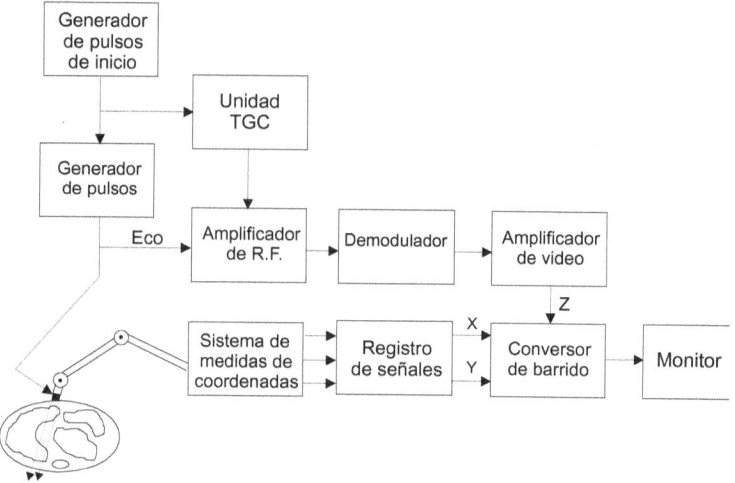

Figura 3.13. Diagrama de un instrumento que opera en Modo B.

La figura 3.14, muestra un sistema mecánico que suministra los datos con los cuales se determinan las coordenadas de posición y dirección del haz. El sistema consta de cuatro potenciómetros que se mueven en correspondencia con los ángulos de las articulaciones mecánicas. Tres de ellos son mostradas en la figura, el cuarto corresponde a la rotación del transductor. Los ángulos de las articulaciones también podrían ser detectados por medio de sensores ópticos o magnéticos, que por no poseer partes móviles estarían libres de desgaste y mantenimiento.

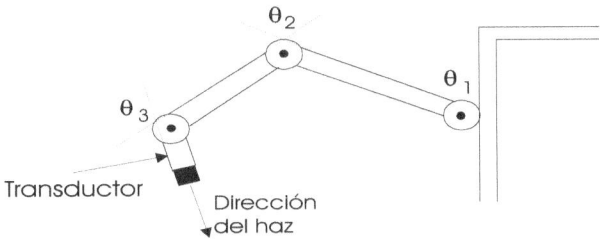

Figura 3.14. Sistema mecánico para determinar la posición del transductor.

El *registro de señales* detecta los ángulos y acondiciona la información para que sea interpretada por el *convertidor de barrido*. El convertidor suministra los voltajes X-Y, que aplicados al monitor reproducen las coordenadas.

El *generador de pulsos* opera en forma similar al descrito para al barrido en Modo A. En la *unidad TGC* están los controles de ganancia cercana, ganancia lejana, inicio de pendiente y pendiente. En el amplificador de radio frecuencia se encuentra el control de ganancia que determina la amplificación total del sistema. Los pequeños ruidos o artefactos son eliminados en el *demodulador*.

Para cada eco, en el convertidor de barrido (*Scan Converter*) llegan tres señales X, Y, Z: Las señales X e Y son las que determinan la posición del punto en la pantalla del monitor y la señal Z modula su brillantez. En el convertidor se procesa la imagen y se implementa el sistema de acercamiento o "zoom". Los controles de foco, brillantez, contraste e iluminación de la escala están en el monitor.

EXPLORACION EN TIEMPO REAL

La exploración en tiempo real permite la observación de órganos en movimiento. Se le llama también *barrido Tiempo–Movimiento* (T-M scanning), *barrido Tiempo–Posición* (T-P scanning), *barrido de Movimiento* (M scanning), y aplicado a la cardiología se le conoce como *ecocardiografía* o *cardiografía ultrasónica*.

Su principio de funcionamiento es similar a una filmación donde se producen de 20 a 40 imagenes o cuadros por segundo. Debido a esta rápida sucesión, el movimiento en la pantalla aparece como si fuera continuo. La veloz secuencia de imágenes es posible debido a la alta velocidad con que se transmiten los ultrasonidos en los tejidos. El tiempo que transcurre entre la transmisión y la recepción de ecos es del orden de los 0,1 ms.

El término "*Barrido en Tiempo Real*", aplica a instrumentos con capacidad de generar por lo menos 15 cuadros por segundo. Los instrumentos diseñados para producir menos cuadros y con mayor densidad de información son adecuados para el estudio tejidos estáticos o de procesos lentos . La presentación en tiempo real se emplea fundamentalmente para observar interfaces en movimiento; la accion cardíaca y sus válvulas y otros órganos que se mueven rápidamente como los vasos, el corazón del feto, el movimiento ocular, las paredes faríngeas, la respiración fetal y las contracciones estomacales.

La mayor parte de lo expuesto para la exploración en Modo B es aplicable al barrido en tiempo real, hasta tal punto que muchos equipos se construyen para cumplir ambas funciones. Algunos instrumentos de barrido en tiempo real permiten que se le adapten unidades para convertirlos al Modo B. En la figura 3.15 se pone de manifiesto sus similitudes y diferencias.

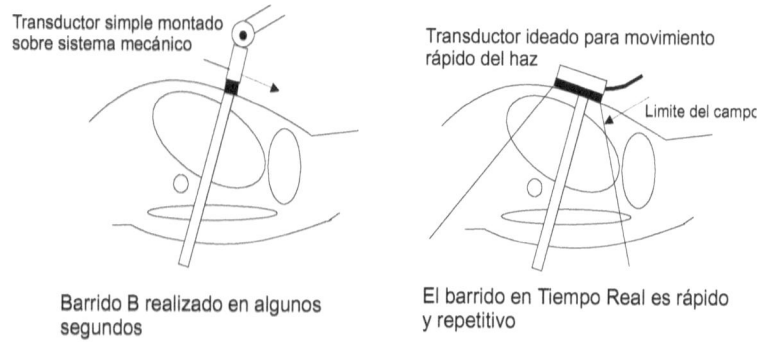

Figura 3.15. Relación entre barrido en Modo B y en tiempo real.

En la exploración en Modo B, la imagen se produce con unas 500 líneas por segundo, mientras que en la formación de la imagen en tiempo real (*one frame*) intervienen unas 100 líneas que se completan en unos 25ms, por lo tanto su calidad es inferior, sin embargo, se han implementado métodos de procesamiento que mejoran la presentación de la misma.

En la exploración en tiempo real hay dos factores que intervienen en la calidad de la imagen: el número de líneas de ecos por imagen y el ángulo visual. El número de líneas es limitado por en cantidad de imágenes por segundo que deben presentarse y el ángulo visual generalmente no puede ser inferior 90°, de otra manera no abarcaría el órgano en estudio.

La selección entre los equipos de exploración en Modo B o en Tiempo Real depende de las aplicaciones a las cuales se le destina. Posteriormente en este capítulo se analizarán los usos y las limitaciones de cada uno de ellos.

INSTRUMENTOS QUE OPERAN EN TIEMPO REAL

Los principales tipos de transductores utilizados en equipos que operan en tiempo real se muestran en la figura 3.16. La forma más simple de obtener la imagen es por medio del transductor oscilante mostrado en la figura 3.16(a). Tiene un solo cristal movido por un mecanismo que incorpora un pequeño motor eléctrico que oscila en forma similar a un columpio. El campo visual es limitado a unos 90°. Se emplea principalmente para la exploración de pequeñas áreas como el corazón, el ojo y los vasos sanguíneos. Es utilizado en equipos de bajo costo dedicados a aplicaciones específicas.

La figura 3.16(b) muestra el transductor rotativo formado por cuatro cristales idénticos montados sobre una rueda. Los cristales se activan uno a la vez cuando pasan frente a la ventana, de forma que el haz, dirigido hacia la parte frontal, origina cuatro imágenes por revolución. El ángulo visual es normalmente 90°, pero si se activan dos cristales consecutivos a la vez, el campo se incrementa a 180°.

La rotación de los cristales se obtiene por medio de un pequeño motor eléctrico situado dentro del cabezal y el conjunto está colocado dentro de un cilindro plástico lleno de aceite. Tanto el cilindro como el aceite son buenos transmisores de ultrasonidos.

El barrido PPI (*Plan Position Indicator*) es una técnica de exploración en tiempo real con campo visual de 360°, el cabezal se introduce en orificios como la vagina o el recto.

El cristal, colocado dentro de una cápsula de plástico como lo muestra la figura 3.16(c), rota permanentemente y emite un haz continuo de ultrasonido en ángulo recto respecto al eje del cabezal. El haz, similar a la luz emitida por un faro, explora todos los tejidos a su alrededor. La misma función se puede lograr con dos cristales que "apuntan" en direcciones opuestas.

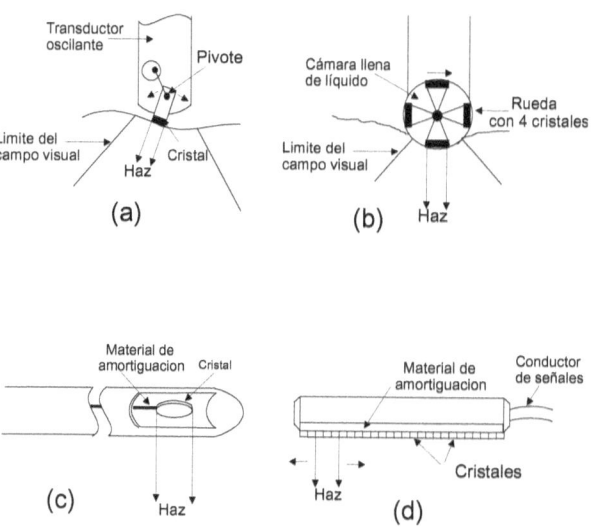

Figura 3.16. Tipos de transductores para barrido en tiempo real: (a) Transductor oscilante; (b) Transductor rotativo; (c) Transductor para barrido PPI; (d) Tranductor con arreglo lineal de cristales.

En los sistemas de presentación en tiempo real pudiera pensarse que el movimiento del cristal distorsiona la imagen, ya que el eco se recibe cuando el cristal no está en la misma posición en que emitió el haz. Sin embargo, puede demostrarse que el tiempo que transcurre entre la transmisión y la recepción es muy pequeño en comparación con el ciclo de rotación.

Para una velocidad de propagación de 1540 m/s y una profundidadde penetración de 8 cm, el tiempo que transcurre entre la emisión y la recepción del eco es:

$$t = 0,16 / 1540 = 0,104ms$$

Si el cristal realiza dos revoluciones por segundo, en ese tiempo habrá rotado $0,075°$, por lo tanto se puede asumir estático y la distorsión debida a este hecho es despreciable.

En la figura 3.16(d) se observa un cabezal con transductor lineal, está formado por varios cristales colocados uno al lado del otro que se activan por grupos en forma secuencial. De estas manera transmite finos haces paralelos de ultrasonidos que se desplazan a lo largo del transductor y cuyos ecos generan rápidamente la imagen. El eco es detectado por el mismo grupo de cristales que lo produjo.

Los transductores con arreglo lineal incorporan de 20 a 400 cristales acústicamente aislados. Un transductor típico de 3,5 MHz consta de 100 cristales que ocupan una longitud de unos 12 cm.

Para generar el haz pulsado de ultrasonido los cristales se activan por grupos, por ejemplo, el 1, 2, 3, 4 y 5, luego el 2, 3, 4, 5 y 6 y así sucesivamente. El haz ultrasonoro avanza 1 mm a la vez hasta completar la longitud del transductor. Con los 100 cristales se crearán 96 líneas de información que darán origen a la imagen.

Los haces emergentes se desplazan de un extremo al otro del cabezal; comienzan con el cristal de un extremo y termina con el cristal del extremo opuesto, para luego repetir la operación, por eso se afirma que el transductor es de barrido lineal. La forma del haz de ultrasonidos es rectangular; es el producto de la longitud del arreglo de los cristales por su ancho.

Los transductores, cualquiera que sea su tipo, son de frecuencia fija, estandarizada en 3,5; 5; o 7,5 MHz, para cambiarla es necesario reemplazar el cabezal completo. Se fabrican cabezales a los cuales se les puede cambiar únicamente el cristal, pero no son prácticos y su costo es elevado.

Algunos equipos tienen la posibilidad de "enfocar" los tejidos que se encuentran a una profundidad específica, es decir, la imagen se forma únicamente con ecos provenientes esa profundidad. Si el equipo dispone del control de enfoque, el operador está en capacidad de explorar planos a diferentes distancias del transductor.

RESOLUCION

Para cualquier técnica de formación de imágenes, es importante conocer la resolución, es decir, cuál es la interface más pequeña que el instrumento puede reconocer y ser vista. La resolución expresa la capacidad de un equipo para mostrar los pormenores estructurales de los tejidos. Con instrumentos de alta resolución se pueden observar detalles tisulares más finos, lo que da origen a imágenes de mejor calidad. La resolución se define como la mínima distancia en que pueden distinguirse dos puntos reflejantes como tales. Para medirla se recurre al concepto de resolución axial, resolución lateral y resolución temporal.

Resolución axial (axial resolution), llamada tambien resolución X o de profundidad, se refiere a la habilidad del instrumento para producir ecos separados de estructuras reflejantes que se encuentran una detrás de la otra a lo largo del haz ultrasonoro. La resolución axial depende del espesor del frente de onda, que es dado por el producto de la longitud de onda de la frecuencia ultrasonora y el número de ciclos que lo componen.

Para un transductor de 3,5MHz la longitud de onda es:

$$\lambda = 1/ \, 3{,}5MHz = 0{,}286mm$$

Si el tren está formado por tres ondas sinusoidales su espesor es:

$$0{,}286 \times 3 = 0{,}858mm.$$

Para un pulso de 0,858mm, la máxima resolución axial debe ser ligeramente superior a la mitad de la longitud del tren, o sea, 0,429mm. Si dos estructuras reflejantes están a menor distancia no podrían ser detectadas como estructuras separadas sino como una sola.

La razon por la cual la distancia mínima de las interfases debe ser ligeramente superior que la longitud del tren es ilustrada en la figura 3.17. En la figura se observa un transductor y un tren de ondas en cuatro instantes diferentes. En (1), el transductor acaba de emitir un tren de onda cuya longitud es representada por el vector. El tren encontrará dos reflectores, R1 y R2, separados una distancia exactamente igual a la mitad de su longitud.

En (2), parte de pulso es reflejado por R1 y parte continua su camino, en (3) parte del tren que continuó en (2) se refleja en R2 y parte continua.

Los ecos reflejados por R1 y R2 tienen la misma longitud, por lo tanto, en el preciso momento en que la "cola" del eco reflejado por R1 abandona el reflector, la "cabeza" del eco reflejado por R2 alcanza R1.

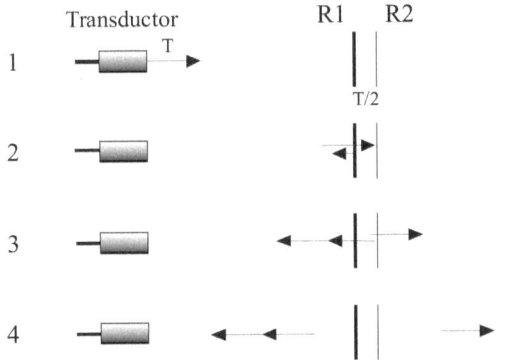

Figura 3.17. Tren de ultrasonidos reflejados por dos reflectores.

En (4), ambos ecos regresan al transductor, la cabeza del último "muerde" la cola del primero y forman un único eco que es detectado como un sólo tren. Para que puedan detectarse ecos separados la distancia de los reflectores debe ser mayor.

La longitud de onda determina al límite de la resolución. En general, las estructuras que se encuentran separadas menos que una longitud de onda no pueden ser diferenciadas y mientras más corta es la longitud del frente de onda mejor es la resolución.

Resolución lateral (lateral resolution), llamada también resolución "Y" o transversal, depende fundamentalmente del espesor del haz. Se refiere a la habilidad del instrumento para producir ecos separados de estructuras que se encuentran una al lado de la otra perpendiculares a la dirección del ultrasonido.

La figura 3.18(a) muestra un haz estrecho que al moverse en forma vertical da origen a dos ecos. La figura 3.18(b) el haz más ancho abarca los dos estructura simultáneamente, y al moverse en forma vertical da origen a un solo eco. La resolución lateral incrementa con la frecuencia. Para frecuencias altas el tren de ondas es más estrecho puesto que el cristal es más pequeño.

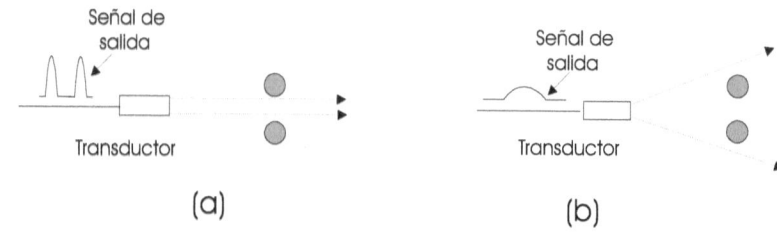

Figura 3.18. Efecto del ancho del haz en la resolución del sistema.

Un scanner de 3,5 MHz tiene una resolución axial de 1 mm y una lateral de 3 mm. El mismo instrumento de 5 MHz tiene resolucion de 0,5 mm y 2 mm respectivamente. Sin embargo, a medida que se aumenta la frecuencia el poder de penetración disminuye.

Resolución temporal (temporal resolution) Se refiere a la habilidad de separar eventos en el tiempo, por lo que aplica únicamente a la presentación en tiempo real. La resolución temporal depende del número de imágenes por segundo.Treinta imágenes por segundo son suficientes para visualizar los órganos del cuerpo humano en movimiento, excepto quizás las más rápidas oscilaciones cardíacas como el aleteo de la válvula mitral.

La resolución temporal es limitada por la velocidad de muestreo y la velocidad de muestreo es limitada por la velocidad del sonido, puesto que debe esperarse el regreso del eco proveniente de la región más profunda antes de emitir el siguiente pulso.

El número de imágenes por segundo puede aumentarse si se reduce el campo visual y el numero de lineas por cuadro. Al reducirse la densidad de lineas se reduce el tiempo para crear una imagen, pero se reduce en la misma proporción la resolución lateral.

PRESENTACION DE LA IMAGEN

Los señales procedentes de los ecos son procesadas por métodos computacionales de forma que el operador pueda relacionar las estructuras tisulares con la imagen. En las primeras presentaciones se empleó el tubo de rayos catódicos, representado en la figura 3.19. Los equipos de construcción reciente utilizan monitores de pantallas planas de cristal líquido(LCD) de alta resolución.

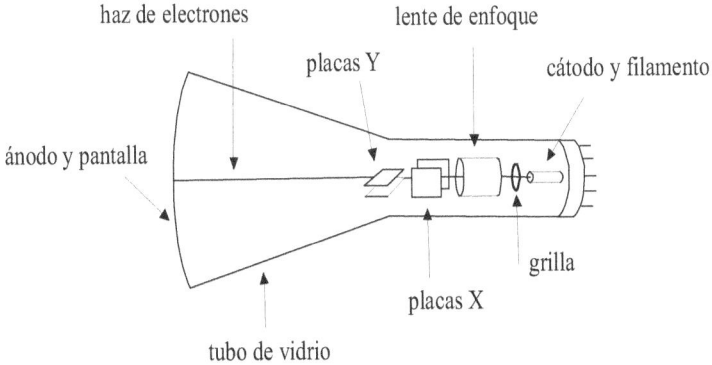

Figura 3.19. Estructura básica de un tubo de rayos catódicos.

Los de vieja generación emplean el CRT con memoria, donde la imagen permanece almacenada en la pantalla hasta que el operador decida borrarla. Este sistema ha sido reemplazado por los convertidores de barrido que guardan las imágenes en su memoria digital antes de presentarlos en la pantalla.

La pantalla recubierta con fósforo blanco o de colores es la más recomendable, debido a que presenta las imágenes en tonos grises o colores de alta calidad. Su dimensión varía desde 3 por 4cm hasta 30 por 40cm. Las pantallas grandes son adecuadas para detectar movimientos pequeños, las diminutas se emplean en equipos portátiles.

VELOCIDAD

La velocidad se refiere al número de imágenes por segundo que genera el equipo. A medida que aumenta la velocidad el número de líneas que la forman disminuye. En los equipos de barrido en tiempo real no es posible aumentar el número de líneas más allá de cierto valor, puesto que casi todo el tiempo disponible es empleado en la recepción de los ecos.

Existe un compromiso entre en número de imágenes por segundo y la densidad de las líneas. Si se explora un órgano con velocidad de 20 imágenes por segundo, el número de líneas por imagen podría ser 160, si se incrementa el número de imágenes a 40, las líneas se reducen a 80.

La velocidad de presentación de las imágenes está relacionada con la rapidez con que se mueve el órgano en estudio, para los que se mueven rápidamente, a pesar de la pérdida de detalles es preferible una velocidad elevada. Cuando la velocidad es inferior a 20 imágenes por segundo se produce parpadeo. Posteriormente en este capítulo se describirán algunas técnicas para mejorar la presentación de las imágenes aun cuando la velocidad es baja.

ULTRASONIDO DOPPLER

El efecto Doppler se presenta cuando la fuente emisora de ondas, el observador, o ambos se mueven uno respecto al otro. La frecuencia del sonido que percibe un observador situado a cierta distancia de un objeto sonoro que se le acerca es mayor que la oida cuando se aleja.

La figura 3.20 muestra cómo es afectada la frecuencia cuando existe movimiento relativo entre la fuente emisora de sonido y el observador. En la figura 3.20a, se representa el movimiento de ondas sonoras paralelas con respecto a un oyente estacionario y fuente estacionaria. La frecuencia (f) recibida en función de la velocidad del sonido (c) y su longitud de onda (λ), está dada por:

$$f = \frac{c}{\lambda}$$

En la figura 3.20b, el observador se acerca con velocidad (v) a la fuente de sonido, la frecuencia (fo) que percibe viene dada por:

$$f_o = \frac{c + v}{\lambda}$$

La relación entre ambas frecuencias es:

$$\frac{f_o}{f} = 1 + \frac{v}{c}$$

En la figura 3.20c, el observador se aleja de la fuente de sonido con velocidad (v), la frecuencia (fo) recibida dada por:

$$f_o = f \frac{c - v}{\lambda}$$

En la figura 3.20d, el observador se mueve con velocidad (v) y ángulo θ en el sentido indicado. La frecuencia que percibe es:

$$f_0 = \frac{c - v.\cos\,\theta}{\lambda}$$

En la figura 3.20e, el sonido incide con un ángulo θ en una interface móvil que se aleja del observador. El observador estático recibe el eco cuya frecuencia es:

$$f_0 = \frac{c - 2v.\cos\,\theta}{\lambda}$$

En este último caso la relación entre frecuencias es:

$$\frac{f_0}{f} = 1 - \frac{2v.\cos\,\theta}{c}$$

por lo tanto:
$$f_0 = f\left[1 - \left(\frac{2v.\cos\,\theta}{c}\right)\right] \quad \ldots\ldots\ldots(3.1)$$

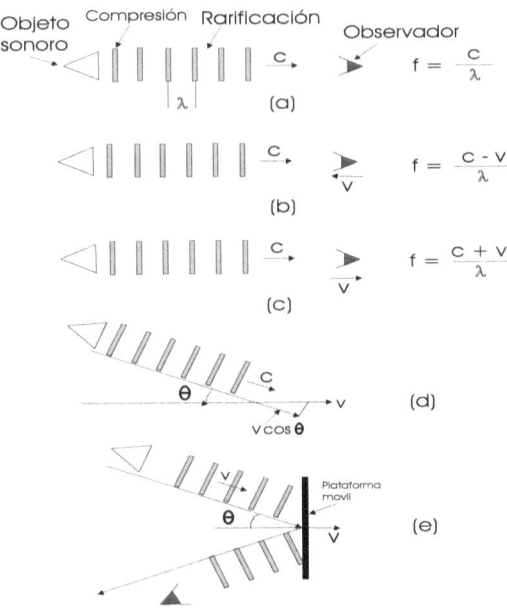

Figura 3.20. El Efecto Doppler en diferentes situaciones.

El eco ultrasonoro proveniente de las estructuras estáticas tiene la misma frecuencia que el emitido por el transductor, en tanto que la frecuencia del eco reflejado por interfaces en movimiento sufre una desviación, de manera que la diferencia de frecuencias puede transformarse en una señal indicadora del movimiento.

Los equipos médicos que basan su funcionamiento en el efecto Doppler, detectan la variación de frecuencia causada por la reflexión del sonido generado por una fuente fija cuando incide en una discontinuidad móvil. Son empleados para medir la velocidad del torrente sanguíneo, el movimiento de las válvulas del corazón, de las arterias en respuesta a un pulso de presión, los latidos del corazón del feto, la localización precisa de la placenta, la detección de embarazos múltiples y otras aplicaciones donde esté presente algún tipo de movimiento.

En el útero ocupado por el feto se identifican algunos ecos característicos de importancia clínica; el más intenso es el latido fetal debido al paso de sangre por las arterias del embrión. Según las estructuras en las que se oriente el haz ultrasonoro se identifica un sonido placentario característico, utilizado para localizar la placenta.

MEDIDA DE LA VELOCIDAD DEL FLUJO SANGUINEO

La velocidad del flujo sanguíneo se puede determinar mediante el cambio de frecuencia por efecto Doppler o midiendo el tiempo de tránsito. El primero, responde a la diferencia entre la frecuencia emitida (f) y la reflejada (fo), así:

$$\Delta f = f - fo \qquad \ldots\ldots(3.2)$$

reemplazando (3.1) en (3.2) se obtiene:

$$\Delta f = \frac{2v.f.\cos \theta}{c} \qquad \ldots\ldots\ldots(3.3)$$

La diferencia en frecuencia se determina por medio del sistema mostrado en la figura 3.21

La velocidad del flujo sanguíneo puede calcularse a partir de la ecuación siguiente, derivada de (3.3), así:

$$v = \frac{\Delta f \ c}{2f \cos \theta}$$

donde:
    v   es la velocidad de la sangre
    Δf es la diferencia de frecuencias.
    f   es la frecuencia del generador.
    θ es el ángulo que forma el transductor con el vaso.
    c   es la velocidad del sonido.

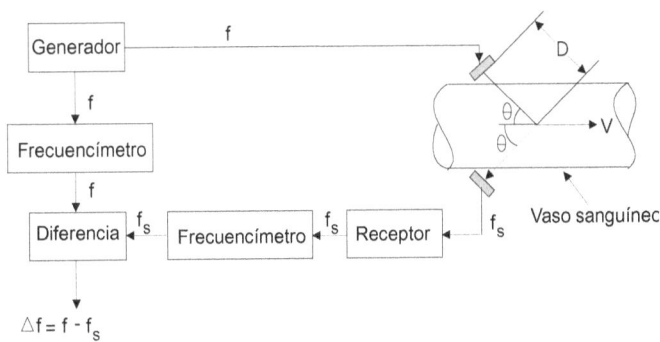

Figura 3.21. Diagrama en bloques de un equipo basado en el efecto Doppler.

Otra forma para medir la velocidad de la sangre en un vaso se efectúa por medio de la determinación del tiempo de tránsito. El diagrama en bloques del equipos es mostrado en la figura 3.22.

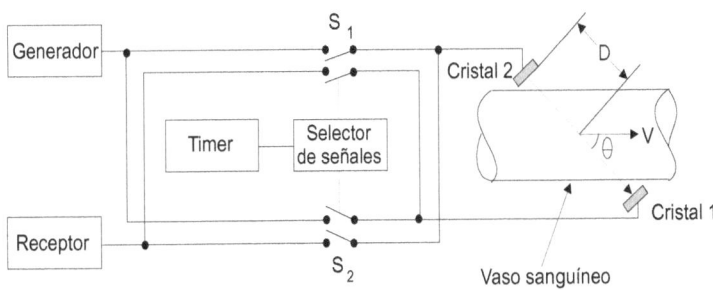

Figura 3.22. Diagrama en bloque de un medidor de flujo sanguíneo basado en la medida del tiempo de tránsito.

La distancia D que viaja el sonido en el sentido de la corriente sanguínea es dada por:

$$D = Td\,(c + v\,\cos\theta)$$

donde: Td es el tiempo de tránsito en sentido de la corriente.

c es la velocidad del sonido en la sangre.

v es la velocidad de la sangre en el vaso.

θ es el ángulo de incidencia del haz respecto al vaso.

En el sentido de la corriente sanguinea la velocidad del sonido se incrementa debido a que es "arrastrado por la sangre", por lo tanto, el tiempo para recorrer una distancia dada es menor.

La distancia D que viaja el sonido en sentido inverso a la corriente sanguínea es dada por:

$$D = Ti\,(c - v\,\cos\theta)$$

La diferencia en el tiempo de tránsito ΔT es:

$$\Delta T = Ti - Td\,\frac{2v\,D\,\cos\theta}{c^2 + (v\,\cos\theta)^2}$$

pero como c^2 es mucho mayor que $(v.\cos\theta\ )^2$ se obtiene:

$$\Delta T = \frac{2v\,D\,\cos\theta}{c^2}$$

Entonces la velocidad del flujo sanguíneo es dada por la expresión:

$$v = \frac{\Delta T\,c^2}{2D.\cos\theta} \qquad ......(3.4)$$

El equipo que mide la velocidad del torrente sanguíneo, representado en la *figura 3.22*, funciona de la siguiente manera:

• El selector de señales invierte periódicamente la función de los cristales; cuando uno es el emisor el otro es el receptor y viceversa. La inversión se logra al cerrar S1 y S2 en forma alternada. En el primer estado, el tiempo de tránsito en sentido del flujo sanguíneo Td es el que transcurre entre la emisión de ultrasonidos por el cristal 1 y la recepción por el cristal 2.

• En el segundo estado, el tiempo de tránsito en sentido contrario al flujo sanguíneo Ti es el que transcurre entre la emisión de ultrasonidos por el cristal 2 y la recepción por el cristal 1.

Conociendo los tiempos de tránsito se calcula ∆T, y por medio de la ecuación 3.4. se determina la velocidad (v) del flujo.

COMPENSACION TIEMPO-GANANCIA

Generalmente los equipos destinados a producir ultrasonografías están provistos de un sistema de *Compensación Tiempo-Ganancia* (*Time-Gain Compensation*) conocido comoTGC.

Esta técnica, empleada para mejorar la calidad de la imagen, consiste en incrementar la ganancia del amplificador en función del tiempo transcurrido desde el momento en que se emite el tren de ultrasonidos. De esta forma, los "últimos ecos" que regresan al transductor de son amplificados más que los primeros.

En su recorrido los ultrasonidos primero alcanza las interfaces cercanas y luego las profundas. Los ecos provenientes de las interfaces profundas son de menor amplitud debido a que deben recorrer mayor distancia y en su trayectoria se atenúan.

La figura 3.23 muestra la acción del sistema de compensación tiempo–ganancia. La amplificación en función del tiempo es ajustada por un conjunto de controles accesibles al operador que los emplea para mejorar la calidad de la imagen.

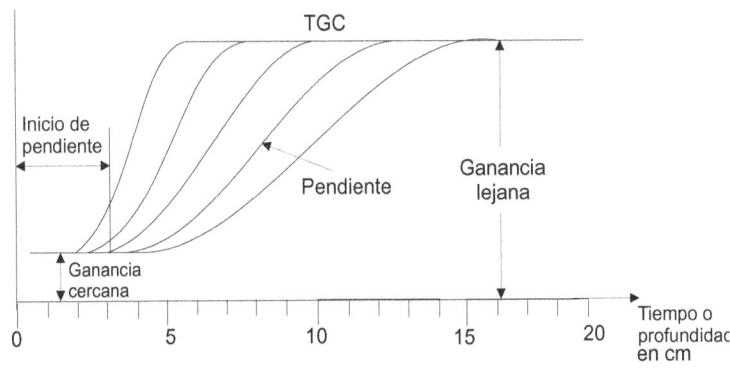

Figura 3.23. Acción de los controles del TGC.

La ganancia del amplificador inmediatamente después que se genera el haz ultrasonoro es pequeña, luego incrementa con el tiempo siguiendo una de las pendientes, de manera que los ecos lejanos experimenten mayor amplificación.

Ganancia Cercana (*Near gain*). Es un control empleado para reducir la sensibilidad del amplificador a los ecos muy cercanos, como los que se producen en la interface de la piel con el transductor. Su acción consiste en reducir los ecos producidos inmediatamente después de la emisión del tren de pulsos. En la gráfica de la figura 3.23 se indica como se modifica la sensibilidad del amplificador.

Inicio de pendiente (*Slope start*). Es un control que determina a que profundidad la ganancia del amplificador empieza a incrementarse.

Pendiente (*Slope*). Ajusta la rata de crecimiento de la ganancia del amplificador en función de la profundidad o el tiempo. Normalmente se expresa en dB.

Ganancia Lejana (*Far gain*). Es un control utilizado para ajustar la ganancia de los ecos provenientes de las interfaces más alejadas de la fuente de ultrasonidos.

En el diagrama en bloques de la figura 3.9, se observa que la Unidad TGC es iniciada por el generador de pulsos. La salida, aplicada al amplificador de RF, hace que su función de transferencia se ajuste a la forma mostrada en la figura 3.23.

CONVERTIDORES DE BARRIDO

La información contenida en los ecos no tiene ningún significado ya que el operador no puede interpretarla. El convertidor de barrido (*Scan converter*) es el dispositivo que se encarga de hacerla comprensible. Acumula y trata la información, la almacena y la procesa para crear una imagen adecuada para ser presentada en la pantalla del monitor.

Su nombre deriva del hecho que acepta señales eléctricas secuenciales, línea por línea, provenientes de los ecos de cada barrido. Para crear la imagen las convierte en una forma de barrido diferente, por ejemplo, en una señal de televisión.

A fin de aumentar el poder de diagnóstico, la imágen debe suministrar la mayor cantidad de información posible, para lo cual en el procesador se implementan ciertas rutinas dirigidas a resaltar detalles que de otra manera pasarían desapercibidos. Se implementa, por ejemplo, la escala de gris, bien conocida a partir de la fotografía convencional, o se resalta la información que aportan los ecos pequeños en la formación de la imagen.

Los convertidores de barrido pueden ser digitales o analógicos. Los analógicos, formados por un CRT con memoria, almacenan la información como cargas eléctricas distribuidas sobre la superficie de su pantalla. Estos sistemas, presentes en equipos de vieja data, son reemplazados por los convertidores digitales. Estos últimos son básicamente pequeñas computadoras con gran capacidad de memoria.

Los convertidores emplean dos tipos de barrido; el simple y el compuesto. De la técnica empleda para la recolección y del procesamiento de los datos depende la calidad de la imagen.

Barrido Simple. Es una forma de adquisición en tiempo real preferentemente empleado en Modo B. Cada eco es el resultado de "interrogar cada discontinuidad" en la región donde es dirigido el haz ultrasonoro. Su magnitud es convertida en un punto, cuya luminosidad o tono gris depende de las propiedades reflectoras de la interface.

Barrido Compuesto. En este sistema, la imagen se va formando con la suma de los ecos generados por la interrogación repetitiva de cada discontinuidad. De esta manera, la imagen final se forma con la contribución de imágenes sucesivas que se sobreponen. La luminosidad de las estructuras depende de sus propiedades reflectoras y de la rata de repetición con que son detectadas. Existen varios protocolos de barrido compuesto, uno de los más empleados podría ser el siguiente: Cuando se detecta un nuevo eco proveniente del mismo punto se almacena únicamente si es mayor que el eco previamente almacenado, con lo cual se logran imágenes de mejor calidad.

CONVERTIDORES DE BARRIDO DIGITALES

En los sistemas digitales, la imagen está construida por un gran número de pequeños puntos o celdas llamadas *pixels*. Una imagen ultrasonográfica de 25 por 20 centímetros podría estar formada por 50.000 pixels de un milímetro cuadrado cada uno organizados en forma de matriz de 200 filas por 250 columnas. Con los datos así dispuestos, se facilita el procesamiento por los métodos convencionales de computación. Pueden realizarse, por ejemplo, operaciones de actualización de datos, promediar señales provenientes del mismo punto, sobreponer o restar imágenes, realizar operaciones estadísticas, comparar imágenes o copiarlas.

La memoria de la computadora está estructurada de tal forma que a cada píxel le corresponde una localidad, en cada localidad está almacenado un número binario cuyo valor es proporcional a la magnitud del eco que lo produjo, cada número binario representa un color o un tono gris. Para números binarios iguales le corresponde el mismo tono. La figura 3.24 muestra este arreglo.

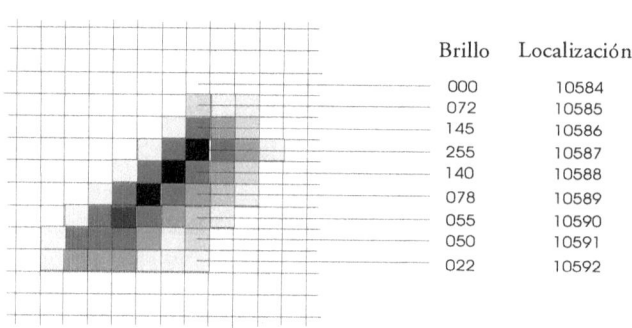

	Brillo	Localización
	000	10584
	072	10585
	145	10586
	255	10587
	140	10588
	078	10589
	055	10590
	050	10591
	022	10592

Figura 3.24. Distribución de los pixels y su almacenamiento en la memoria.

Para construir una imagen, aparte de la información relacionada con el tono gris, se debe conocer el lugar de donde procede cada eco. Por tal motivo, el transductor suministra tres señales analógicas, dos de posición, (x y), y una de tono o luminosidad (z). Las tres señales son llevadas al digitalizador que las convierte. Para cada eco, del digitalizador surgen tres señales digitales llamadas X ,Y, Z, que suministran los datos suficientes para "ensamblar" la imagen. X e Y proporcionan la localización del píxel en la matriz de puntos, en tanto que Z determina su tono.

La señal Z es representada por 32 o 64 niveles de gris, lo que equivale a 5 o 6 bits por píxel. La cantidad de niveles de gris, multiplicado por el número de pixels que integra la matriz, determinan la capacidad de la memoria del convertidor.

Para una matiz de 200 filas y 250 columnas y 32 niveles de gris la capacidad se 200x250x32=1.6Megapixels. Algunos convertidores emplean matrices de 640x512 pixels, con las que generan imágenes de 30x25cm, cada píxel es un cuadrado de 0,5mm de lado, con lo que se logran imágenes con mejor resolución.

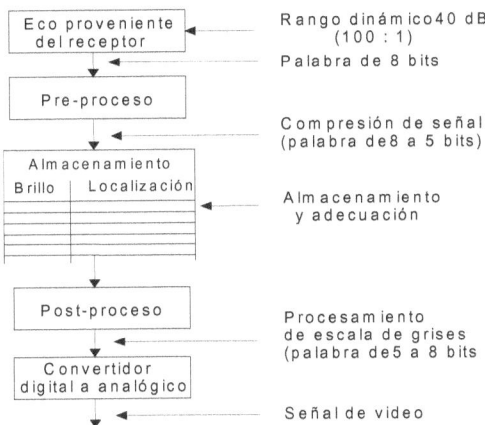

Figura 3.25. Diagrama de un convertidor analógico/digital

El procedimiento de escritura en la memoria del convertidor dura aproximadamente un microsegundo y una imagen completa es leída en unos 40ms, por consiguiente, se dispone de tiempo suficiente para que en un segundo se pueden producir de 20 a 30 imágenes y así eliminar el parpadeo.

CONVERSION ANALOGICO / DIGITAL

El proceso de conversión de los ecos es llevado a cabo por el convertidor analógico/digital, conocido también como ADC (*Analogical to Digital Converter*). Existen varios métodos de conversión que pueden ser analizados en publicaciones especializadas, aquí se describe por medio de diagrama en bloques uno de ellos.

Los detalles de cada bloque y los circuitos que lo componen son particulares para cada equipo, dependen del fabricante.

A manera de ejemplo se describe el funcionamiento del convertidor mostrado la figura 3.25.

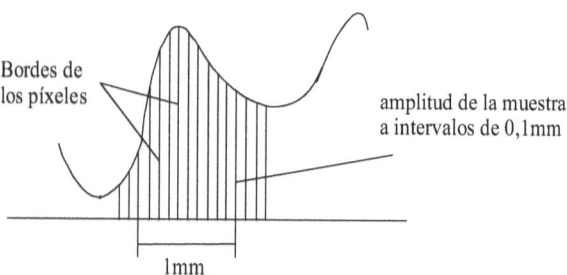

Figura 3.26. Muestreo de un eco a intervalos de 1 ms.

En el ADC se realiza la operación de digitalización; consiste en medir a intervalos regulares el voltaje de la señal analógica y digitalizar la medida. Este procedimiento, esquematizado en la figura 3.26, es conocido también como muestreo o sampling. Se toman muestras cada milisegundo (equivalente a 0,1mm), para luego convertirlas en un número binario cuyo valor está relacionado con el voltaje medido.

Cada vez que se efectúa un barrido, se obtiene una nueva imagen digital que es dirigida al mismo lugar de memoria, pero evidentemente no todas puede ser almacenadas, el computador se "encarga" de seleccionar la información adecuada para cada píxel de acuerdo a algún criterio previamente establecido; por ejemplo, podría seleccionar el valor más grande, calcular el valor promedio y almacenarlo, o determinar el valor central.

PRE-PROCESAMIENTO

Cuando se efectúa el proceso de digitalización, usualmente se producen 256 niveles de gris que son representados por un número binario de 8 bits. La mayor parte de los convertidores realizan un pre-procesamiento, llamado *compresión,* que consiste en reducir el número a 32 niveles, con lo que se reduce la capacidad de la memoria y el tiempo de acceso. La compresión preserva la información para el diagnóstico, ya que para el ojo humano es prácticamente imposible distinguir más de 32 niveles. Durante el procedimiento se emplea una de las siguientes opciones:

1.- Compresión lineal. Todos los datos comprimidos son transferidos directamente a la memoria sin someterlos a procesamiento alguno.

2.- Compresión logarítmica. Destinada a favorecer la visión de los ecos más pequeños, particularmente los provenientes de los tejidos glandulares

3.- Compresión que favorece la visión de los ecos promedio, útil para delinear las superficies anatómicas y estructuras internas.

ALMACENAMIENTO

En la medida que se producen los datos y una vez comprimidos, son enviados a la unidad de almacenamiento que es esencialmente en una memoria digital.

La forma para almacenar datos puede tener varias opciones (algoritmos) que el operador del equipo puede seleccionar. La más simple, consiste en colocar los datos, producto de cada barrido, en su respectivo lugar de memoria y reemplazar los precedentes. Esta opción, en la que se genera una imagen nueva cada vez que se produce un barrido, es muy útil para la búsqueda o reconocimiento (*Search o Survey mode*). La imagen es continuamente renovada, en la medida en que el haz se desplaza de un lado para otro buscando alguna particularidad en los tejidos.

Una segunda opción podría comparar el nuevo dato con el existente. Si el existente es mayor no se efectúa ningún cambio. Si el nuevo dato es mayor, una fracción de la diferencia se suma al valor anterior, de forma que el nivel de la señal aumenta gradualmente hacia un máximo. A esta opción se le conoce como *modo de actualización compuesto o integral* (*Compound or integrating update mode*).

Otro algoritmo de actualización podría ser el de promediar el nuevo dato con el existente y colocar el resultado en el mismo lugar de la memoria. Con este sistema se obtiene una imagen que resalta las zonas de reflexión en los tejidos. Aparte de estos algoritmos, existen muchas otras opciones adoptadas por los diferentes fabricantes.

Con una matriz de almacenamiento de 640 por 512 pixels, los valores numéricos se leen línea por línea para formar la imagen en la pantalla del monitor. La señal de barrido horizontal del monitor se repite 512 veces por imagen y está en sincronismo con el inicio de la lectura de cada línea. El procedimiento de adquisición de nuevos datos, su lectura y puesta en pantalla, se repiten unas 25 veces por segundo.

POST - PROCESAMIENTO

Durante el procedimiento de lectura de los números almacenados en la matriz es usual modificar su valor. A estas modificaciones se le llama *post-procesamiento* y tienen por objeto suministrar al operador la posibilidad de variar el tono de gris para que la imagen sea más clara, más oscura, con mayor contraste o menor contraste.

Para efectuar post-procesamiento, se coloca cada número binario contenido en la matriz en un registro intermedio donde se le suma o resta otro número. Normalmente, el registro intermedio es de 8 bits, tiene capacidad para almacenar un número comprendido entre 0 y 255, en tanto que la magnitud del eco en la memoria está comprendido entre 0 y 31, lo que permite sumarle o restarle un número cuyo valor depende de la opción. La figura 3.27, muestra cuatro formas de post-procesamiento conocidas como *opciones gamma*.

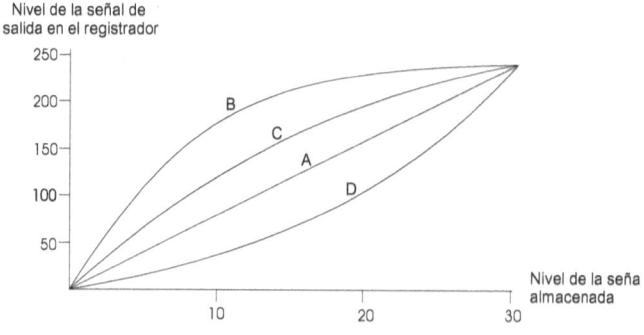

Figura 3.27. Cuatro opciones del post-procesamiento.

La opción A es una transferencia lineal; los datos no sufren ninguna modificación numérica. En la opción B, se comprimen las señales de mayor valor, con lo que se obtienen imágenes de alto contraste. La opción C ofrece un contraste menor, mientras que la opción D produce imágenes de bajo contraste que se obtiene por medio de la compresión de los ecos de menor valor.

Si el equipo se adquiere con la opción de post-procesamiento, se pueden realizar otras manipulaciones numéricas particulares de cada fabricante. Normalmente, es posible programarlo para realizar tareas estadísticas especializadas de mayor complejidad.

Una técnica podría ser la de agrupar los ecos por su amplitud y construir con ellos una curva de distribución. Se observa que la distribución depende del tipo de tejido examinado, y la experiencia demuestra, por ejemplo, que la distribución de los ecos de un hígado cirrótico contienen ecos de mayor amplitud que los de un hígado normal.

Otro método estadístico se basa en el hecho de que un cambio abrupto de la amplitud de un eco respecto a sus vecinos en una imagen digitalmente almacenada, no representa cambios verdaderos en las estructuras de los tejidos. La experiencia demuestra que en las organizaciones anatómicas esos cambios son inexistentes. Por tal motivo, se aplican técnicas estadísticas de alisado o aplanamiento, que consisten en aproximar el contenido de cada localidad de memoria a los valores circundantes. Como es de esperar, esta técnica reduce la resolución de la imagen.

CONVERSION DIGITAL/ANALOGICA

Es efectuada por el convertidor digital /analógico (*Digital to Analog Converter o DAC*) cuya función consiste en transformar un número binario en un voltaje proporcional a su valor. Tiene por objeto producir los voltajes analógicos, que aplicados al tubo de rayos catódicos del monitor, producen una imagen en su pantalla. Podría definirse también como la conversión de los valores binarios almacenados en la matriz de memoria en una matriz de pixeles de diferentes luminosidades.

CONVERSION EN TIEMPO REAL

Se dijo anteriormente que para una buena secuencia visual se requieren 25 imágenes por segundo, por lo tanto, la característica principal de los convertidores es la transferencia a alta velocidad de la imagen hacia la memoria. Como la información proveniente de los transductores en tiempo real es transferida directamente a la pantalla, surge la pregunta del porqué se emplean memorias de almacenamiento que evidentemente no son necesarias para formar la imagen, sin embargo, estas agregan ciertas facilidades esenciales como:

- Congelación de la imagen.
- Capacidad de post-procesamiento en tiempo real.
- Conversión de imágenes en tiempo real en formatos estándar de televisión para registro en videocassete.

CONTROLES DE LOS CONVERTIDORES

Los controles de los convertidores son de dos tipos: los que modifican la presentación de la imagen y los que actúan sobre el procesamiento de los datos.

Los que modifican la presentación son:
- Foco.
- Brillantez.
- Contraste.
- Zoom, utilizado para magnificar las áreas de interés
- Subdivisión de la pantalla, para ver simultáneamente varias imágenes.
- Polaridad o presentación de los ecos como puntos blancos sobre un fondo negro o viceversa.

Los controles de procesamiento varían sensiblemente entre una marca y otra, sin embargo, la mayor parte de los equipos tienen controles que realizan las tareas descritas en el pre-procesamiento y post-procesamiento.

CONVERTIDORES ANALOGICOS

Los convertidores analógicos, incorporados en equipos de vieja data pero todavia en uso en ciertos lugares, tienen la misma función que los digitales. Constan esencialmente de un tubo de rayos catódicos con "memoria" que se logra agregando, cerca del fósforo de la pantalla, una malla conductora recubierta de un material aislante capaz de retener el patrón las cargas eléctricas en su superficie. La figura 3.28 muestra el dispositivo descrito.

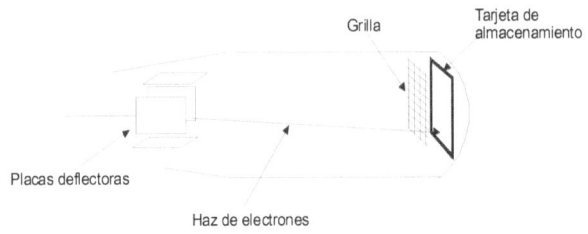

Figura 3.28. Estructura de un tubo de almacenamiento
utilizado por los convertidores analógicos.

En estos tubos, utilizados también en osciloscopios con memoria, el sistema de almacenamiento está compuesto por una capa de material conductor sobre el que se deposita una matriz formada por cientos de miles de pequeños cuadrados, cada uno aislado de sus vecinos. Sus dimensiones son considerablemente menores que el diámetro del haz de electrones que incide en ellos.

Cuando el haz de electrones "barre la pantalla" va cargando esos cuadrados, que responden emitiendo luz proporcional a la intensidad del haz de electrones que los cargó.

Para almacenar la imagen se barre la pantalla en forma similar a un televisor, con la diferencia que el haz de electrones es modulado por la amplitud de los ecos y las líneas de barrido horizontal están sincronizadas con las del haz ultrasonoro que explora el paciente.

La modulación se logra al aplicar un voltaje proporcional a la magnitud de los ecos entre el cátodo y la rejilla del tubo de rayos catódicos. Por lo tanto, la pantalla almacena imágenes con alta resolución en forma de cargas eléctricas distribuidas en su superficie. La brillantez de la imagen puede ser ajustada por medio de un control denominado *Nivel de Lectura* (Read level).

183

APLICACIONES CLINICAS

Las aplicaciones clínicas de los ultrasonidos van incrementando rápidamente. El desarrollo de nuevos transductores permite la exploración especializada dirigida a ciertos órganos, por ejemplo, el control ultrasonográfico en la detección precoz del cáncer de los ovarios. La calidad de las imágen se mejora sensiblemente mediante la incorporación del color y de las imágenes tridimensionales de alta resolución. Algunas de las aplicaciones son las siguientes:

Ecoencefalografía

Es la técnica que se usó durante muchos años para determinar el desplazamiento de la masa encefálica respecto a la línea media. Dicho desplazamiento se produce por efecto de una lesión o enfermedad. La valoración del desplazamiento es muy útil en caso de accidentes, especialmente los automovilísticos, donde no se cuenta con el tiempo ni las instalaciones adecuadas para estudios angiográficos. Se realiza con instrumentos bastante simples que pueden ser instalados en ambulancias y que permiten decidir si es necesaria una intervención quirúrgica inmediata.

La frecuencia de operación de estos equipos es usualmente 2MHz, su longitud de onda de 0,75mm es lo bastante corta para generar datos precisos respecto a las interfaces buscadas. Con el transductor de 15mm de diámetro es factible hallar en el área temporal un punto de aplicación donde su superficie haga buen contacto.

Los transductores de 4MHz con diámetro de 10 mm, empleados en los casos de hidrocefalia infantil, son útiles para la identificación de hematomas subdurales en el lado de la hemorragia, donde no se requiere gran profundidad de penetración.

Oftalmología

Una de las más importantes aplicaciones de la ultrasonografía en modo A, aparte de la localización de cuerpos extraños dentro del ojo, es obtener las medidas del globo ocular, con lo que se pueden apreciar cambios que ocasionan ciertas enfermedades como el glaucoma o la miopía. El ojo humano es un órgano ideal para el estudio ultrasonográfico, comprende la córnea, la cámara anterior, el cristalino, el espacio del humor vítreo con su líquido homogéneo, la retina y la pared posterior.

El ecograma del ojo normal suele mostrar un diámetro promedio, medido entre el eco anterior y el posterior, de 22 a 26mm. El espesor de la cámara anterior es de unos 2mm, el cristalino tiene unos 4mm y la cavidad del humor vítreo tiene un diámetro aproximado de 18mm. Como este estudio requiere de poca profundidad de penetración y mucha resolución se emplean transductores de 7,5MHz, con los que se pueden localizar cuerpos extraños muy pequeños dentro del globo ocular.

Con el único fin de resaltar la gran utilidad de los ultrasonidos para el diagnóstico, se describen a continuación algunos detalles relacionados con un estudio oftalmológico: Después de aplicar la anestesia local, el transductor impregnado de jalea se coloca directamente sobre la córnea. La cámara anterior, el cristalino y la cavidad del vítreo son homogéneos y no generan ecos, pero se produce un resultado interesante de la respuesta acústica de la cavidad del vítreo. El patrón de respuesta, interpretado por un experto permite determinar la naturaleza ciertas lesiones, por ejemplo, los ecos generados por las hemorragias recientes difieren de las que datan de algunos días. Las recientes producen ecos nítidos, en tanto que las más antiguas se vuelven más homogéneas o quizás no reflejen patrón alguno.

Uno de los diagnósticos más importantes es la detección del desprendimiento líquido o seroso de la retina. En el primero, el líquido subretiniano tiene homogeneidad acústica y no refleja ecos, mientas que en el seroso o sólido, los ecos se reflejan en términos de múltiples "bips" que perturban la línea basal y se extienden hacia atrás para abarcar también la pared del globo. La exploración en modo A permite identificar la presencia del desprendimiento sólido, identificar tumores de la retina o localizarlos detrás de esta capa, en la región coroidea.

Cefalometría

El empleo de radiaciones ionizantes durante el embarazo es limitado, particularmente durante las primeras semanas, ya que la exposición a los rayos X puede producir alteraciones genéticas. Por otra parte, el abdomen de la embarazada por estar lleno de líquido es particularmente idóneo para la técnica ultrasonográfica ya que presenta muy buen contraste ultrasonoro.

La cefalometría es una técnica ultrasonográfica inocua y precisa que es utilizada para medir el diámetro biparietal de la cabeza del feto. Permite predecir la fecha probable del parto y el peso neonatal, aporta datos que corroboran el cálculo clínico de la edad gestacional, datos indispensables para programar el parto.

Ecocardiografía

En 1954, los suecos Elder y Hertz demostraron que la estructura del corazón al ser explorada con un transductor de 2,5MHz reflejaba los ultrasonidos. Observaron que el "movimiento" de los ecos estaba relacionado con las contracciones del corazón, y debido a ello, fue evidente que era posible utilizarlos para apoyo diagnóstico.

Con la ecografía en Modo A pueden hacerse mediciones precisas de las dimensiones de la pared del tórax, de la pared posterior del ventrículo izquierdo y derecho y en general del espesor del miocardio.

La ecografía en Modo B, aparte de suministrar información referente a la profundidad de las estructuras, permite estudiar el movimiento valvular y del miocardio. Es útil para el diagnóstico de valvulopatías; suministra información relacionada con la operación de las válvulas y otras estructuras como las paredes protésicas sanas y enfermas.

Los ecocardiogramas contienen patrones característicos del movimiento vascular y detalles estructurales de válvulas normales y enfermas. La interpretación del eco de una válvula en particular, correlacionado con el análisis de los registros de los ruidos cardíacos permite la detección de ciertas alteraciones en esa válvula.

Por medio de la ecocardiografía se detectan coágulos sanguíneos y derrames pericárdicos, que es la acumulación de líquido en el saco que rodea el corazón. Se detectan calcificaciones o fibrosis intensas que suelen manifestarse por una mayor brillantez de los ecos. Las calcificaciones intensas, causa de inmovilidad relativa de las válvulas, se manifiestan como una imagen de menor amplitud.

La ecografía en tiempo real es útil para detectar una enfermedad segmentaria o global del miocardio. También permite la detección de anormalidades en el movimiento de la pared cardíaca y las enfermedades de la arteria coronaria o miocardiopatías intrínsecas. Su aplicación aporta datos anatómicos y hemodinámicos, de los cuales pueden deducirse por cálculo muchos índices del funcionamiento del ventrículo izquierdo, incluidos el gasto cardíaco y la fracción de expulsión.

El diagnóstico mediante el empleo de ultrasonidos se ha extendido y refinado durante los últimos años y seguramente lo seguirá haciendo. Se prevé, entre otras innovaciones, la incorporación creciente de sistemas computarizados para la obtención de imágenes tridimensionales de alta calidad, mejores diseños de transductores, nuevas áreas de exploración y mejor calidad de la imagen. Los equipos modernos tienden a ser más pequeños, de menor consumo y los inconvenientes mecánicos propios del Modo B se han solucionando. La calidad de la imagen de los equipos de tiempo real está en continuo mejoramiento, se está prestando especial atención a la forma del haz ultrasonoro y a su enfoque electrónico.

Usos y limitaciones

La ecografía permite el estudio de órganos sólidos abdominales como el hígado, los riñones, el útero o aquellos que contienen líquido en su interior, como la vejiga o la vesícula biliar. Además es útil para explorar órganos superficiales como los músculos, los tendones, las mamas, el escroto, la tiroides, y en algunos casos, las vísceras huecas como el apéndice cecal y en lactantes, el estómago. Existen sondas especiales endocavitarias que permiten estudiar útero o próstata con mayor resolución (ecografia endovaginal y transrectal), sondas para exámenes endoscópicos intravasculares o intraoperatorios.

Debido a que el ultrasonido es reflejado por el aire y el gas, no es adecuado para examinar órganos huecos como los pulmones, el estómago o los intestinos. En estos casos, es preferible la utilización de los rayos X o la tomografía computada. El ultrasonido tiene dificultad para penetrar en el hueso, sólo permite ver la capa superficial. Tampoco es útil para estudiar las articulaciones, que pueden ser analizadas por medio de los rayos X o la resonancia magnética.

ELASTOGRAFIA

Los médicos utilizan los rayos X, el ultrasonido, las biopsias y el examen físico para detectar tumores y determinar si estos son benignos o malignos. A pesar de la valiosa información que estos y otros procedimientos aportan, en 1990, un grupo de investigadores de la Escuela de Medicina de la Universidad de Texas guiados por Jonathan Ophir idearon una nueva forma para detectar y diferenciar el tejido canceroso. Utilizaron un método llamado *elastografía* que permite el diagnóstico del cáncer en forma inmediata sin recurrir a la biopsia.

La elastografía (elastography), es un procedimiento no invasivo en el cual la imagen de la deformación de los tejidos sometidos a presión es empleada para detectar y clasificar tumores. Es una extensión de la más antigua herramienta empleada en medicina, la palpación. En efecto, durante el reconocimiento el médico percibe la forma y la dureza del tejido orgánico. Es algo así cómo buscar una piedra sumergida en gelatina.

Un tumor es el crecimiento anormal de los tejidos. El cuerpo humano produce un sin número de "crescimientos anormales" completamente inocuos, pero cuando se descubre una masa o bulto en la mama y el médico no puede clasificarlo recurre a la biopsia. La biopsia es un procedimiento invasivo que atemoriza. En los Estados Unidos se efectuan alrededor de un millón de biopsias de mama al año. El tejido sospechoso es detectado por medio de la mamografía y/o autoexamen, pero sólo el 20% resulta canceroso. Los resultados se obtienen hasta dos semanas después, durante este tiempo la paciente está sometida a un alto grado de ansiedad, estres y noches de insomnio.

La elastografía se basa en el hecho de que los tejidos cancerosos son de 5 a 28 veces más rígidos que los normales. Cuando se le aplica una compresión mecánica el tumor se deforma menos que los tejidos circundantes. Para producir imágenes y valorar la rigidez de los tejidos, se utilizan los equipos de ultrasonido convencionales con el mismo transductor operados en Modo B, al que se le han hecho modificacines del software.

Para crear un elastograma deben tomarse dos imágenes de la misma mama, una sin compresión y otra con el tejido ligeramente comprimido. La compresión la efectua el operador cuando presiona suavemente con el cabezal de la sonda emisora de ultrasonido. Un tumor maligno sometido a compresión se comporta en forma muy diferente del benigno, la masa benigna se comprime fácilmente, en tanto que la maligna es prácticamente incompresible.

Las dos imágenes son comparadas punto a punto por métodos computacionales y su procesamiento determina el valor del desplazamiento de los tejidos cuando son comprimidos. La información se convierte en un elastograma, en el cual la imagen resultante muestra el tejido rígido como áreas oscuras y el blando como áreas claras.

La figura 3.29 muestra la forma en que el operador realiza el elastograma. En (A) se indica una masa oscura en la mama, en (B) se aplica compresión sobre el tejido y se observa que el tumor benigno se deforma por efecto de la presión, en (C), como el tumor es maligno la deformación es menor.

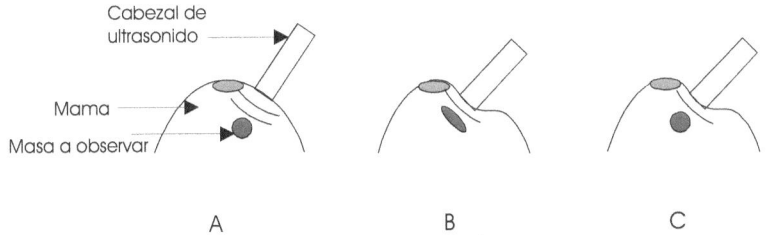

Figura 3.29. Forma en que se realiza un elastograma.

En la figura 3.30 se observan cuatro imágenes de mama tomadas en vivo; las dos superiores muestra el sonograma y el elastograma de un tumor benigno, en tanto que en las inferiores se señala un tumor maligno analizado con las mismas técnicas.

Según los reportes presentados en la conferencia de radiología de 2006 la confiabilidad de la elastografía es cercana al 100%. Al comparar los resultados de las biopsias con los obtenidos por medio de la elastografía se identificaron correctamente 17 casos malignos de 17 y 105 de 106 lesiones no cancerosas.

Sonograma   Elastograma

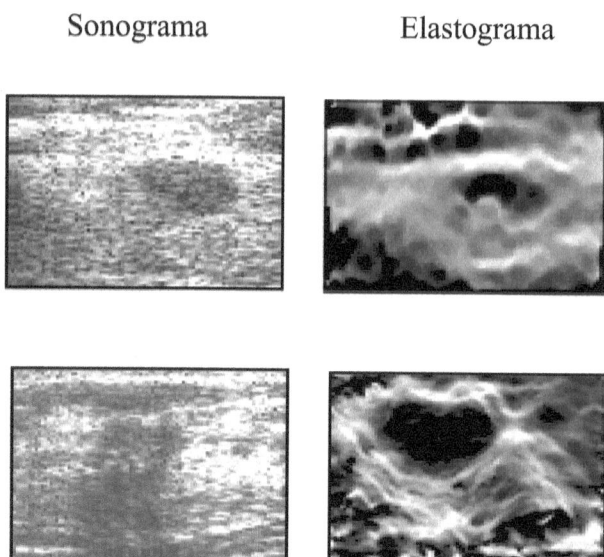

Figura 3.30. Imágenes obtenidas mediante sonograma y elastograma.

Los investigadores están empleando la elastografia en otras aplicaciones: en el diagnóstico del cáncer de próstata y de tiroides, cirrosis del hígado y en ciertas irregularidades del corazón. Sin embargo, para evitar problemas legales los médicos todavía basan su diagnostico en la biopsia. Un médico apunta: "El objetivo de reducir el numero de biopsias innecesarias es plausible, pero no puedes dejar de detectar un cáncer".

El costo de la biopsia varía entre $200 y $1000, depende si se extrae sólo algún fluido o el abultamiento completo, en tanto que el costo de la elastografía no está todavía precisado, pero se estima entre $100 y $ 200, y el resultado se obtiene en minutos.

ULTRASONOGRAFIA 4D

Los avances tecnológicos que se producen día a día permiten el diagnóstico a través de la ecografía de cuarta dimensión o 4D. Con la tecnología 2D se obtienen la imágenes planas, la tecnología 3D reconstruye imágenes tridimensionales estática, mientras que el ecógrafo 4D permite observar las imágenes 3D en movimiento, es decir, una sucesión de imágenes tridimensionales en tiempo real. La secuencialidad de las imágenes asociadas a un intervalo de tiempo alude a la "4ta dimensión". Con asombroso realismo puede observarse, por ejemplo, la carita de un feto en tres domensiones moviéndose.

El ultrasonido 4D se utiliza durante el embarazo, pero no en forma rutinaria, sólo bajo indicación médica ante la sospecha de anomalía o malformación fetal, para confirmar el diagnóstico y para obtener imágenes que revelan mayores detalles no observables en la ultrasonografía convencional.

ONDA DE CHOQUE, LITOTRICIA Y ESWT

La onda de choque es una perturbación sónica de alta presión generada fuera del cuerpo, se aplica en su superficie y de allí se desplaza por los tejidos hacia un foco específico. Se caracteriza por tener una presión de más de 100 atmósferas, tiempo de alzada de 30 a120 nanosegundos y duración de unos 5 milisegundos. El ancho del frente de onda es de 0,001mm, por lo que las paredes celulares se someten a un gradiente de presión muy elevado. Su efecto se manifiesta en las interfaces tejido-hueso o tejido-cálculo, donde la onda entrega su energía cinética.

Su utilización en el tratamiento de los cálculos renales sirvió de base para el desarrollo de una nueva técnica iniciada en Alemania en 1980, llamada Terapia de Onda de Choque Extracorporal (*Extracorporeal Shock Wave Therapy* - ESWT). Los investigadores que estaban intentando determinar cuál era el tipo de onda de alta presión adecuada para fraccionar los cálculos renales sin dañar los tejidos circundantes, se dieron cuenta que podían obtenerse otros beneficios. Desde entonces, el ESWT se emplea con éxito para el tratamiento de desórdenes músculo-esqueléticos dolorosos, como los asociados a la tendonitis en el hombro, codo, rodilla, tobillo, fascitis plantar, espolones y los dolores crónicos asociados. Su empleo se ha extendido a los tendones y ligamentos, a sus calcificaciones y adhesiones, a la artrosis y también se está empleando en medicina veterinaria, especialmente en el tratamiento de los caballos de carrera.

El mecanismo exacto mediante el cual las ondas de choque actúan para aliviar dolores crónicos no es bien conocido, aunque existen postulados que intentan hacerlo.

El EWST es un método no invasivo, no produce efectos secundarios y no requiere anestesia de ningún tipo. La energía sónica es mucho menor que la empleada en la litotricia; operación de pulverizar o desmenuzar dentro de las vías urinarias, el riñón o la vesícula biliar las piedras o cálculos, para que puedan ser expulsadas por la uretra o las vías biliares.

Existen tres tipos de generadores de ondas de choque: los electrohidráulicos, los piezoeléctricos y los electromagnéticos. Estos últimos, pueden ser de bobina plana y lente con focalización, y los tecnológicamente más avanzados, construidos con bobina cilíndrica rodeada por una membrana metálica. La membrana al expandirse transforma la energía aplicada a la bobina en una onda mecánica que se enfoca por medio de una parábola.

El generador produce diferentes niveles de energía y tiene la posibilidad de enfocarse a profundidades entre los 4 y 50 mm.

La absorción de la energía cinética en la interfases es crucial en la planificación del tratamiento; debe ser adecuada para fragmentar los cálculos pero no los huesos. Las ondas de choque nunca deben ser enfocadas en cavidades gaseosas como los pulmones o los intestinos, puesto que la impedancia acústica del gas es mucho menor que en los tejidos. Por esta razón, como consecuencia de un fenómeno llamado *rarefacción,* virtualmente toda la energía es reflejada *y* puede ocasionar daños considerables a los tejidos de borde.

ULTRASONIDO ENFOCADO DE ALTA INTENSIDAD

El ultrasonido enfocado de alta densidad, HIFU o FUS (High Intensity Focused Ultrasound o Focused Ultrasound Surgery) por sus siglas en inglés, es una procedimiento médico mediante el cual las ondas de ultrasonido externas son enfocadas con precisión en áreas específicas del cuerpo donde generan calor localizado. Con el calor se pretende calentar y destruir rápidamente las células cancerosas en el riñón, el hígado, la próstata, el cerebro, la mama o los huesos.

Es una forma no invasiva o mínimamente invasiva de entregar energía acústica a los tejidos, de forma que la temperatura del blanco alcanza los 85 °C. El HIFU es una modalidad terapéutica por ultrasonidos que no debe confundirse con la hipertermia, donde los tejidos se calientan más lentamente y a menor temperatura, generalmente menor de 45°C.

Para enfocar con precisión se utiliza como guia la resonancia magnética y el procedimiento se conoce con el nombre de "ultrasonido enfocado guido por resonancia magnética" o por las siglas en inglés MRgFUS. La imagen proveniente de la resonancia magnética se emplea para identificar los tumores que serán luego destruidos por medio del calor. Los ultrasonido guiados por computadores pueden ser enfocadas con gran precisión, de forma que no producen alteraciones en los tejidos circundantes.

A manera de ejemplo se describe el procedimiento para atacar el cáncer de próstata: Se utiliza un cabezal compuesto que produce ultrasonido y HIFU. Con el paciente acostado y anestesiado se introduce la sonda en el recto hasta que quede paralela a la próstata. Para obtener el mapa de la glándula, antes de activar el componente que produce el haz HIFU, el cirujano utiliza la parte del cabezal que genera ultrasonido. Después de cada disparo se produce una demora de unos 5 segundos durante el cual el computador rota el punto focal para luego disparar de nuevo. El procedimiento se repite hasta destruir completamente el tejido.

Este sistema, aparentemente tan efectivo, evita la intervención quirúrgica, la radioterapia y los riesgos que estas involucran. Pero la técnica existente tiene dos importantes limitaciones: es un procedimiento muy lento; toma hasta cinco horas tratar un tumor de diez centímetros que podría ser eliminado por medio de una intervención quirúrgica en 45 minutos, además, los resultados pueden verse sólo después que el tratamiento ha terminado.

El empleo del ultrasonido como método de cura no es nuevo, se remonta a 1949 cuando el profesor sueco de neurocirugía, Lars Leksell, buscaba, sin abrir el cráneo, la forma de tratar los tumores cerebrales profundos por medio del ultrasonido enfocado.

Valiéndose de animales de laboratorio realizo varios experimentos, los resultados fueron muy erráticos, a veces excelentes y otros desastrosos, por tal motivo Leskell abandonó el proyecto y se dedico al desarrollo del bisturí gamma.

Leskell, y los investigadores que lo precedieron, no podían tratar estos tumores por no poder ver el blanco y no poder enfocarlo en forma precisa. A principio de los años 90 del siglo pasado, Ferenc Jolesz y colaboradores tuvieron la idea de monitorear y controlar por medio de la resonancia magnética en tiempo real el procedimiento de enfoque. Por ser el MRI una técnica en que la imagen es sensible a la temperatura es la que mejor define el contorno de un tumor, por lo tanto, puede ser empleada para examinar el efecto que ocasiona la energía que entregan las ondas ultrasonoras focalizadas.

ALGUNAS DEFINICIONES

Sonografía, ultrasonido médico diagnóstico, ultrasonografía, ecocardiografía o duplex vascular, son términos que implican que se ha realizado un estudio utilizando ultrasonidos para producir imágenes en color o blanco y negro. Si además, los estudios reproducen el movimiento de los tejidos o el flujo sanguíneo, se les llama sonografía doppler o ultrasonografía doppler o duplex vascular.

El "ultrasonido Doppler color"permite analizar el movimiento de las células sanguíneas y determinar su dirección y velocidad. El "ultrasonido en tiempo real" posibilita la observación del movimiento de los tejidos y los órganos internos.

Los términos 2D, 3D y 4D se han vuelto muy populares. "2D" es un sonograma plano en dos dimensiones, como si fuera un retrato, que por haberse utilizado por varias décadas se le refiere como *tradicional*. "3D", es un sonograma en tres dimensiones, se distingue del tradicional por presentar la imagen con volumen. Las imágenes 4D o de cuatro dimensiones, en vez de una sola imagen muestra una sucesión de imágenes volumétricas que dan como resultado un video de movimiento.

TIPOS DE ESTUDIOS ULTRASONOGRAFICOS

A continuación se mencionan algunos estudios ultrasonográficos en orden topográfico, de la cabeza a los pies. El exámen de ultrasonido dúplex analiza un órgano y sus vasos, así, una ecografía dúplex renal muestra los riñones y sus vasos.

1.- Ultrasonografía del encefalo fetal, antes y después del nacimiento.
2.- Dúplex transcraneal.
3.- Dúplex de arterias carótidas.
4.- Ultrasonografía de tiroides.
5.- Ultrasonografía de tejidos en el cuello.
6.- Ecocardiograma (sonograma del corazón).
7.- Ultrasonografía del torax y costillas.
8.- Mamografía (ultrasonografía de las glándulas mamarias).
9.- Ultrasonografía de los órganos del abdomen (riñón, hígado, vesícula biliar, páncreas, bazo).
10.- Ultrasonografía de la aorta abdominal.
11.- Dúplex de las arterias y venas de extremidades superiores.
12.- Ultrasonografía de los órganos de la pelvis (vejiga urinaria, útero, ovarios, próstata).
13.- Ultrasonografía del pene y testículos.
14.- Dúplex de arterias y venas de extremidades inferiores.
15.- Ultrasonografía de las articulaciones (hombro, codo, manos muñeca, cadera, rodillas, tobillo y pies.
16.- Ultrasonografía del embarazo (que incluye una variedad extensa de modalidades, tanto que es casi una especialidad dentro de la ultrasonografía.

REFERENCIAS

1.- Basic Phgysics in Diagnostic Ultrasound, Joseph L.Rose y Barry B. Goldberg, John Wiley and Sons, New York,1994

2.- Digital Image Processing, González R., Woods R.E.,Addison-Wesley,1992.

3.- Digital Image Processing, Pratt W.K.,Addison-Wesley,1991.

4.- Diagnostic Ultrasound Principles and Use of Instruments, W.N. McDickens, John Wiley and Sons, New York, 1976.

5.- Encyclopedia of Medical Devices and Instrumentation, Vol2, Tacker W.A., John Wiley and Sons.

6.- Instrumentación y Medidas Biológicas, Leslie Cromwel y otros, Barcelona, 1980.

7.- Medical Instrumentation Application and Design, John G. Webster, Houghton Muffin Company, Boston, 1978.

8.- Principles of Biomedical Instrumentation, Richard Aston, Maxwell McMillan Inter, 1991

9.- Focusing Ultrasound on Brain Tumors--Investigating MRI-Guided Noninvasive Therapy Without Ionizing Radiation, By Beth W. Orenstein, Radiology Today, Vol 6 No.19P.14

10.- www.msnbc.msn.com/id/1599645/

11.- www.medcyclopaedia.com/library/topics/volume_i/a/axial_resolution.aspx

12.- health.howstuffworks.com/elastography.htm.

13.- www.alemana.cl/esp/imagenes/img100.html

14.-. www.worldscibooks.com

15.- www.imaginis.com/faq/history.asp

16.- en.wikipedia.org/wiki/Medical_imaging

17.- www.centrus.com.br/DiplomaFMF/SeriesFMF/doppler/capitulos-html/chapter_01.htm

18.- enterprise-imaging-radiology-management.advanceweb.com/editorial/content/editorial.aspx?cc=114946

19.- www.mssm.edu/msjournal/73/73_4_pages_702_707.pdf

20.- www.scielo.org.pe/pdf/rgp/v25n3/a07v25n3.pdf

21.- www.nlm.nih.gov/medlineplus/spanish/ency/article/003338.htm

22.- encolombia.com/cirugia14399_endosonografia25.htm

23.- www.ecoend.com/castella/paginas/professionals.htm

24.- www.cdvni.org/pdf/PrincipiosIII.pdf

CAPITULO 4

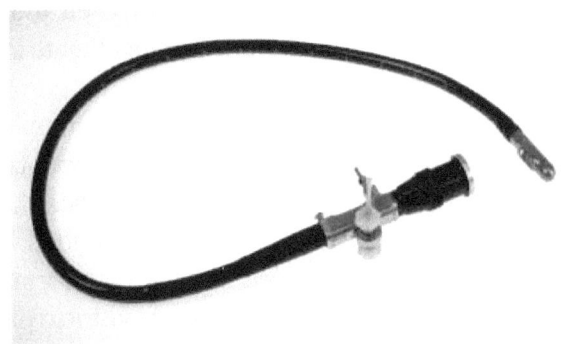

Endoscopio de fibra óptica de Hirschowitz, 1960.

ENDOSCOPIA

EL ENDOSCOPIO

El endoscopio es un instrumento utilizado para observar una cavidad o conducto del organismo, tiene forma de tubo y se introduce a través de un orificio natural, una pequeña incisión quirúrgica o una lesión. Fue desarrollado para observar partes del cuerpo que no podían ser vistas de otra manera y éste es todavía su principal uso. Por medio del endoscopio el médico puede mirar directamente la zona de interés, fotografiarla o verla en un monitor.

El procedimiento diagnóstico que utiliza cualquier tipo de endoscopio se llama endoscopia. Hay muchos tipos de endoscopios, algunos son huecos con una fuente de luz en el extremo y la óptica que permite ver directamente la zona iluminada. Los flexibles, emplean la fibra óptica para transmitir la luz, otros, como el video endoscopio, llamado también *fibroscopio,* incorpora una microcámara CCD de alta resolución y una potente fuente de iluminación. La imagen es transmitida en forma digital por el interior de la sonda flexible hasta un monitor LCD.

En algunos, el extremo distal es móvil y se puede maniobrar desde el exterior mediante una palanca de mando o joystick que permite una rotaciones de hasta 180° en todas las direcciones. Normalmente, la luz es emitida por una fuente láser o por modernos diodos emisores de luz (LED).

El endoscopio tiene dos líneas de fibras ópticas: las de luz, que se extienden desde la fuente hasta la punta distal e ilumina la cavidad y las de imagen, del extremo distal hasta el ocular. Esta última transmite la imagen desde la cavidad hacia el sistema de lentes para su observación. El tubo está formado por un fajo de fibras microscópicas transparentes de vidrio o plástico que permiten que la luz y las imágenes sean transmitidas por estructuras curvas. La figura 4.1 muestra un endoscopio flexible con luz en el extremo distal. Si es introducido en la boca transmite a un monitor imágenes de la faringe, el esófago, el estómago y el duodeno. Para alisar y extender los pliegues del tejido y mejorar los resultados del examen, por medio del mismo instrumento se puede introducir aire a la cavidad.

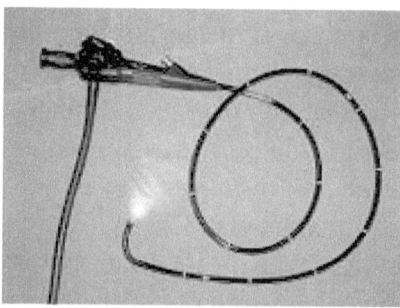

Fig. 4.1. Endoscopio flexible.

Con el advenimiento del video endoscopio computarizado de alta resolución se obtienen imágenes sumamente nítidas, originándose una verdadera película a colores de los órganos internos, la cual se archiva en memorias, CD o cintas de video de diversos formatos. Los sistemas endoscópicos modernos tienen la capacidad de manipular digitalmente las imágenes de video.

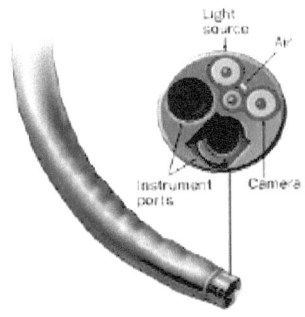

Fig.4.2. Endoscopio terapéutico de doble canal.

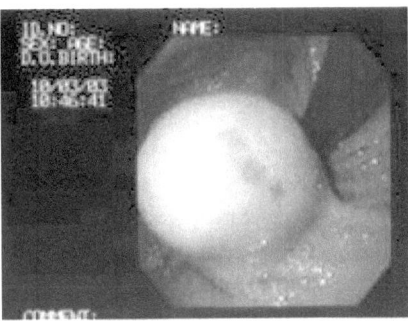

Fig. 4.3. Endoscopia digestiva alta, tumor gástrico que respeta la mucosa.

Los endoscopios reciben el nombre de acuerdo al área u órganos que exploran, tienen diferentes longitudes y cada uno se diseña para la observación de puntos específicos del cuerpo. Por ejemplo, los endoscopios que se utilizan para ver directamente los ovarios, apéndice y otros órganos abdominales llevan el nombre de laparoscopios, nombre que deriva de las raíces griegas «lapara» que significa abdomen y «skopein», examen. Los que se insertan a través de incisiones para observar las articulaciones se le llama artroscopios y los destinados a examinar los pulmones se llaman broncoscopios.

201

La endoscopia, aparte de ser un procedimiento diagnóstico mínimamente invasivo, también se emplea para realizar maniobras quirúrgicas; gracias a la flexibilidad que le proporciona la fibra óptica. Se vale de un conducto o puerto por el que se introducen instrumentos como fórceps, tijeras cepillos y cestas para guardar muestras de los tejidos. Los instrumentos que se «pasan a través del puerto» se emplean para la detección temprana, el diagnóstico, la determinación de la extensión y para eliminar o destruir pequeños cánceres, que pueden ser cortados, quemados o evaporados.

Algunos endoscopios utilizan la cauterización convencional o por láser para extirpar pólipos, realizar operaciones quirúrgicas como la colecistectomía, o para eliminar obstrucciones en los pulmones o en el tracto digestivo. También se emplean para administrar medicamentos, succionar e irrigar.

La endoscopia puede realizarse en forma ambulatoria, de modo que el paciente regresa a casa y puede reincorporarse en menor tiempo a las actividades diarias. Antes de generalizarse su empleo, la mayor parte de las lesiones sólo podían ser diagnosticadas y tratadas por medio de la cirugía abierta.

Recientemente se han desarrollado una gran variedad de herramientas endoscópicas destinadas a facilitar las intervenciones quirúrgicas, para lo cual se realizan varias incisiones donde se introducen instrumentos largos y delgados, entre los que se encuentra el video endoscopio, instrumento que muestra al cirujano el campo operatorio.

Puesto que las incisiones son más pequeñas que en la cirugía abierta la pérdida de sangre es menor, es menos dolorosa y el paciente se recupera en menor tiempo. Sin embargo, es un técnica difícil de dominar, utiliza más tiempo de quirófano y de anestesia y el cirujano no puede palpar los órganos en busca de lesiones no visibles. El hecho de que el puerto de acceso sea pequeño no quiere decir que la intervención esté exenta de riesgos, ya que se pueden lesionar o perforar órganos vitales. Si esto ocurriese, se requiere de la cirugía abierta para reparar el daño.

ESTUDIOS ENDOSCOPICOS

Dependiendo del área del cuerpo a examinar, el endoscopio se introduce en la boca, el ano, la uretra o a través de pequeñas incisiones. A continuación se agrupan los tipos de estudios según el orificio de acceso.

Boca hasta el duodeno: Es la endoscopia digestiva alta empleada para examinar: el esófago (esofagoscopia), el estómago (gastroscopia), el duodeno (duodenoscopia), si se observan los tres órganos se realiza la esofagogastroduodenoscopia.

Boca hasta los bronquios: broncoscopia

Ano hasta ciego: Es la endoscopia digestiva baja que observa el recto (rectoscopia), colon sigmoides (sigmoidoscopia), colon (colonoscopia).

Meato uretral hasta vejiga urinaria: Cistoscopia. A través de los orificios ureterales se accede a ureteres, pelvis renal y cálices renales (ureterorrenoscopia).

Por vestíbulo nasal: Puede ser una endoscopia otorrinolaringológica o panendoscopia ORL en la que se examinan las fosas nasales, cavum, faringe y sobre todo la laringe (laringoscopia directa).

Por introito vaginal: Para observar las cavidades de los órganos reproductores femeninos: vagina (colposcopia), útero: (histeroscopia).

Incisiones quirúrgicas: A través de pequeñas incisiones se puede examinar el mediastino (mediastinoscopia), la cavidad torácica (toracoscopia), la cavidad abdominal o peritoneal (laparoscopia), la cavidad articular, generalmente la rodilla (artroscopia), el feto (amnioscopia).

RESEÑA HISTORICA

La importancia de efectuar el examen de las cavidades del cuerpo humano ha sido una aspiración durante siglos. La historia se remonta a la antigua Grecia, donde Hipócrates (460-375 a.C.) haciendo referencia a un espéculo rectal, describió la endoscopia. La medicina romana también produjo sus instrumentos; en las ruinas de Pompeya (70 d.C.) fue hallado un espéculo vaginal.

Abulcasis (936-1013), un prestigioso cirujano de la medicina árabe introduce un tubo en la vagina, la ilumina con una luz reflejada por un espejo y estudia la morfología del cuello uterino. No fue hasta inicios del siglo XIX con el aporte del alemán Philip Bozzini cuando se produce un avance significativo; en 1806 implementó un endoscopio con cánula de doble luz, una vela y un espejo reflejante, con lo que observó cálculos y tumores en la vejiga de animales. El aparato, llamado por su inventor «lichtleiter» o conductor de luz, fue presentado a la Sociedad Médica Vienesa, donde criticaron su uso y lo consideraron «mera curiosidad».

La primera endoscopia fue realizada en 1822 en Michigan por William Beaumont, un cirujano militar. El médico francés Antione Desormeaux, en 1853, perfeccionó el sistema de lentes y espejos y utilizó como fuente de luz la lámpara de queroseno. El empleo de luz eléctrica externa fue una mejora considerable; en 1880 Thomas A. Edison adapta su bombilla incandescente en la punta de un endoscopio y posteriormente, cuando se dispuso de bombillas pequeñas, fue posible la iluminación interna, empleada por primera vez por Charles David en 1908, pero las quemaduras fueron las mayores complicaciones de estos procedimientos

En 1929, el gastroenterólogo Heinz Kalk desarrolló un sistema de lentes de 135 grados, inicia la técnica de abordaje con dos catéteres torácicos con trocar; uno para el tubo de laparoscopia y otro para punciones y otras pequeñas intervenciones.

Hasta 1930 los endoscopios eran completamente rígidos, a partir de entonces se desarrollaron dispositivos semiflexibles llamados gastroscopios destinados a explorar el interior del estómago. Hans C. Jacobaeus tiene el crédito de haber realizado, en 1910, la primera exploración de tórax y en 1912, de abdomen. En 1930, Heinz Kalk, empleó la laparoscopia para el diagnóstico de enfermedades del hígado y de la vesícula biliar y Hope reportó, en 1937, su empleo para diagnosticar el embarazo ectópico. En 1944, Raoul Palmer, utilizando distensión gaseosa del abdomen, fue capaz de efectuar la laparoscopia ginecológica.

Muchos consideran que los avances más importantes en cirugía laparoscópica fueron hechos por el ingeniero por vocación y ginecólogo de profesión, el alemán Kurt Semm (1927-2003), quien montó externamente una fuente de luz fría, que además de proporcionar una mejor visión, elimina el riesgo de quemaduras. Diseñó un insuflador automático y desarrolló un sistema de aspiración e irrigación para el lavado de cavidades, inventó nuevas herramientas de corte y disección y utilizó nuevos procedimientos. Efectuó la primera apendicectomía, por lo que casi fue expulsado de la Sociedad Médica Alemana. En 1986 se introduce la primera mini-cámara y con ello las cámaras y monitores de video de alta resolución, lo que además permite la enseñanza de la técnica laparoscópica.

El endoscopio actual, creado en 1957 por Basil Isaac Hirschovitz, utiliza fibras ópticas que lo hacen más flexible, menos voluminoso, más confortable para el paciente y puede ser usarlo cómodamente en cirugía. Hirschovitz, un gastroenterólogo de la Universidad de Alabama nacido en Sudáfrica en 1925, es mejor conocido por haber mejorado la fibra óptica. La innovación, aparte de revolucionar la práctica de la gastroenterología, fue de tal magnitud que la fibra óptica mejorada es utilizada por innumerables industrias dedicadas a las comunicaciones. La endoscopia con fibra óptica fue utilizada por primera vez en febrero de 1957, cuando paso el instrumento prototipo por su propia garganta y algunos días después por la de un paciente.

En 1954, en Ann Arbor, Hirschowitz empezó a explorar la posibilidad de construir un fibroscopio. Apoyado por el físico C. Wilbur Peters y su estudiante Larry Curtiss, idearon un improvisado y efectivo método para producir sus propias fibras de vidrio. A finales de 1956 Curtiss tuvo éxito, obtuvo una fibra recubierta con las características ópticas requeridas para la construcción de un gastroscopio que se utilizó a partir de 1960.

Durante los años siguientes fueron aportados numerosos refinamientos: el ajuste de los lentes para obtener mayor campo visual, la incorporación de canales para la biopsia, succión, aire, agua y el control del movimiento del extremo distal. Las innovaciones fueron tan numerosas que era casi imposible adquirir un nuevo instrumento sin que se volviera obsoleto en poco tiempo.

Con los sistemas robóticos se inició la telecirugía, en la que el médico puede operar a distancia. La primera intervención transatlántica fue llamada *operación Lindbergh*.

Actualmente, un grupo de investigadores del Hospital General de Massachusetts desarrolló un diminuto endoscopio, del grosor de un cabello humano, que ofrece imágenes de alta definición y en tres dimensiones. Esta nueva tecnología, probada hasta ahora sólo en ratones, podría expandir las aplicaciones de la endoscopia, pues con ella se alcanzan zonas que otros aparatos no pueden alcanzar. Sus creadores esperan que el nuevo endoscopio facilite la «navegación» por estructuras del organismo tan delicadas como las trompas de Falopio y los conductos pancreáticos y salivales. También esperan que abra el campo a operaciones fetales, pediátricas y neurológicas.

ULTRASONOGRAFIA ENDOSCOPICA

La familiar imagen ultrasonográfica se genera cuando un transductor se mueve sobre la piel. En cambio en la ultrasonografía endoscópica, un pequeño transductor es colocado en el extremo del endoscopio, y por estar más cerca del área que se desea observar produce imágenes con mucho más detalles. Para obtener imágenes ecográficas de 360° del interior del tubo digestivo, la ultrasonografía endoscópica combina la endoscopia con la ecografía. El transductor emite ultrasonido hacia las paredes internas del tracto gastrointestinal y recibe el eco, que después de procesado origina el sonograma.

La ultrasonografía endoscópica, conocida también como endosonografía o EUS, por sus siglas en inglés, es un procedimiento de gran utilidad clínica. Es un método seguro y preciso que permite colocar el transductor en contacto directo con la lesión. Se utiliza como medio de diagnóstico para establecer el grado de penetración de un tumor a través de las diferentes capas del tubo digestivo y el compromiso de las estructuras vecinas, el páncreas, el pulmón y el estadio de ciertos nodos linfáticos. También se emplea como guía para extraer tejido de áreas sospechosas.

El estudio se realiza pasando a través de la boca o el ano un ecoendoscopio flexible conectado a un equipo de ultrasonido. De esta forma, se obtienen imágenes dinámicas de alta resolución en tiempo real de la superficie de la lesión y de todo el espesor de la pared. Por esta razón, tiene cierta similitud con la tomografía, pero esta última, por ser una técnica de imágenes estáticas, sólo permite realizar cortes transversales y no distingue los diferentes estratos de la pared del tubo digestivo. Contrariamente, con la ultrasonografía endoscópica se obtienen múltiples imágenes en tiempo real, y dependiendo del la forma como se mueve el transductor , se distinguen por lo menos 5 capas. Sin embargo, no todos los órganos adyacentes pueden ser analizados completamente, debido a que la penetración del eco es de unos 8cm.

Existen dos modalidades de ultrasonido endoscópico: el *radial*, empleado exclusivamente para exploración diagnóstica y el *lineal o sectorial*, adecuado para tomar muestras del tejido mediante la punción de lesiones de aspecto tumoral en el mediastino, páncreas, ganglios o lesiones de la pared gástrica. Para tomar el material citológico se introduce una aguja fina por el canal operativo y se realiza la punción guiada en tiempo real. Este procedimiento, mínimamente invasivo, se denomina *biopsia por aspiración con aguja fina* o EUS-BAAF, por sus siglas en inglés.

Para obtener detalles de la estructura de la pared intestinal se emplean tres métodos:

1. Por adhesión del transductor con la mucosa.
2. Por contacto de un pequeño balón removible lleno de agua aireada en cantidad variable, que permite mantener una distancia adecuada entre el transductor y la pared.
3. Por instilación de agua.

El primero y el segundo se utilizan para el estudio del esófago, y el tercero para el estómago y el duodeno. Para el examen del estómago, este se llena con unos 200ml de agua desaireada y su pared se examina a una distancia de unos 2cm. Para el estudio de la pared se emplea sondas de 7,5 y 12 MHz. Para valorar lesiones de 0,15mm se emplean sondas de hasta 30MHz.

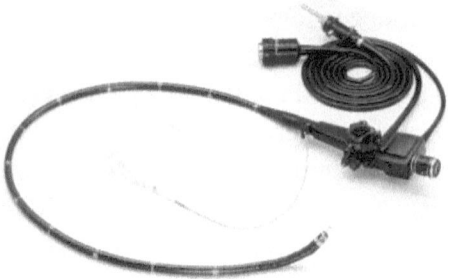

Fig.4.4. Sistema de ultrasonido endoscópico marca Olympus I.

La endoscopia retrógrada colagio-pancreatográfica (Endoscopic Retrograde CholangioPancreatography) o ERCP, por sus siglas en inglés, es un procedimiento complejo que sirve de ayuda en el diagnóstico del páncreas, la vesícula biliar y el hígado.

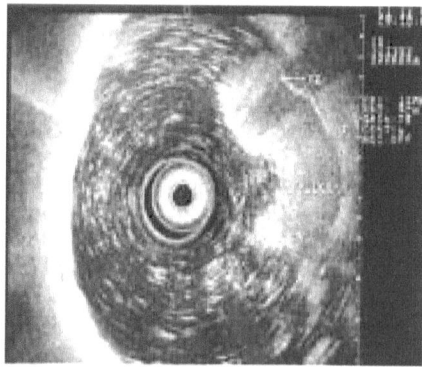

Fig.4.5. Imagen endosonográfica de un tumor gástrico ulcerado.

En este procedimiento, el endoscopio pasa por la garganta, el estómago y la primera parte del intestino delgado, de allí, el médico guía un pequeño tubo que se encuentra en el extremo distal hacia el conducto biliar que une el intestino con el páncreas. En ese punto, para resaltar los contornos de los ductos pancreáticos y biliares inyecta una pequeña cantidad de contraste y toma una radiografía.

La radiografía puede mostrar obstrucciones o estrechamientos que pueden ser debidos a la presencia de tumores o cálculos biliares. Durante el procedimiento, es posible introducir un instrumento y extraer algunas células para la biopsia.

ENDOSCOPIA POR CAPSULA

Los médicos pueden examinar la parte alta y baja del tracto gastrointestinal por medio de la endoscopia superior e inferior, pero el intestino delgado, que tiene una longitud de unos 7 metros, no puede ser observado. Afortunadamente, el cáncer en esta área no es frecuente, sin embargo, se producen tumores, úlceras y otras enfermedades.

La endoscopia por cápsula (capsule endoscopy), es una procedimiento que proporciona información a lo largo de todo el tracto gastrointestinal, y aunque no se inserta ningún tubo, se llama endoscopia. En esta práctica, el paciente traga una cápsula, llamada PillCam, que «viaja» impulsada por los movimientos peristálticos durante unas 8 horas y toma miles de fotografías antes de ser excretada.

Fig. 4.6. PillCam.

Tiene el tamaño de un cápsula de vitaminas grande; mide 11mm x 26mm y pesa unos 4 gramos, contiene una cámara de video, una fuente de luz fría, un transmisor y las pilas. La fuente de luz, formada por varios LED, emite un flash cada vez que toma una foto y el trasmisor envía los datos a un receptor que el paciente lleva adosado. Los datos son luego descargados en un computador donde se reproducen las imágenes de las paredes internas en video a color.

Este método no se había podido implementar para examinar el esófago y el estómago, debido a que su «viaje» por estos órganos es rápido y no permite tomar suficientes fotografías. Pero recientemente, los investigadores del Instituto Fraunhofer de Ingeniería Biomédica en Alemania lograron, mediante un mando externo, controlar su movimiento a través del aparato digestivo. Actualmente, es posible detener el viaje de la cámara en el esófago, moverla hacia arriba o abajo, voltearla o ajustarla al ángulo que se requiera, con lo que se puede examinar en forma precisa el esfínter que se encuentra en la unión entre el esófago y el estómago y observar las paredes estomacales.

Sin el control externo, la cámara viaja desde la boca al esófago en 3 o 4 segundos y produce de dos a cuatro imágenes por segundo. Una vez en el estómago, debido a su peso, se coloca rápidamente en la parte posterior, lo cual le impide captar imágenes útiles. El control es un dispositivo magnético del tamaño de una barra de chocolate que el médico sostiene durante el examen, lo mueve sobre el cuerpo del paciente mientras la PillCam sigue con precisión estos movimientos. Los investigadores afirman que lograron mantener la cámara en el esófago durante casi diez minutos, incluso con el paciente sentado.

Existen dos tipos de PillCam, la SB diseñada para producir imágenes del intestino delgado, contiene una cámara de video y una fuente de luz en uno de los extremos, transmite 2 imágenes por segundo durante unas 8 horas, lo que equivale a más de 50.000 imágenes. La segunda, llamada ESO, está diseñada específicamente para explorar el esófago y diagnosticar enfermedades como várices, reflujo gastrointestinal y esófago de Barrett. Contiene fuentes de luz en ambos extremos y durante el trayecto, que toma unos pocos minutos, toma 14 imágenes a color por segundo, para un total de 2.600 imágenes.

La endoscopia por cápsula es un procedimiento muy poco invasivo, indoloro y no requiere sedación. Se realiza en el consultorio médico y permite que el paciente desenvuelva normalmente sus actividades diarias. Es útil para diagnosticar trastornos intestinales como las hemorragias, quistes, mal de estómago, diarrea, pérdida de peso, anemia, úlceras y tumores.

CROMOENDOSCOPIA

Es una técnica de diagnóstico endoscópico utilizada para la detección de lesiones tempranas o en estadios con potencial curativo de pequeños cánceres, que de otra manera pasarían desapercibidos al endoscopista. La técnica consiste en en teñir la superficie mucosa del tracto gastrointestinal con sustancias específicas, directamente, a manera de spry, o indirectamente, por inyección, ingestión o enemas.

La tinciones más utilizadas y que se seleccionan según su mecanismo de acción son: lugol, azul de metileno, azul de toluidina, índigo carmín, rojo congo y tinta china. La técnica cromoendoscópica es empleada para la detección del cáncer esofágico, metaplasia gástrica e intestinal, cáncer orofaríngeo, pólipos colónicos y otras lesiones.

REFERENCIAS

1.- www.pillcam.com
2.- www.givenimaging.com
3.- www.case.edu/artsci/dittrick/site2/museum/artifacts/group-d/fiberscope.htm
4.- www.healthgrades.com/directory_search/physician/profiles/dr-md-reports/Dr-Basil-Hirschowitz-MD-8C8E139D.cfm
5.- www.nacion.com/ln_ee/2006/octubre/24/aldea871099.html
6.- es.wikipedia.org/wiki/Endoscopia
7.- en.wikipedia.org/wiki/Endoscopy
8.- www.cancer.org/docroot/PED/content/PED_2_3X_Endoscopy.asp
9.- www.imaginis.com/endoscopy/
10.- www.medicinenet.com/endoscopy/article.htm
11.- www.digestive.niddk.nih.gov/ddiseases/pubs/upperendoscopy/
12.- www.urologosdechile.cl/pdf.php?id=15
13.- www.encolombia.com/gastro14499-cromoendoscopia.htm

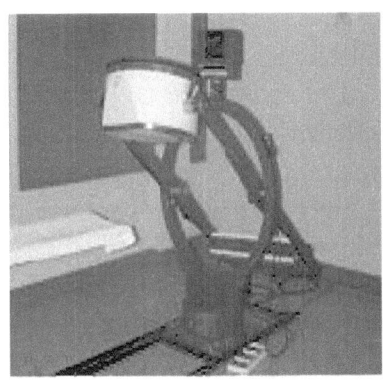

Una de las primeras gamma cámaras

CAPITULO 5

MEDICINA NUCLEAR

La medicina nuclear es el área especializada de la radiología que utiliza sustancias radioactivas, llamadas *radiofármacos,* para producir imágenes que permiten examinar partes del cuerpo y el funcionamiento de ciertos órganos.

El radiofármaco es una molécula o estructura celular que contiene un isótopo radioactivo empleado para facilitar el diagnóstico y/o tratamiento de ciertas enfermedades. Aproximadamente el 95% de los radiofármacos son utilizados con fines de diagnóstico, de hecho, la medicina nuclear fue desarrollada en los años 1950 con la finalidad de calificar y tratar enfermedades de la tiroides con yodo-131. Emplea técnicas no invasivas, únicamente se precisa administrar al paciente el material radioactivo por vía oral o intravenosa, su elección depende del tejido, órgano o sistema a estudiar. Debido a que los radiofármacos emiten radiaciones ionizantes, la dosis a suministrar al paciente debe ser la menor posible. Los radioisótopos son generalmente artificiales, proceden de reacciones nucleares que tienen lugar en los reactores atómicos y/o ciclotrones.

Algunos, como el I-131 o el Tc-99m, se utilizan en forma química simple, otros, como los trazadores, son estructuras moleculares complejas.

Los radiofármacos son seleccionados por sus características bioquímicas, debido a ellas siguen un determinado camino metabólico y se fijan en el tejido elegido. Por emitir radiaciones gamma pueden rastrearse desde el momento en que son administrados, localizar el foco de concentración y seguir el proceso de eliminación. La radiaciones gamma son detectadas, amplificadas, transformadas en señales eléctricas y utilizadas por un computador para convertirlas en imágenes. El aparato que realiza esta función se llama *gammacámara*.

Las imágenes ayudan al médico a estudiar el funcionamiento de los órganos, diagnosticar enfermedades como tumores, infecciones, patologías óseas y otros trastornos. Actualmente se realizan unos cien tipos de exploraciones en el área de cardiología, oncología, endocrinología, neurología, nefrología, urología, neumología, hematología, pediatría y en el sistema vascular periférico.

Desde el punto de vista terapéutico, sus principales aplicaciones están relacionadas con cáncer de tiroides, hipertiroidismo y tratamiento paliativo del dolor óseo de origen metastásico de determinados cánceres.

La medicina nuclear es una óptima herramienta para:

- Estudiar la función del riñón.
- Obtener imágenes de la circulación de la sangre y del funcionamiento del corazón.
- Explorar los pulmones para detectar problemas respiratorios o circulatorios.
- Identificar obstrucciones en la vesícula biliar.
- Evaluar fracturas, infecciones, artritis y tumores.
- Determinar la presencia y diseminación del cáncer.
- Identificar un sangrado en el intestino.
- Ubicar una infección.
- Medir la función de la glándula tiroides.

A diferencia del resto de las técnicas de diagnóstico por imagen, la medicina nuclear proporciona información esencialmente funcional de los órganos, en tanto que la tomografía computada, la resonancia magnética y la ecografía, ofrecen información estructural o anatómica.

En el campo de la medicina nuclear, en las últimas décadas se ha desarrollado la *tomografía por emisión de fotón único* (SPECT) y la *tomografía por emisión de positrones* (PET). Estos avances han originado la creación de nuevos radiofármacos y nuevas aplicaciones para los ya existentes.

RADIOACTIVIDAD

La radioactividad es un fenómeno físico natural donde algunos elementos químicos, llamados *radioactivos,* emiten radiaciones. Por su capacidad de ionizar se las suele llamar *radiaciones ionizantes*, además tienen la propiedad de impresionar placas fotográficas, producir fluorescencia y atravesar cuerpos opacos. La radiactividad es una propiedad de algunos átomos inestables, que por estar en estado de excitación buscan estabilidad entregando energía. La energía puede ser en forma de emisiones electromagnéticas, llamadas *rayos gamma,* o emisiones de partículas con una determinada energía cinética, como el núcleo del átomo de helio, electrones, positrones, protones y neutrones, entre otros.

Atomos y Elementos

Hace aproximadamente cien años, un grupo de científicos guiados por la curiosidad exploraron la naturaleza y el «funcionamiento» del átomo, y casi sin saberlo condujeron a la humanidad a la era atómica. Su trabajo abrió camino hacia el conocimiento de la materia y de los «bloques» que la componen. Sus descubrimientos prepararon el terreno para el desarrollo de métodos utilizados para conocer nuestro origen, el funcionamiento de nuestro cuerpo y del universo.

Leucipo de Mileto (Asia Menor) concibió en el año 500aC la posibilidad de dividir cada cosa en dos partes (dicotomía), cada una de esas partes en otras dos y así sucesivamente. Sugirió que la dicotomía no es repetible *ad infinitum*, tiene un límite, más allá del cual resulta imposible.

Demócrito de Abdera (460-370 a.C.) sugirió que toda materia está formada por partículas minúsculas discretas e indivisibles a las que llamó átomos. Atomo significa indivisible, y en ese contexto la materia está formada por átomos, cada uno rodeado de «vacío». Atomos y vacío son los dos componentes fundamentales de toda materia.

La visionaria concepción de la teoría atómica de Leucipo, basada puramente en especulaciones metafísicas es una preciosa sugerencia para quienes unos veinte siglos después habrían de confirmarla científicamente.

El átomo de Demócrito fue olvidado hasta el año 1800d.C, pues se pensaba que la materia era continua, es decir, podía ser dividida en infinitas partes sin alterar su naturaleza.

El inicio de la Teoría Atómica moderna quizás ocurrió a mediados del siglo XVII cuando el químico y físico inglés Robert Boyle (1627-1691) concibió la idea de *elemento*; sustancia que no puede ser descompuesta en constituyentes más simples sin perder su identidad. Un siglo después, el químico francés Antoine Lavoisier (1743-1794) estableció la diferencia entre elemento y compuesto; el hidrógeno es un elemento, el cloruro de sodio un compuesto.

Alrededor de 1803 ganó aceptación la teoría de un científico inglés, el maestro de escuela John Dalton (1766-1844), quien observando la forma en que los elementos se combinaban sugería la existencia de un límite en la subdivisión. En 1808, publicó las primeras ideas acerca de la existencia y naturaleza de los átomos, resumió y amplió los vagos conceptos de filósofos y científicos antiguos. Esas ideas forman la «Teoría Atómica de Dalton», una de las más relevantes dentro del pensamiento científico. Sus postulados se resumen así:

- Un elemento está compuesto de partículas indivisibles llamadas átomos.
- Todos los átomos de un elemento tienen propiedades idénticas y difieren de los átomos de otros elementos.
- Los átomos de un elemento no pueden crearse, destruirse, o transformarse en átomos de otros elementos.
- Los compuestos se forman cuando átomos de elementos diferentes se combinan entre sí en una proporción fija.

- El número relativo y tipo de átomos son constantes en un compuesto dado.

Los científicos de la época no le dieron importancia a estos principios, consideraban que el átomo jugaba un papel secundario en las reacciones químicas; por este motivo quedaron inalterados hasta el final del siglo XIX cuando una serie de brillantes descubrimientos condujeron a la teoría atómica del siglo veinte. Entre los científicos que más contribuyeron a su desarrollo se encuentra:

Antoine Henri Becquerel (1852-1908)

Físico francés y miembro de una prominente familia de investigadores, aportó a la ciencia el descubrimiento de la radioactividad natural, descubrimiento que le valió el Premio Nobel de Física, compartido con Marie Curie, en 1903.

Becquerel, quien conocía los trabajos de Wilhelm Conrad Röntgen, se interesó en investigar la relación entre la fosforescencia producida por los rayos X de Röntgen y la producida por la radioactividad.

En 1896, casi accidentalmente, hizo un importante descubrimiento; encontró que la fluorescencia y la producción de rayos X se interrumpen inmediatamente cuando la energía externa excitante se detiene, pero en la fosforescencia la emisión de energía permanece por cierto tiempo.

Un día nublado de marzo de 1896, para continuar sus experimentos Becquerel no pudo emplear la energía solar como fuente externa, así que decidió guardar las placas fotográficas en una gaveta donde también guardaba cristales que contenían uranio. Días después, para su sorpresa, encontró que las placas estaban veladas; habían sido expuestas a emisiones «misteriosas» provenientes del uranio, pero la emisión no necesitó la presencia de fuentes externas de energía, los cristales de uranio emitían rayos por si solos, espontáneamente. Este pequeño incidente permitió descubrir la radioactividad, descubrimiento que abrió caminos a la ciencia moderna.

Marie Curie (1867-1934)

Los esposos Curie dedicaron su vida a la investigación relacionada con la radioactividad y lograron establecer algunas de las propiedades de los materiales radioactivos. Marie nació en Varsovia, para poder continuar sus estudios a la edad de 24 años tuvo que trasladarse a París, allí logró obtener la Maestría en Física y Matemáticas en sólo 3 años. Por sus méritos, un grupo de industriales le otorgó una beca para que investigara las propiedades magnéticas de diferentes tipos de acero.

Para llevar a cabo su trabajo se trasladó a un laboratorio donde trabajaba Pierre Curie, su futuro esposo, quien realizaba investigaciones relacionadas con el magnetismo y las propiedades de ciertos cristales. Marie y Pierre trabajaron juntos y se casaron en 1895. En diciembre de ese mismo año, Röntgen descubrió unos rayos capaces de atravesar la madera y los tejidos, algunos meses después Becquerel anunció que los compuestos de uranio producían rayos similares. Estos importantes descubrimientos hicieron que Marie decidiera investigar los rayos provenientes del uranio. Para la fecha escribió: «La investigación promete ser muy interesante, debido a que es completamente nueva y nada se ha escrito sobre ella».

Comenzó con los compuestos químicos que contenían uranio y pronto determinó que la intensidad de los rayos dependía solamente de la cantidad presente en el compuesto. No tenía nada que ver si era sólido o líquido, húmedo o seco, puro o combinado con otros elementos químicos, es decir, la intensidad de los rayos sólo dependía del número de átomos de uranio.

La intensidad de los rayos pudo ser medida gracias a que Becquerel ya había notado que las emanaciones provenientes del uranio hacían que el aire se volviera conductor de la electricidad, es decir, lo ionizaba. La cantidad de iones que se producía en un volumen de aire era proporcional a la intensidad de las radiaciones. Utilizando el electroscopio, un instrumentos muy sensible, midieron las «emanaciones» provenientes de varias sustancias capaces de alterar la conductividad del aire.

Los científicos de la época afirmaban que los átomos se habían creado al principio de los tiempos, no cambiaban ni era posible cambiarlos. Marie dudaba de tal afirmación, sospechaba que algo pasaba «dentro» del átomo de uranio cuando se producían los rayos. Ensayando con otros elementos consiguió que el torio, un elemento sumamente raro, también producía rayos. Seguidamente, en 1898, los Curie se toparon con otra sorpresa; el mineral de uranio, la pechblenda o uranilo, producía radiaciones unas 300 veces más intensa que el uranio puro.

Estos resultados lo llevaron a pensar que la pechblenda debía contener otro elemento nunca visto antes. En sus escritos, a este hipotético elemento, en honor al país de origen de Marie lo llamaron *polonio*. Después de un arduo trabajo, los Curie lograron aislarlo e identificar además otro elemento, el radio. Para describir el comportamiento del polonio y el radio, Marie creó el término *radioactividad*.

Por no disponerse de suficiente cantidad, los científicos de la época dudaron de su existencia ya que no se podía determinar sus propiedades; se manifestaban solamente por las emisiones radioactivas. Hoy se sabe que la pechblenda contiene hasta 30 elementos químicos. Marie también encontró que la rata de emisión de radiaciones disminuía con el tiempo y que dicha disminución podía calcularse y predecirse. Pero el mayor logro fue comprender que las radiación es una propiedad del átomo y no una emanación separada e independiente.

Marie y Pierre fueron galardonados con el Premio Nobel de Física en 1903 y por el descubrimiento del polonio y el radio le fue otorgado a Marie, en 1911, el mismo premio en química. En 1934, Marie murió víctima de una enfermedad de la sangre, normalmente inducida por la exposición a la radioactividad.

A pesar de el gran avance aportado por los esposos Curie, los científicos de la época no conocían la estructura del átomo, tuvieron que esperar por los trabajos realizados por otros muchos, entre los que se encontraba Rutherford.

Ernest Rutherford (1871-1937)

Rutherford nació en Nueva Zelandia, en 1895 se trasladó a Inglaterra para estudiar en la Universidad de Cambridge, su tutor, J.J.Thompson encaminó sus investigaciones hacia los rayos X recientemente descubiertos. Desarrolló un detector de ondas electromagnéticas, y en 1898 descubrió las partículas alfa y beta presentes en las radiaciones de uranio. Durante esa época y en el mismo laboratorio Thompson descubrió el electrón.

En 1898 se traslada a la Universidad Mc Gill en Montreal, donde estudia la partícula alfa y determina que el diminuto cuerpo que emiten algunos elementos radioactivos es un ion de helio. Conjuntamente con sus colaboradores descubre las leyes de las desintegraciones radioactivas y determina que la radioactividad es un proceso en el cual los átomos del elemento emisor se convierten en un elemento diferente.

En 1907 se traslada de nuevo a Inglaterra, dirige el departamento de física de la Universidad de Manchester, sucede a Thomson en el Cavendish Laboratory, situado entre los capiteles y patios medievales de la Universidad de Cambridge. Entre los años veinte y treinta, el Laboratorio se convirtió en uno de los principales centros mundiales de investigación científica.

Rutherford y sus ayudantes, entre los que se encontraba el joven Hans Geiger, realizaron su más extraordinario experimento encaminado a descubrir la estructura interna del átomo. Observaron que al «bombardear» con partículas alfa una delgada lámina de oro, las partículas atravesaban la lámina e impresionaban una película fotográfica colocada detrás. Notaron, además, que una fracción muy pequeña era desviada más de 90 grados respecto de su dirección inicial. Con el modelo atómico imperante en la época se trataba de un resultado incompatible, por ello, el joven investigador Ernest Marsden se dedicó al estudio de tan anómala dispersión. Descubrió que ocasionalmente alguna partícula alfa rebotaba contra la lámina en vez de penetrar en ella. «Era -dijo Rutherford- tan increíble como si dispararas un proyectil de cuarenta centímetros contra una hoja de papel y rebotara de vuelta».

El extraño fenómeno lo llevó a concluir que la mayoría de las partículas alfa atraviesan la lámina de oro debido a que los átomos son en su mayor parte espacio vacío, de hecho, concluyó Rutherford, los átomos parecen pequeños sistemas solares. El centro o núcleo es un «diminuto sol» que contiene el 99,98% de la masa, tiene una gran carga y ocupa una cienmilésima parte del tamaño del átomo; los electrones, cargados negativamente, orbitaban como planetas a una distancia de unos 10.000 diámetros nucleares.

Con este modelo, en 1911 Rutherford logró explicar la dispersión del las partículas alfa; unas cuantas «rebotan» debido a que son desviadas por los densos y altamente cargados núcleos. Más tarde, él y sus colaboradores demostraron que el núcleo está formado por dos componentes: los protones, positivamente cargados y los neutrones, eléctricamente neutros.

Al «bombardear» átomos de nitrógeno con partículas alfa, Rutherford consiguió transmutarlo; obtuvo átomos de oxígeno junto con una nueva radiación cuya masa era aproximadamente igual a la del átomo de hidrógeno. A esta nueva radiación la denominó protón y posteriormente la identificó como un núcleo de hidrógeno. El año emblemático para el laboratorio dirigido por Rutherford fue 1932; un miembro de su equipo, James Chadwick, confirmó la existencia del neutrón y otros dos científicos del mismo laboratorio, Ernest Walton y John Cockroft, fueron los primeros en «romper» el núcleo atómico.

Rutherford fue galardonado con el Premio Nobel de Química en 1908, en 1931 fue nombrado primer Barón de Nelson, lo que le daba derecho a sentarse en la Cámara de los Lores. Falleció el 19 de Octubre de 1937, sus cenizas reposan en la Abadía de Westminster, junto a las de Sir Isaac Newton y Lord Kelvin.

Niels Bohr (1885-1962)

El objetivo de Becquerel, los Curie, Rutherford, Bohr y muchos otros científicos, era el átomo, y particularmente su estructura. El átomo se asemeja al sistema planetario, tiene un núcleo central integrado por protones electropositivos y por neutrones sin carga, orbitando a su alrededor en diferentes capas se encuentran los electrones; partículas electronegativas. El núcleo es un conglomerado de partículas que se mantienen estrechamente unidas, el número de protones determina el elemento químico al que pertenece el átomo. Tal es la «imagen» que presenta en 1922 el físico danés Niels Bohr, Premio Nobel de Física, sobre la estructura del átomo.

En cada órbita o capa sólo puede haber un número máximo de electrones dado por la expresión $2n^2$, siendo «n» el número de la capa. A cada una le corresponde una energía de enlace, la que hay que suministrar a los electrones para «arrancarlos» del átomo.

A las capas se las designa por las letras K, L, M, N, siendo K la más próxima al núcleo; la que tiene una mayor energía de enlace y menor nivel energético. Todos los electrones de un mismo elemento en su estado «normal» se encuentran distribuidos de la misma manera y con los mismos niveles energéticos, por lo que la distribución es única.

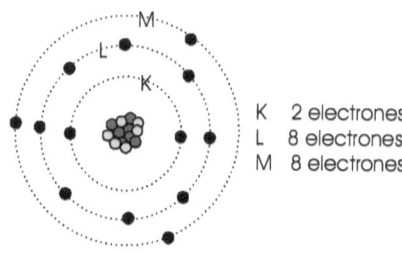

K   2 electrones
L   8 electrones
M   8 electrones

Fig. 5.1. Modelo atómico de Bohr.

Los elementos se diferencian por su *número atómico* designado por la letra Z, que representa número de protones contenidos en su núcleo. El hidrógeno tiene un protón (Z=1), el calcio tiene cuarenta (Z = 40).

La combinación de varios átomos da lugar a la formación de las moléculas, por ejemplo, la molécula de oxígeno está formada por dos átomos y se representa por O_2, la del agua, por dos átomos de hidrógeno y uno de oxígeno, y se representa como H_2O. Existen una infinidad de moléculas distintas que en conjunto forman la materia orgánica e inorgánica que compone el universo.

El átomo y las partículas subatómicas

No hay nada nuevo relacionado con la radiactividad, salvo los usos que el hombre ha aprendido a hacer de ella; los elementos radioactivos y la radiación existían en nuestro planeta mucho antes de la aparición de la vida. Los materiales radioactivos se convirtieron en parte integrante de la tierra desde el mismo momento de su formación, incluso el hombre es ligeramente radioactivo, todo organismo vivo contiene vestigios de sustancias radioactivas.

La materia que nos rodea está constituida por elementos simples y sustancias compuestas. Los 98 elementos que existen en estado natural van desde el hidrógeno, el más liviano, hasta el uranio, el más pesado. Se conoce también un grupo de otros 17 elementos transuránidos, más pesados que el uranio, que no existen en estado natural; desde el neptunio-93 hasta el unnilenno-109, todos «fabricados» por el hombre.

En núcleo del átomo está formado por la asociación de partículas elementales llamada genéricamente *nucleones*, el núcleo del hidrógeno tiene un solo protón, en tanto que el núcleo del uranio-238 tiene 92 protones y 146 neutrones.

Un átomo no ionizado tiene igual número de protones y electrones, por lo tanto es eléctricamente neutro. Los electrones orbitan alrededor del núcleo, y salvo en dos situaciones analizadas más adelante, no intervienen en los fenómenos nucleares.

El protón, que básicamente es un núcleo de hidrógeno, pesa en reposo 1,007277663 unidades atómicas de masa (u) que expresadas en unidades cgs equivale a 1,67252 x 10^{-24} gr. Su carga positiva es de 4,80298 x 10^{-10} unidades electrostáticas de carga (u.e.s.). El neutrón, ligeramente más pesado que el protón, tiene una masa en reposo de 1,0086654 u., o sea 1,67482 x 10^{-24} gr.

Las fuerzas que mantienen a los nucleones unidos no son bien conocidas, se supone que la unión de los nucleones se efectúa mediante el intercambio de partículas intranucleares llamadas mesones, cuya masa es del orden de 0,05 a 0,15 u.

La medida de los radios nucleares varía entre 1,4 x 10^{-13} cm y 9,5 x10^{-13} cm y el peso promedio de un núcleo es de alrededor de 10^{-22} gr, por lo tanto, la densidad nuclear es del orden de 10^{14}g/m³, o sea 10^8 ton/cm³, valor que por su elevada magnitud no admite ningún tipo de comparación.

Los electrones giran alrededor del núcleo describiendo órbitas elípticas en capas perfectamente definidas, tienen masa en reposo 1850 veces menor que la del protón, o sea 5,4860 x 10^{-4} u., que equivale a 9,1091 x10^{-28} gr, su carga es igual pero contraria a la del protón y su radio es del orden de 3 x 10^{-13} cm. El radio del átomo es de unos 10^{-8} cm y su masa está prácticamente concentrada en el núcleo.

Si el núcleo tuviera un milímetro de radio, el diámetro del átomo sería de unos 20m. De hecho, los cuerpos que nos rodean son virtualmente espacios vacíos, la materia de la cual se componen se halla concentrada en pequeños puntos separados por «vacíos enormes» en relación con sus dimensiones.

La masa puede expresarse en energía y viceversa, Einstein relaciona la masa y la energía por medio de la ecuación:

$$E = mc^2$$

donde (m) es la masa, (E) la energía y (c) la velocidad de la luz.

En física nuclear, la unidad de energía más empleada es el electronvoltio (eV); equivale a la energía que adquiere un electrón cuando es acelerado dentro de un campo eléctrico cuya diferencia de potencial es un voltio. También se emplean múltiplos; el KeV y el MeV. En el sistema de unidades c.g.s, $1 eV = 1,6 \times 10^{-12}$ ergios.

A modo de ejemplo, puede calcularse el equivalente en energía de la unidad de masa atómica. La unidad de masa atómica (antiguamente uma), es equivalente a una duodécima (1/12) parte de la masa de un átomo de carbono-12. Por ejemplo, cuando se dice que el litio tiene masa de 6,94u, quiere decir que un átomo de Li tiene la misma masa que 6,94 veces la masa de 1/12 parte de un átomo de carbono-12.

El valor de la unidad atómica de masa expresada en gramos es:

$1u = 1/(6,022\ 141\ 99 \cdot 10^{23}) = 1,660\ 737\ 86 \cdot 10^{-24}$ gr.

donde el denominador es el número de Avogadro.

Si toda una unidad de masa equivalente se transformara en energía se obtendrían 0,0014 ergios, o 931 MeV. Haciendo el cálculo para la masa del electrón se obtiene 0,51 MeV, valor importante de recordar cuando se habla de la emisión de positrones.

Actividad

En un material radioactivo, el número de átomos que se desintegran por unidad de tiempo es proporcional al número de átomos que lo componen. La actividad de una fuente suele expresarse por el numero de desintegraciones o cuentas por minuto, cuentas por segundo o en Curie (Ci). Un Curie es aquella cantidad de material radioactivo que produce $3,7 \times 10^{10}$ desintegraciones cada segundo, lo que corresponde por definición a un gramo de radio-226.

En la práctica de la medicina nuclear el Curie es una unidad muy grande; usualmente se emplea el milicurie o el microcurie.

El Sistema de Unidades Internacional emplea el Becquerel (Bq), y como es una unidad muy pequeña, se utilizan los múltiplos el MBq y el GBq.

Así, 37GBq = 1 Ci

1 GBq = 27 milicuries

1MBq = 27 microcuries

Vida media

La vida media de un radionúclido expresa la velocidad con que se desintegran sus átomos. Si en un momento dado un material tiene N átomos radioactivos, después cierto tiempo el número será menor, pues algunos se han transmutado. La vida media o tiempo de semidesintegración es el tiempo que debe transcurrir para que el número de átomos de una especie radioactiva se reduzca a la mitad. Si en un instante dado existen 100 átomos de ^{131}I y al cabo de 8,05 días encontramos 50, decimos que la vida media del ^{131}I es de 8,05 días:

$$T_{1/2}(^{131}I) = 8,05 \text{ días.}$$

La vida media también se define como el tiempo en que la actividad de una fuente radioactiva se reduce a la mitad. La vida media de los radioisótopos conocidos está comprendida entre algunos microsegundos y más de 10^{15} años.

Actividad específica

Actividad específica de un material radiactivo es el número de desintegraciones nucleares por unidad de tiempo y por unidad de masa. Se expresa en Ci/gr o Bq/gr.

Una cantidad grande de material puede ser muy poco radioactiva, o contrariamente, una cantidad muy pequeña puede ser muy radioactiva. Por ejemplo, un kilogramo de uranio-238 con vida media de 4500 millones de años tiene 0,33 mCi, en tanto que un kilogramo de cobalto-60, cuya vida media de 5,3 años, tiene cerca de 1130 KCi. La actividad específica depende de la vida media del elemento.

ISOTOPOS RADIOACTIVOS

Las partículas subatómicas que definen un elemento químico son los protones contenidos en su núcleo, sin embargo, los átomos de un mismo elemento pueden tener diferente número de neutrones. Núcleos atómicos con el mismo número de protones y diferente número de neutrones se llaman *isótopos*. Por ejemplo, el átomo de hidrógeno más abundante no tiene neutrones, el isótopo llamado deuterio tiene un neutrón y el tritio tiene dos neutrones.

Un determinado isótopo se identifica así: $^A X_Z$,donde X es el símbolo del elemento químico, Z es el número atómico o número de protones y A es el número de masa, formado por la suma de los protones y los neutrones contenidos en el núcleo. Así, el hidrógeno común es: $^1H_1$,el deuterio: $^2H_1$, y el tritio: $^3H_1$.

El uranio-238 tiene 92 protones y 146 neutrones y se identifica como $^{238}U_{92}$, el uranio-235 tiene los mismos 92 protones pero 143 neutrones.

Los isótopos pueden ser estables o inestables, los inestables son radioactivos; sus núcleos buscan estabilidad emitiendo partículas subatómicas y energía electromagnética. La liberación de energía puede ser en forma de emisión de partículas alfa, partículas beta y por la emisión de rayos gamma. La cantidad y forma de energía liberada es propia de cada isótopo.

De repente y al azar, un «paquete» formado por dos protones y dos neutrones se desprende del núcleo de uranio 238. Cuando ello sucede se convierte en torio 234 cuyo núcleo está formado por 90 protones y 144 neutrones. El torio, con propiedades físicas y químicas completamente diferentes, es un emisor beta y tiene una vida media de 24 días. El torio 234 al emitir una radiación beta se convierte en protactinio 234 con vida media de 6,7 horas y el protactinio, por decaimiento beta, se convierte en uranio 234.

El uranio 234 se comporta física y químicamente igual que el padre de la cadena, el uranio 238, pero sus propiedades nucleares son distintas. El uranio 234 por decaimiento alfa se convierte en torio 230 y éste a su vez al radio 226 y así se buscará estabilidad siguiendo una larga cadena de reacciones nucleares hasta convertirse en plomo 206, que es un isótopo estable.

Algunos isótopos son más inestables que otros; la mitad de los átomos del polonio-214 se transforman en plomo-210 en sólo 0,2ms, mientras que la mitad de los átomos de uranio-238 tardan 4500 millones de años en convertirse en torio-234. El uranio, por tener vida media más larga que la edad de la tierra se le considera una sustancia radioactiva primaria y el «padre» de una numerosa familia de sustancias radioactivas secundarias.

Se supone que los radionúclidos naturales se originaron en el interior de las estrellas; existen desde la formación del planeta. El uranio está presente debido a que su vida media es tan larga que todavía no ha decaído apreciablemente y existe en cantidades importantes. Las sustancias radioactivas secundarias tienen vida media más corta, se originan por decaimiento de las primarias, se están formando continuamente y por esta razón es posible encontrarlas en la tierra.

Gran parte de los elementos que componen el universo son una mezcla de isótopos, pero la mayoría de los que se encuentran en la tierra en forma natural no son radioactivos; son estables. El núcleo está configurado de tal manera que sus protones y neutrones «conviven pacíficamente». En los isótopos radioactivos, la combinación de protones y neutrones le confieren cierta inestabilidad que se manifiesta como radioactividad. La radioactividad es la emisión espontánea de radiaciones electromagnéticas o corpusculares emitidas por el núcleo. A los isótopos con esta característica se les llama *radioisótopos* y al proceso de emisión se le llama *decaimiento radioactivo*.

RADIOACTIVIDAD NATURAL

La mayor parte de la radiación recibida por la población proviene de fuentes naturales. Las sustancias radioactivas pueden permanecer en el exterior del cuerpo, ser inhaladas con el aire o ingeridas con los alimentos y el agua. Los habitantes de la tierra estamos expuestos a las radiaciones naturales, algunos más que otros; ello depende del lugar donde se habita, e inclusive los viajes aéreos exponen a dosis mayores. Considérese el caso del potasio, un constituyente normal del organismo humano que existe en tres formas isotópicas:

Potasio-39 con 19 protones y 20 neutrones
Potasio-40 con 19 protones y 21 neutrones
Potasio-41 con 19 protones y 22 neutrones

El potasio-39 y el potasio-41 son isótopos estables, constituyen el 99.99% de todo el potasio existente, el isótopo radioactivo es solamente el potasio-40 con concentración del 0,01%. Independientemente de la fuente, la abundancia relativa de los tres isótopos es constante. En el cuerpo humano de un adulto hay de 150 a 200 gramos de potasio, del cual unos 20mgr son de potasio-40.

Otra forma de radioactividad natural a la que estamos sometidos es debida al aire que respiramos y a los alimentos que consumimos. Bombardeado por la radiación solar el nitrógeno de la atmósfera se transforma en carbono-14 y tritio, un radioisótopo del hidrógeno. A medida que el carbono-14 decae la radiación solar lo forma de nuevo, de manera que su cantidad ha permanecido inalterada en la atmósfera terrestre a través de los milenios.

Unos pocos átomos de este carbono, presente en el dióxido de carbono, pasan a formar parte de carbono ambiental y se fijan por medio de la fotosíntesis en los tejidos vegetales. Los animales herbívoros y el hombre que consumen vegetales y productos de origen animal lo asimilan. En el transcurso de la vida, debido al proceso le absorción y excreción, el nivel de radioactividad alcanza un equilibrio en los tejidos. Cuando el organismo muere deja de absorber carbono, por lo que su nivel empieza a decaer. Puesto que su vida media es de 5730 años, la concentración de carbono-14 en los restos de un ser vivo permite precisar el tiempo transcurrido desde su muerte.

Por este método se puede determinar con bastante precisión la edad de cualquier ser vivo, ya sean por medio de restos animales o vegetales; casas de madera, rollos de pergamino, ropa, papel o trozos de carbón, cuyas edades sean inferiores a unos 45.000 años. El carbono-14 es también empleado por la medicina nuclear como trazador.

Los geólogos también han tratado de encontrar en la superficie terrestre «rocas viejas», es decir, rocas que se solidificaron hace miles de millones de años y que han permanecido allí inalteradas.

Hace algunas décadas se descubrió en Canadá una formación rocosa cuya edad es 3.960 millones de años, estas rocas se formaron cuando la tierra tenía apenas unos 600 millones de años de existencia.

La determinación de la edad de las rocas se logra utilizando unos pequeños cristales de circón (silicato de circonio) que se encuentran en su interior. Esta sustancia contiene abundantes átomos de circonio junto a átomos de oxígeno y silicio.

Cuando se formaron los cristales se crearon estructuras regulares de átomos de circonio, silicio y oxígeno. Algunos átomos de circonio de las estructuras cristalinas fueron reemplazados por átomos de uranio que se encontraban en los alrededores, pero los átomos de plomo no pueden ser incorporados en dichas estructuras. Es decir, al principio cuando las rocas se solidificaron los cristales no contenían plomo, pero terminaron teniéndolo debido al decaimiento del uranio después de haber sufrido múltiples desintegraciones.

La desintegración del uranio no es muy rápida, en realidad tiene una vida media de 4.500 millones de años, de forma que si se analiza un cristal de circón y se determina la proporción de uranio y plomo puede calcularse la edad de la roca.

Posteriormente, utilizando este método, se logró datar ciertas formaciones rocosas australianas que contienen cristales de 4.200 millones de años y el Macizo Guayanés, una cobertura de dos millones de kilómetros cuadrados situado al norte de Sur América, sufrió plegamientos y levantamientos desde el mismo momento de la formación terrestre.

Los radioisótopos naturales más abundantes son el radón-220 y el radón-222. Estos gases radioactivos «emergen» de las rocas que contienen uranio y torio; son los responsables del 50 al 80% de la radiación natural a la cual estamos sometidos. La población establecida cerca de esos yacimientos está más expuesta.

Cuando la tierra se formó los niveles de radioactividad natural eran mucho mayores,afortunadamente el planeta es lo suficientemente «viejo» para que la intensa radioactividad original se haya atenuado.

En la actualidad, la medicina es la fuente más importante de exposición del hombre a la radiación artificial. La radiación por rayos X y el suministro de sustancias radioactivas son utilizadas para diagnosticar, mientras que la radioterapia es utilizada para el tratamiento de ciertas enfermedades.

La radiación puede emplearse para fines pacíficos o bélicos, la humanidad debe aceptar la responsabilidad por el uso apropiado de esta poderosa herramienta.

RADIOACTIVIDAD ARTIFICIAL

Los radioisótopos naturales conocidos en las primeras décadas del siglo pasado eran muy pocos, por ello no fue posible descubrir su verdadero potencial. Actualmente, el hombre ha producido en el laboratorio varios cientos de radionúclidos y ha aprendido a utilizar el átomo para los más variados propósitos; desde la investigación a la medicina, desde la producción de energía eléctrica a las temibles armas nucleares.

En 1933, el matrimonio Frederic Joliot e Irene Curie, hija de Marie, descubrieron la forma de crear radioisótopos artificialmente. Mediante el bombardeo con partículas subatómicas lograron la transmutación del aluminio estable en fósforo radioactivo y el boro estable en nitrógeno radioactivo. Este acontecimiento trascendental lo comunicaron a la Academia Francesa en enero de 1934 y propusieron llamar los elementos así creados *radiofósforo* y *radioazoe,* respectivamente.

Otro gran acierto ocurrió en 1934; Ernest Lawrence en Berkley, California, utilizando su máquina eléctrica llamada *ciclotrón* logró acelerar iones de deuterio para que impactaran a alta velocidad un blanco de carbono. Consiguió así alterar el balance natural de su núcleo que tiene 6 protones y 6 neutrones, agregándole un protón. El nuevo átomo con 7 protones ya no es carbono, sino un radioisótopo del nitrógeno con vida media de 10 minutos.

Por el descubrimiento de la fisión nuclear, el Premio Nobel de Química fue otorgado en 1944 al alemán Otto Hahn. La fisión nuclear tiene lugar cuando se divide en dos o más partes un núcleo pesado y se producen algunos subproductos como neutrones libres, rayos gamma, partículas alfa y beta. En la reacción se libera gran cantidad de energía en forma de radiación gamma y energía cinética de los fragmentos de la fisión. Los elementos fisionables más usados son el uranio y el plutonio.

Rara vez un núcleo fisionable experimenta fisión espontánea, más sin embargo se puede inducir por varios métodos, incluyendo el bombardeo con partículas de energía adecuada, generalmente neutrones libres, su neutralidad eléctrica hace que estos «proyectiles» no sean rechazados por la carga positiva del núcleo.

El físico italiano Enrico Fermi, Premio Nobel de Física en 1938, en el transcurso de sus experimentos bombardeó los núcleos con neutrones e identificó más de 40 nuevas especies radioactivas. Desde entonces y con esta técnica se han creado la mayor parte de los isótopos radioactivos.

Cuando se expuso el uranio al bombardeo de neutrones se obtuvo una multiplicidad de productos consecuencia de la fisión de su núcleo. El uranio-235, al absorber un neutrón aún de baja energía se convierte en uranio-236, se produce una violenta inestabilidad que hace que su núcleo se divida en dos fragmentos; se crea el xenón-140 y el estroncio-94, isótopos también inestables. Aparte de los fragmentos, se emite radiación gamma y de 2 a 5 neutrones, suficientes para causar una nueva fisión.

La idea básica para obtener energía nuclear es simple, se aproximan los núcleos de manera que entre ellos se desarrolle una reacción en cadena. Después de la reacción la masa restante es menor que la original, la diferencia se ha convertido en energía. La energía se aprovecha para producir vapor de agua que es utilizado para mover las turbinas para la generación de electricidad. Si las circunstancias son favorables la liberación de energía puede ser tan violenta que provoca una explosión; es la bomba atómica. La fisión nuclear es la base del desarrollo de la energía nuclear.

La aplicación práctica de esta secuencia, aparentemente simple, demanda un gran esfuerzo técnico y científico orientado a aumentar la concentración de uranio-235; el isótopo que tiene la propiedad de ser fisionado.

El uranio se encuentra en la naturaleza en una relación isotópica de 99,3% de uranio-238 y 0.7% de uranio-235. El uranio-238 reacciona con los neutrones absorbiéndolos, por lo tanto tiene pocas probabilidades de producir reacción en cadena.

Para que el uranio-235 pueda producir reacción debe enriquecerse; utilizado como combustible en los reactores nucleares la concentración debe estar comprendida entre el 3% y el 4% y para las armas nucleares, 90%.

Debido a que los isótopos son químicamente indistinguibles, el enriquecimiento presenta serias dificultades técnicas. Para lograrlo es necesario aprovechar las propiedades físicas, como la diferencia de masa, la difusión gaseosa, la centrifugación, o las pequeñas diferencia en la energía de transición entre niveles de los electrones.

Difusión gaseosa. Durante el proceso, el uranio se combina con el flúor y se forma un gas muy corrosivo; el hexafluoruro de uranio (UF_6). En la composición del gas hay moléculas con uranio-235 y con uranio-238. Estas últimas, por ser más pesadas tienden a «quedarse atrás» cuando el gas se difunde por una membrana porosa. Si se repite el proceso, después que el gas pasa por muchas membranas las moléculas que poseen uranio-238 son gradualmente separadas y extraídas de forma que la concentración de uranio-235 aumenta. Como la diferencia de masa entre el uranio-235 y el uranio-238 es muy pequeña, el gas debe ser reciclado millones de veces, lo que requiere de plantas purificadoras enormes.

Centrifugación. Utiliza un gran número de cilindros rotativos que crean una fuerza centrífuga muy fuerte; las moléculas de gas más pesadas se concentran en la parte exterior del cilindro, en tanto que las de uranio-235, por ser más livianas, se recogen en el centro. Este proceso, por ser mucho más simple que el de difusión gaseosa lo ha reemplazado casi totalmente.

El centrifugado Zippe introduce una mejora sobre el centrifugado convencional, la principal diferencia es el uso del calor. Se calienta el fondo de los cilindros rotativos provocando corrientes que se mueven hacia la zona superior donde el uranio-235 es recogido mediante paletas. Aparte de los métodos de enriquecimiento antes citados existen otros como los aerodinámicos, electromagnéticos o por láser.

PROCESOS RADIOACTIVOS

Los núcleos radioactivos logran la estabilidad por uno o varias de los siguientes procesos:

1.- Emisión de una partícula alfa. La partícula está formada por dos protones y dos neutrones, su masa atómica es 4 y su carga eléctrica +2e. El isótopo que la emite desciende dos lugares en la tabla periódica y su masa atómica disminuye cuatro unidades.

2.- Un neutrón se convierte en un protón y emite de una partícula beta negativa (electrón). El isótopo que la expulsa sube un lugar en la tabla periódica.

3.- Un protón se convierte en neutrón y emite una partícula beta positiva, llamada *positrón* o *antielectrón*. El positrón es una partícula elemental con masa igual al electrón con carga positiva. El isótopo que la emite desciende un lugar en la tabla periódica.

4.- Emisión de radiación gamma. Después de una emisión alfa o beta, si el núcleo queda con exceso de energía logra estabilidad emitiendo radiación gamma, que es radiación electromagnética pura. La emisión no altera la identidad del isótopo.

5.- Un protón del núcleo captura un electrón orbital y se convierte en un neutrón.

6.- Fisión nuclear. El núcleo se fisiona en aproximadamente dos mitades, se produce emisión de neutrones con liberación de energía de alrededor de 200Mev.

Con respecto a la producción positrones, cabe mencionar que por ser una carga positiva que se desplaza en un «mundo repleto de electrones», apenas inicia su veloz carrera, cuya duración ronda el microsegundo, se encuentra con un electrón, se combinan y se aniquilan mutuamente sin dejar rastro de materia; sólo queda energía en forma de radiación gamma.

Muy pronto se logró detectar el fenómeno inverso, es decir, la desaparición súbita de rayos gamma que dan origen a una pareja electrón-positrón. A este fenómeno se llama producción de pares. La existencia de los positrones fue prevista por Paul Dirac en 1930, dos años después Carl D. Anderson consiguió detectar positrones provenientes de los rayos cósmicos.

Radiación Alfa. Es la emisión de una partícula formada por dos protones y dos neutrones que emiten los núcleos más pesados; los que se encuentran al final de la tabla periódica. Su poder de penetración es limitado, depende de la energía con que es emitida. Debido a su gran tamaño y carga, es muy ionizante y poco penetrante, puede ser «frenada» por una hoja de papel o por la capa exterior de la piel. No es peligrosa a menos que la sustancia que la emite sea inhalada, ingerida o en contacto con heridas abiertas, en cuyo caso es especialmente nociva.

Todas las partículas alfa emitidas por cualquier radioisótopo tienen energía comprendida entre 4 y 10 Mev, reaccionan con la materia excitando o ionizando sus átomos. En el proceso de ionización, la partícula «arranca» electrones de los átomos circundantes con lo que produce pares iónicos. Cada vez que esto sucede pierde energía cinética. En el proceso de excitación se produce un intercambio de energía entre la partícula alfa y los electrones de los átomos que la circundan, los electrones alcanzan un nivel de energía superior.

Radiación Beta. Es una emisión procedente del núcleo formada por partículas cuya masa es igual a la del electrón. Su poder de penetración depende de la energía con que es emitida, es frenada por algunos milímetros de tejido vivos o algunos metros de aire. Existen tres tipos de radiaciones beta:

Radiación beta negativa: Un protón del núcleo se transforma en neutrón y se produce la emisión de un electrón y un antineutrino.

Radiación beta positiva: Un protón del núcleo se transforma en neutrón y se produce emisión de un positrón y un neutrino.

Captura electrónica: El núcleo captura un electrón orbital que se une con un protón y da lugar a un neutrón.

El neutrino es una partícula subatómica de carga cero y masa no determinada, pero se tienen indicios que no es nula sino muy pequeña, unas doscientas mil veces menor que la masa del electrón. Su interacción con la materia es mínima; atraviesa la tierra sin mayor perturbación.

Radiación Gamma. Es radiación electromagnética de alta energía que acompaña la radiación alfa o beta. El núcleo que la emite «se desprende de la energía que le sobra», para pasar a un estado de menor energía sin perder su identidad. Es muy penetrante; puede atravesar gruesos bloques de plomo u hormigón, atraviesa fácilmente al cuerpo humano donde libera menos energía en los tejidos que la partícula alfa o beta. Debida a estas características es empleada con fines médicos.

Radiación por neutrones. Los neutrones, por ser partículas neutras no ionizan la materia y por ello tienen gran poder de penetración. Interaccionan colisionando con los átomos a los que les transfieren energía. El efecto en los seres vivos es similar al de las radiaciones ionizantes; cuando interaccionan con los tejidos, mayormente compuestos por agua, colisionan con los átomos de hidrógeno a los que les confieren suficiente energía para que estos a su vez inonizen los tejidos circundantes. Los neutrones, al ser absorbidos por los núcleo atómicos inducen a la radioactividad, inclusive en los tejidos.

REACCIONES NUCLEARES

Hay varias formas en que los átomos radioactivos pueden desintegrarse, por ejemplo, el tritio por tener exceso de neutrones «busca» estabilidad trasformando uno de sus neutrones en un protón y se convierte en un isótopo estable de helio.

Tanto el tritio como el helio tienen la misma masa, pues esta debe conservarse. Las cargas también se conservan; cuando se transforma el neutrón en protón se emite un electrón, que por tener muy poca masa y carga negativa cancela exactamente la carga del protón. Este proceso es conocido como desintegración beta y al electrón emitido se le llama partícula beta.

En la reacción de desintegración del tritio se le asigna al electrón un número de masa = 0 y un número atómico de -1. La ecuación nuclear es:

$$^3H_1 => {}^3He_2 + {}^0e_{-1}$$

Nótese que el número de masa a cada lado de la reacción es el mismo (3=3+0) así como las cargas (1=2 -1). La conservación de la cargas y de la masas se debe cumplir en todas las reacciones nucleares.

El átomo para obtener estabilidad puede «crear neutrones», tal es el caso del berilio-7 que se «transforma» en litio-7. Para lograrlo, un protón se convierte en neutrón y para equilibrar las cargas eléctricas emite un positrón, que no es más que una partícula de masa igual al electrón pero con carga eléctrica positiva. La reacción nuclear es:

$$^7Be_4 \Rightarrow {}^7Li_3 + {}^0e_1$$

Algunos isótopos pesados se desintegran liberando partículas alfa, con esta emisión el elemento químico desciende dos lugares en la tabla periódica. Una desintegración nuclear sería:

$$^{238}U_{92} \Rightarrow {}^{234}Th_{90} + {}^4He_2$$

Otra desintegración con emisión alfa es:

$$^{210}Po_{84} \Rightarrow {}^{206}Pb_{82} + \alpha + 5,4Mev$$

La reacción indica que con la emisión de una partícula alfa, cuya energía es de 5,4Mev, el isótopo de polonio-210 transmuta en un isótopo de plomo estable; el Pb-206.

Una reacción con emisión gamma se produce tras la desintegración beta del fósforo-32 que se convierte en un isótopo estable de azufre-32, emite un partícula beta negativa, un antineutrino y radiación gamma.

$$^{32}P_{15} \Rightarrow {}^{32}S_{16} + \beta^- + {}^-\upsilon + 1,7Mev$$

La partícula beta negativa no existe en el núcleo antes de la desintegración, se forma en el momento de la emisión. La partícula beta y el antineutrino tienen una energía total de 1,7Mev que comparten en todas las proporciones posibles.

La reacción siguiente muestra cómo un radioisótopo de fósforo decae en uno de silicio y emite un positrón y un neutrino. El positrón se produce en el momento de la emisión.

$$^{30}P_{15} \Rightarrow {}^{30}Si_{14} + \beta^+ + {}^+\upsilon + 4,26Mev$$

La emisión del positrón requiere de 1,02Mev, el resto de la energía 4,26 - 1,02 = 3,24 la comparten el positrón y el neutrino.

Una reacción con doble emisión gamma es la del cobalto-60

$$^{60}Co_{27} \Rightarrow {}^{60}Ni_{28} + \beta^{-} + {}^{-}\upsilon + 2\gamma + 2,187\,Mev$$

Los rayos gamma tienen 1,17Mev y 1,33 Mev y la energía máxima de la partícula beta es de 0,317Mev.

Es frecuente que los radioisótopos sufran más de una desintegración nuclear antes que al átomo logre estabilidad. Una cadena de decaimientos radioactivos es la del Uranio-238 que después de varias desintegraciones termina en un átomo estable de plomo-206. (ver apéndice 3 al final del capítulo)

INTERACCION DE LA RADIACION CON LA MATERIA

La radiación es la propagación de energía en forma de ondas electromagnéticas o partículas subatómicas en el vacío o en un medio material. Los rayos X o los UV se propagan en forma de ondas electromagnéticas, en tanto que en la radiación corpuscular la energía se transmite por medio de partículas subatómicas, como las alfa, beta o los neutrones, con el consiguiente transporte de materia.

Si la radiación «transporta» suficiente energía para provocar ionización en el medio se dice que es *ionizante,* en caso contrario, no lo es. Tanto la radiación electromagnética como la corpuscular si transportan suficiente energía son ionizantes. Son ionizantes los rayos X, los rayos gamma, las partículas alfa y beta, mientras que la radiación UV, las ondas de radio, TV y telefonía móvil son algunos ejemplos de radiaciones no ionizantes.

Una de las características de las radiaciones, ya sean corpusculares o electromagnéticas, es la capacidad de penetrar los medios materiales y crear en ellos fuerzas de atracción o repulsión con los átomos del material. El resultado es una modificación de su trayectoria y/o pérdida de energía que es absorbida por el medio. Si no se produce ninguno de estos fenómenos se dice que no se ha producido interacción.

Al fenómeno de interacción se le suele llamar «colisión», lo cual no implica contacto físico entre partículas, sino expresa la situación en que interaccionan durante un tiempo muy breve.

En ese lapso, aparecen fuerzas entre cargas eléctricas que producen ionización o excitación atómica. Como resultado la radiación incidente pierde energía y acaba por ser absorbidas por el material. La interacción de la radiación con la materia es de naturaleza aleatoria, se explica mediante distintos mecanismos cuyas probabilidades de ocurrencia dependen del tipo de radiación, su energía y del medio donde interacciona.

El conocimiento de estos mecanismos es fundamental para comprender los sistemas de detección, la medida de las radiaciones y sus efectos, especialmente cuando la interacción es con un medio biológico.

IONIZACION ATOMICA

En el modelo atómico de Bohr los electrones orbitan alrededor del núcleo, a cada órbita le corresponde una nivel energético equivalente a la energía que hay que suministrar a los electrones pertenecientes a dicha órbita para separarlos del átomo.

Un átomo se encuentra en estado de mínima energía cuando la suma de los electrones en las órbitas es igual al número de protones en el núcleo y además todos ocupan los menores niveles de energía permitidos (o mayor energía de enlace).

Si mediante algún mecanismo se comunica a un electrón energía mayor o igual a la de enlace será «expulsado» de la órbita y quedará libre. En tanto que el átomo, al perder una carga negativa, queda ionizado y se genera un par ionico; el átomo se convierte en un ion positivo con carga (+1) y el electrón libre con carga (-1). En la órbita donde se encontraba el electrón se produce una vacante que será llenada por un electrón de una órbita superior. La vacante generada por el segundo electrón es llenada por otro de nivel superior y así sucesivamente. Al final, todos los electrones quedan ocupando los niveles mínimos de energía permitida.

El «salto» de un electrón de una órbita externa a otra interna sólo se produce si emite un «paquete de energía electromagnética» igual a la diferencia de energías entre las dos órbitas. Como la energía emitida es propia de cada elemento recibe el nombre de *energía característica*.

En ocasiones, la energía electromagnética emitida no abandona el átomo, es absorbida por un electrón de una capa externa dando lugar a su expulsión. Los electrones así expulsados reciben el nombre de *electrones Auger*. El átomo queda ionizado y tiende a capturar un electrón libre del medio en que se encuentra.

También se produce excitación atómica cuando la energía suministrada a un electrón no es suficiente para «expulsarlo del átomo», pero si es suficiente para que cambie de órbita. En estas condiciones, el átomo queda excitado y busca estabilidad mediante la emisión de radiación electromagnética.

Interacción de los electrones con la materia

La interacción de los electrones con los átomos da lugar a colisiones elásticas. Se dice que dos cuerpos experimentan *colisión elástica* cuando no sufren deformaciones permanentes durante el impacto y se conserva el momento lineal, es decir, la energía cinética del sistema. Las colisiones, donde la energía no se conserva y se producen deformaciones permanentes se denominan *colisiones inelásticas*. En la colisión se reparte la energía del electrón incidente con el átomo, pero debido a la gran diferencia de masas no se produce ningún desplazamiento, sólo el electrón sufre modificación en su trayectoria. La figura 5.2 muestra este tipo de interacción.

Al interferir un electrón con los del átomo, el electrón incidente pierde energía y produce excitación e ionización atómica.

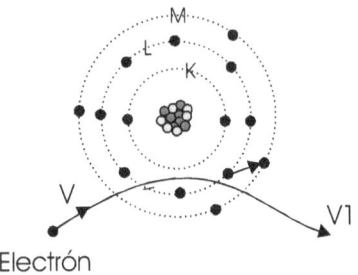

Figura 5.2. Interacción con los electrones del átomo.

La figura 5.3 muestra la interacción de un electrón con un núcleo la cual da lugar a una modificación importante de su trayectoria.

La alteración de la trayectoria es debida a la fuerza de atracción ejercida por la carga eléctrica positiva del núcleo sobre el electrón.

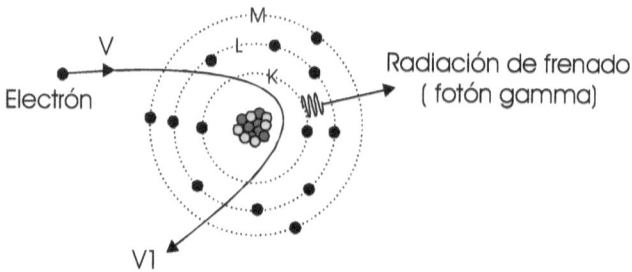

Figura 5.3. Producción de radiación de frenado.

La modificación de la trayectoria del electrón da lugar a la emisión de energía en forma de radiación electromagnética llamada *radiación de frenado o bremsstralung*. Se manifiesta con la emisión de radiación gamma, cuya energía está comprendida entre cero y la energía del electrón incidente.

Interacción de la partícula alfa con la materia

Por tratarse de una partícula «pesada» y con doble carga positiva interacciona con los electrones del átomo excitándolos e ionizándolos, por tal motivo pierde rápidamente energía y deja a su paso una estela de pares iónicos. Su trayectoria es una línea recta y su penetrabilidad es muy inferior a la de los electrones de igual energía. En promedio, la penetrabilidad de electrones con energía de 1MeV en el aire en condiciones normales es de unos 330cm, mientras que las partículas alfa con la misma energía es de sólo 0,5cm.

Interacción de los fotones con la materia

La interacción de los fotones con la materia depende de su energía y de la naturaleza del medio. Por no tener carga, el fenómeno de interacción es completamente probabilístico, pudiéndose dar el caso que traspase el medio sin que se alteren ni se produzca interacción alguna. La interacción de los fotones con la materia puede ocasionar efecto fotoeléctrico, efecto Compton y la formación de pares, y como se produce ionización, esta interacción es considerada ionizante.

240

1.-Efecto fotoeléctrico o absorción fotoeléctrica

Cuando un fotón de rayos X o gamma con suficiente energía interacciona con un átomo puede expulsar un electrón de las capas internas; en la interacción el fotón incidente «desaparece» y en su lugar se produce un fotoelectrón. La energía cinética del fotoelectrón más la energía de enlace que lo «ataba» a su órbita es igual a la energía del fotón incidente. Para que se produzca absorción se requiere que la energía del fotón incidente sea mayor o igual que la energía de enlace, si es mayor, la diferencia es la energía del fotoelectrón. El efecto fotoeléctrico tiene lugar principalmente con la absorción de rayos X de baja energía.

2.-Efecto Compton

El efecto Compton fue descubierto en 1923 por el físico estadounidense Arthur Hally Compton. Se produce cuando un fotón de alta energía colisiona con un electrón orbital, normalmente perteneciente a una capa externa, al que transfiere suficiente energía para «arrancarlo» del átomo. El resto de la energía aparece como un fotón disperso con mayor longitud de onda que el fotón incidente. Tal situación se muestra en la figura 5.4.

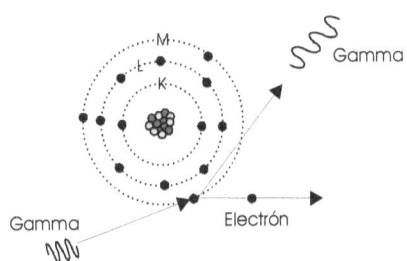

Figura 5.4. Interacción Compton

Ambas radiaciones son desviadas, forman un ángulo respecto a la trayectoria de la radiación incidente. A estas desviaciones, acompañadas por el cambio de longitud de onda, se conocen como *dispersión Compton*. El ángulo que forma la trayectoria del fotón disperso con la dirección del fotón incidente puede variar entre 0° y 180° y recibe el nombre de *ángulo de dispersión* (scattering angle). La división de energía entre el electrón y el fotón depende del ángulo de dispersión. Después de esta interacción, los electrones se «reacomodan» y se produce radiación característica.

3.- Formación de pares

La formación de pares se observa especialmente cuando se irradian elementos pesados con fotones de muy alta energía. El núcleo del material absorbe el fotón y da origen a un electrón con carga negativa y otro con carga positiva o positrón, en este proceso se convierte de energía en masa. Para que se puedan generar pares se requiere que el fotón incidente tenga energía superior a 1,02 MeV, que es el doble de la energía correspondiente a la masa del electrón en reposo. El exceso se utiliza para impartir energía cinética a las dos partículas.

Seguidamente, tanto el electrón como el positrón ceden su energía mediante procesos de interacción de partículas cargadas con la materia. El electrón es absorbido en el medio, en tanto que el positrón «finaliza su existencia» combinándose con un electrón; se produce una reacción de aniquilación y aparecen dos fotones con energía 0,511 MeV cada uno que «viajan» en sentidos opuestos.

Interacción de los neutrones

Los neutrones interaccionan con los núcleos de la materia por medio de colisiones elásticas e inelásticas y producen activación y fisión. La activación es una interacción inelástica de los neutrones con los núcleos, mediante la cual el neutrón es absorbido generándose un isótopo diferente. El núcleo impactado se vuelve inestable y emite rápidamente una o más radiaciones gamma características (prompt gamma rays). En muchos casos, el nuevo núcleo radioactivo también se desexcita y decae emitiendo uno o más fotones gamma característicos. Esta nueva emisión se llama retardada (delayed gamma rays) y se produce de acuerdo a la vida media del nuevo elemento.

Se mencionó anteriormente que la fisión es la base del desarrollo de la energía nuclear, de los reactores nucleares y de la bomba atómica. Cuando el núcleo de uranio-235 es bombardeado con neutrones se produce una violenta inestabilidad que hace que se divida en dos fragmentos aproximadamente iguales, hay pérdida de masa y se libera una gran cantidad de energía. La reacción en cadena es posible debido a que en la fisión se liberan neutrones capaces de causar nuevas fisiones.

PRODUCCION DE RADIOISOTOPOS

Para producir un radionúclido a partir de un isótopo estable es necesario provocar una alteración de la relación Z/A, es decir, agregar o eliminar protones o neutrones del núcleo, de tal manera que se transforme en otra entidad física y a veces química.

Los isótopos artificiales o sintéticos (synthetic isotopes) no se encuentran en forma natural en la tierra, son producidos en reactores nucleares y en ciclotrones. Se obtienen a partir de reacciones nucleares provocadas por el bombardeo del núcleo con un determinado tipo de partícula que se mueve a alta velocidad. El núcleo a bombardear se llama *blanco* y la partícula que bombardea, *proyectil*. Entre los proyectiles se encuentran los neutrones, protones, deutrones y fotones gamma. Cuando el proyectil interacciona con el núcleo, este lo captura y se crea un isótopo inestable que tarde o temprano emitirá una partícula.

Una forma común de producir isótopos es por activación con neutrones en un reactor nuclear. El elemento a activar se coloca cerca del centro del reactor donde la densidad de neutrones es alta. El núcleo, al capturarlos, tendrá neutrones en exceso y se torna inestable. Un isótopo típico producido en esta forma es el talio-201.

Otro forma de producción es por activación con protones en un ciclotrón. Los protones se mueven en el ciclotrón siguiendo una trayectoria circular. Periódicamente, para que adquieran velocidad se le «inyecta» energía por medio de un campo eléctrico. Cuando la velocidad es suficiente se hacen impactar en el blanco. El blanco, formado por un elemento estable, los captura y se convierte en un isótopo inestable. Los radioisótopos producidos en el ciclotrón son emisores de positrones; uno de ellos es el fluor-18. El ciclotrón opera únicamente con partículas cargadas.

Los radioisótopos artificiales también son producidos en los generadores de radionúclidos (radionuclide generator). El generador contiene un isótopo «padre», normalmente producido en un reactor nuclear, el cual decae en un isótopo «hijo». Un ejemplo típico es el generador de tecnecio-99m, muy empleado en medicina nuclear. El isótopo padre, creado en el reactor, es el molibdeno-99.

La mayor parte de los isótopos utilizados en medicina, en la industria y en la investigación son producidos artificialmente. El empleo del reactor nuclear, el ciclotrón y la selección del material que forma el blanco han permitido la creación de unos doscientos isótopos diferentes.

DETECTORES DE RADIACION

La radiación ionizante no es perceptible por los sentidos, es necesario valerse de instrumentos para detectar su presencia y determinar su intensidad, energía y cualquier otra propiedad que ayude a evaluar sus efectos. Se han desarrollado muchos tipos de detectores cada uno adecuado a cierto tipo de radiación, así, es importante seleccionar el detector apropiado para la radiación a medir. Su funcionamiento está basado en la interacción de las radiaciones con la materia. Las partículas alfa, beta, neutrones o radiación gamma, producen en ella ionización o excitación de sus átomos cuya magnitud es proporcional al número y a la energía de la radiación incidente. En el proceso puede haber emisión de luz, cambios de temperatura o efectos químicos. Los equipos de medida basan su funcionamiento en la cuantificación de estos fenómenos.

Los principales detectores de radiación son los siguientes:

Película fotográfica

El dispositivo más simple para la detección de radiaciones ionizantes es la película fotográfica; su «ennegrecimiento» es proporcional a la radiación absorbida. La medición no es muy exacta y tiene el inconveniente que la lectura sólo es posible después de revelada. Se emplea como monitor que informa sobre la radiación acumulada durante cierto tiempo. Como dosímetro, la persona lleva la película durante cierto tiempo, al cabo de dicho periodo se revela y se determina el nivel de radiaciones a que estuvo expuesta. Si la película se coloca por un cierto tiempo en un laboratorio donde se trabaja con radiaciones nucleares o rayos X, al revelarla, indica el nivel de radiación existente en el lugar.

DETECTORES POR IONIZACION DE GAS

Los detectores gaseosos, como la cámara de ionización, el contador proporcional y el contador Geiger-Muller, basan su funcionamiento en la recolección y posterior medida de los iones producidos por los radiaciones que ionizan un gas. El gas es contenido por un recipiente donde existen dos electrodos que tienen aplicado una diferencia de potencial, tal como se muestra en la figura 5.5. La corriente ionica es atraída por los electrodos y medida, su lectura cuantifica la presencia de radiaciones ionizantes.

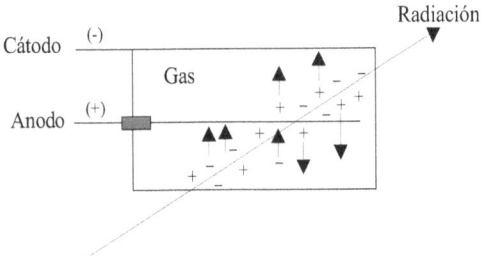

Fig 5.5 Detector por ionización de un gas.

Considérese el siguiente experimento realizado con un arreglo como el mostrado en la figura 5.6. El tubo es un recipiente lleno de aire, la envoltura es conductora y forma el cátodo, el electrodo central es el ánodo. Cerca del tubo se coloca una fuente radioactiva capaz de ionizar el aire y al tubo se le aplica un voltaje creciente, comenzando desde cero. A medida que se aumenta el voltaje se mide la corriente que indica el electrómetro.

Cuando el voltaje aplicado es cero, todos los iones producidos por efecto de la fuente radioactiva se recombinan, ninguno es «atrapado» por los electrodos, el electrómetro no indica corriente. Para un voltaje diferente de cero los iones son acelerados hacia los electrodos, si se desplazan a baja velocidad tienden a recombinarse, pero si la velocidad es suficiente pueden producir nuevas ionizaciones.

La curva muestra las diversas regiones de operación de los detectores gaseosos. Para un voltaje comprendido entre 0 y Vo, los iones comienzan a desplazarse hacia los electrodos, pero la posibilidad de recombinarse es alta. A medida que se aumenta el voltaje más iones serán «atrapados» por los electrodos y el electrómetro indica que la corriente aumenta con el voltaje.

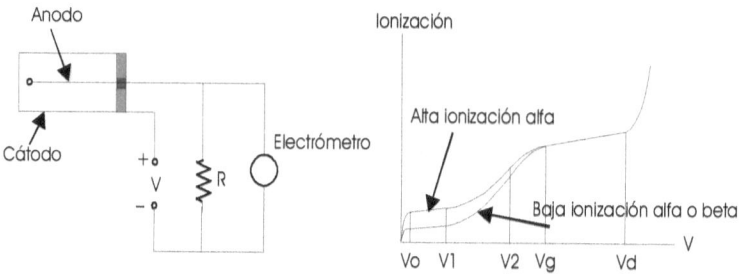

Fig 5.6. Ionización de un gas en función del voltaje.

Cuando la tensión aplicada está comprendida entre Vo y V1, todos los iones producidos alcanzan los electrodos, por esta razón en este rango el electrómetro marca una corriente casi constante, se dice que el tubo está saturado. El detector llamado *Cámara de Ionización* trabaja en esta región de la curva.

El impulso de corriente generado por la recolección de los iones depende del poder ionizante de la radiación, por tal motivo la cámara de ionización, además de indicar la presencia de radiaciones ionizantes, indica la energía de la radiación incidente. La corriente generada en estas cámaras es tan pequeña que para ser medida requiere amplificación.

Si se aumenta la tensión, entre V1 y V2 la velocidad de los iones es suficiente para producir ionización secundaria, es decir, por cada evento nuclear, aparte de los iones primarios producidos por la radiación se genera una multiplicación por efecto de ionización de las moléculas circundantes. La corriente registrada por el electrómetro es de mayor amplitud.

La región entre V2 y Vg es llamada *proporcional*, el voltaje es mayor y la ionización secundaria aumenta, los pulsos de corriente son mayores y proporcionales a la energía de las radiación incidente.

246

Si el voltaje aplicado está comprendido entre Vg y Vd, cada vez que se detecta un evento se produce ionización total del gas contenido en la cámara. El impulso de corriente registrado por el electrómetro es grande e independiente del evento inicial. En esta región se ubica el contador Geiger-Muller o GM.

Los detectores Geiger-Müller indican la presencia de radiaciones ionizantes pero no su energía, son muy empleados debido a que son instrumentos de construcción sencilla, fáciles de operar y pueden ser portátiles, operan con voltaje de unos 800 voltios. Si se incrementa el voltaje más allá de la zona GM se produce descarga continua en el tubo, la corriente es muy intensa y el tubo puede destruirse en poco tiempo.

Debido a la baja densidad de los gases los detectores gaseosos tienen baja eficiencia, del orden de 1% para la detección de los rayos X o gamma, pero detectan eficientemente las radiaciones alfa y beta que logran traspasar las paredes del recipiente.

Cámara de ionización.

La cámara de ionización puede considerarse como un condensador cuyo dieléctrico es un gas. El campo eléctrico entre los electrodos del condensador es suficiente para atraer todos los iones producidos por las partículas ionizantes.

La energía media necesaria para producir un ion en el aire es de 35eV, por lo tanto una radiación de 1MeV produce unos 30.000 iones. Para una cámara de ionización de tamaño medio, de unos 10cm de diámetro por 10cm de altura, la capacidad es del orden de 10×10^{-12}F. Si la radiación incidente pierde la totalidad de su energía dentro de la cámara, la amplitud de pulso de salida es:

$$V = \frac{(3 \cdot 10^4 \, iones)(1,6 \cdot 10^{-19} \, C/ion)}{10 \cdot 10^{-12} \, F} \cong 0,5mV$$

La amplitud de la señal es proporcional a la energía de la radiación incidente e independiente del voltaje aplicado entre los electrodos.

El voltaje aplicado determina la velocidad con que se mueven los iones. Los iones negativos o electrones se desplazan a unos 1000m/s, mientras que los positivos son unas 1000 veces más lentos; tardan 0,05seg. en atravesar una cámara de 5cm de radio.

Por este motivo, la cámara de ionización no es adecuada para contar desintegraciones individuales debido a que el tiempo de recolección de los iones positivos es excesivamente largo, por lo cual, es probable que no se han recolectado todos cuando se producen segundos eventos. Considérese que una fuente de 1mCi produce en promedio una desintegración cada 30 ms, por lo tanto la corriente que fluye por los electrodos es producto de muchos eventos nucleares y es proporcional a la actividad de la fuente y a su energía.

En la figura 5.7 se muestra el «tiempo muerto» (Tm) de un detector gaseoso, durante ese periodo, por permanecer el gas ionizado no puede detectar nuevos eventos nucleares.

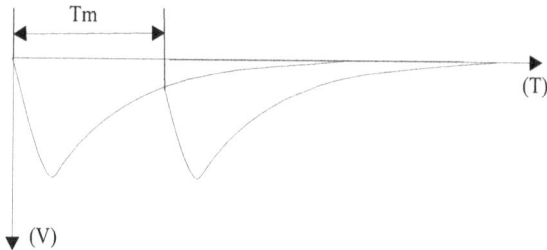

Fig.5.7. Pulsos eléctricos provenientes de un detector gaseoso.

La cámara se emplea como monitor de partículas alfa, beta, rayos X o gamma y puede adaptarse para medir neutrones. Es adecuada para la detección de partículas alfa en presencia de beta y gamma. Debido a la poca penetrabilidad de la radiación alfa, en ocasiones se coloca la muestra en el interior de la cámara o se separa por una membrana muy delgada de nylon.

Para discriminar las partículas alfa y medir únicamente la radiación beta se cubre la cámara con un material cuyo espesor es adecuado para bloquearla. Para la medida de rayos X o gamma se emplean cámaras que contienen un gas pesado como el argón a alta presión, de manera que se facilite su ionización. Si la medida se hace en presencia de radiaciones alfa o beta, puede cubrirse la cámara con una capa delgada de plomo que las detiene.

Contador proporcional

El contador proporcional opera en la zona comprendida entre V2 y Vg. La característica fundamental es que los pulsos de salida son de mayor amplitud, pueden contarse individualmente y su amplitud es proporcional a la energía de la radiación incidente.

Debido a que el voltaje aplicado es mayor, los electrones adquieren suficiente velocidad para generar ionizacion secundaria. Los electrones secundarios producen nuevas ionizaciones con lo que finalmente se genera una avalancha. La señal de salida proviene principalmente del proceso de avalancha; factor multiplicador que ocurre en la cercanía del ánodo donde el gradiente de potencial es mayor. Sin embargo, esta región representa solamente una pequeña fracción del volumen de la cámara, por lo que los electrones son «recogidos» rápidamente por el ánodo. El tiempo de recolección es del orden del microsegundo, por tanto, la cámara es apta para contar cerca de un millón de desintegraciones por segundo. El factor de multiplicación, comprendido entre 1000 y 10.000, varía con el voltaje aplicado.

El gas utilizado en el contador proporcional se conoce como P-10; una mezcla de 90% de argón y 10% metano. Se emplea para la medición de la energía de las partículas alfa y beta y de los rayos X y gamma de baja energía. Si el tubo se llena con el gas BF_3 o ^3He puede emplearse para detectar neutrones.

Contador Geiger- Muller

El detector trabaja en la región GM; cada evento radioactivo capaz de ionizar el gas desencadena una ionización total dentro del tubo. La corriente de salida está formada por la totalidad de los iones recogidos en los electrodos, por lo que el factor de multiplicación llega a ser un millón de veces mayor que en el contador proporcional. El ciclo se completa después que los iones positivos alcanzan el ánodo, lo que ocurre después de aproximadamente 0,1mseg.

Debido a este efecto, los impulsos de salida no contienen información referente a la energía de la radiación original, todos son de igual amplitud, del orden de un voltio, por lo que en general no se requiere amplificación adicional.

Durante su «viaje» los iones negativos pueden adquirir suficiente energía para liberar electrones del ánodo; si esto sucede, el proceso de ionización empieza de nuevo y en el tubo se generan descargas múltiples. Para evitar que ocurran se añade un segundo tipo de gas, denominado *gas de extinción* o «quenching gas», compuesto por moléculas orgánicas complejas como el etanol, mientras que el gas primario es formado por moléculas simples como las de Argón; una mezcla típica contiene el 90% Argón y 10% Etanol.

DETECTORES DE RADIACION GAMMA

Generalmente la radiación gamma se detecta por medio del detector de centelleo. En su funcionamiento no interviene la ionización de un gas; se vale del hecho que esta radiación produce pequeños destellos luminosos en ciertos sólidos.

Los detectores reúnen dos características fundamentales:

1.- Por ser sólidos, la eficiencia de conversión de la radiación gamma es mayor.

2.- Tienen menor tiempo muerto. La absorción de la radiación y la posterior emisión de luz es muy rápida, por lo que son adecuados para detectar eventos nucleares que se suceden rápidamente.

El elemento que produce el destello se llama *cristal de centelleo,* que además de ser transparente a su propia luz se selecciona para que tenga alta eficiencia en absorber las radiaciones ionizante y convertirlas en energía luminosa. Los cristales más empleados, por ser estables y de relativo bajo costo, son de ioduro de sodio activado con talio [NaI (T1)] y de ioduro de cesio activado con talio [CsI (T1)]. Para la detección neutrones suelen emplearse materiales orgánicos como el plástico. El cristal de ioduro de sodio (NaI) transforma los fotones gamma en fotones de luz visible, cerca de la región ultravioleta, y su eficiencia de conversión es de 7% a 14%.

El detector de centelleo está formado por el cristal, el fotomultiplicador y el pre-amplificador, todos dentro de un cilindro metálico que los mantiene unidos y en oscuridad. El cristal tiene forma cilíndrica y caras paralelas. Tal como se muestra en la figura 5.8, una cara está expuesta a las radiaciones y la otra acoplada ópticamente al fotomultiplicador.

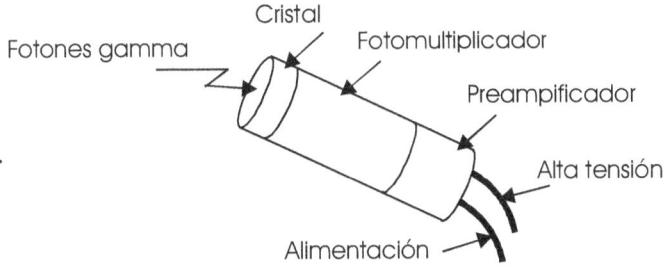

Figura 5.8. Detector de centelleo.

El fotomultiplicador es un cilindro de vidrio sellado al vacío, la cara en contacto con el cristal está cubierta en su interior por un material transparente fotosensible con baja función de trabajo, forma el fotocátodo y tiene la propiedad de emitir electrones al recibir destellos provenientes del cristal.

Para que los destellos puedan alcanzar eficientemente el fotomultiplicador debe existir buen acoplamiento óptico con el cristal, dicho acoplamiento se obtiene colocando entre ellos una grasa transparente adecuada a ese propósito. El cristal y el tubo fotomultiplicador deben operar en completa obscuridad, de otra manera la luz del ambiente al ser amplificada produciría suficiente corriente que destruiría el tubo en fracciones de segundo.

El tubo contiene una serie de elementos metálicos llamados *dínodo* recubiertos también con material fotosensible, el último dínodo es el ánodo. Una posible disposición de los dínodos se muestra en la figura 5.9. El pre-amplificador, además de suministrar una pequeña amplificación, tiene la función de acoplar la salida del tubo, que tiene impedancia de unos 10Kohm, al cable co-axial. En muchos casos el cable coaxial es empleado para conducir las señales y al mismo tiempo llevar la alta tensión al fotomultiplicador, es decir, las señales cabalgan sobre la alta tensión.

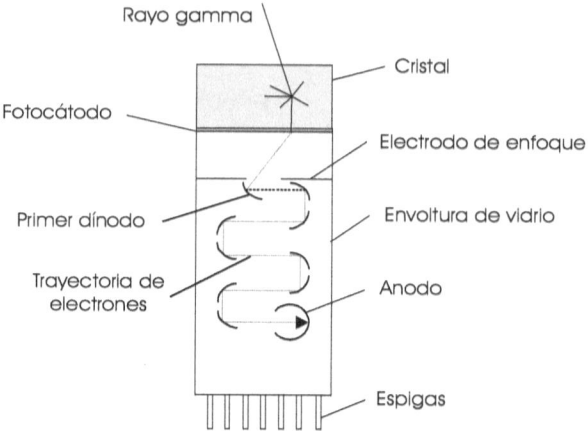

Figura 5.9. El tubo fotomultiplicador.

El tubo fotomultiplicador tiene la propiedad de convertir la energía luminosa en corriente eléctrica. Es adecuado para detectar fotones de muy baja energía como los provenientes del cristal de ioduro de sodio o de una estrella lejana.

Cuando la radiación gamma incide en el cristal libera energía que se convierte en un destello luminoso cuya duración es del orden del microsegundo. La energía del fotón generado es proporcional a la energía del fotón gamma incidente y su longitud de onda es adecuada para excitar el fotocátodo. Cuando es excitado, el material que forma el cátodo tiene la propiedad de emitir electrones por fotoemisión. Los electrones son atraídos por el primer dínodo que es positivo respecto al fotocátodo, en su trayectoria son acelerados, adquieren energía cinética, y al chocar con la superficie del dínodo liberan un número de electrones mayor que los incidentes.

Los electrones emitidos por el primer dínodo son acelerados hacia el segundo, que tiene potencial positivo respecto al primero. En su trayectoria son de nuevo acelerados y al chocar con el segundo dínodo liberan de nuevo un número mayor de electrones que los incidentes, y así sucesivamente hasta alcanzar el ánodo. La figura 5.9 muestra la trayectoria de los electrones.

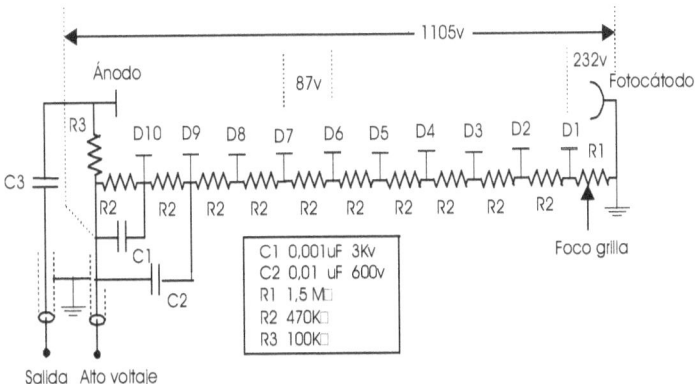

Figura 5.10. Divisor de tensión para fotomultiplicador RCA-6342A.

El voltaje aplicado a los dínodos es progresivamente positivo, es decir, si el primer dínodo tiene aplicados 100 voltios, el segundo 200, el tercero 300, etc. El fotomultiplicador es alimentado con tensión de unos 1200v. Un divisor de tensión empleado para alimentar un fotomultiplicador se muestra en la figura 5.10.

Cuando los electrones chocan con los dínodos se produce un efecto de multiplicación. Si en el primer dínodo incide un electrón, se producen dos. Si en el segundo dínodo inciden dos, se producen cuatro y así sucesivamente. Si por cada electrón que incide en el primer dínodo se producen d electrones, el número que emite el segundo dínodo es d^2, el tercero d^3 etc. Por lo tanto la ganancia de fotomultiplicador es dada por:

$$G = \frac{i_s}{i_e} = d^n$$

donde i_e es la corriente inicial en el fotocátodo, i_s es la corriente de salida del fototubo, d es el factor de multiplicación y n el número de dínodos.

El impulso de salida del detector es proporcional a la energía del fotón gamma incidente en el cristal. Tiene algunas décimas de microsegundo de tiempo de alzada y algunos milivoltios de amplitud. La figura 5.11. muestra una colección de impulsos nucleares.

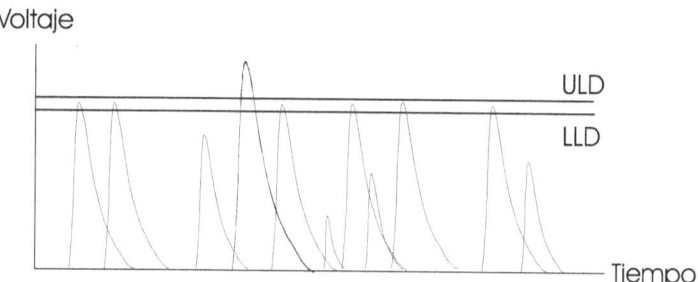

Figura 5.11. Impulsos nucleares observados en la salida del fototubo.

En esta representación se observa que la distribución de los impulsos en el tiempo es completamente aleatoria. Es decir, es imposible predecir en que momento un radionúclido emite radiación. Se observa también que una proporción apreciable, los impulsos tienen amplitud comprendida entre LLD y ULD.

DETECTORES DE ESTADO SOLIDO

Son dispositivos fabricados con semiconductores, usualmente silicio o germanio, utilizan la junta p-n polarizada en forma inversa como estructura sensitiva para detectar partículas cargadas o fotones. La radiación penetra la zona de deplexión y crea pares iónicos, por influencia del campo eléctrico los iones positivos y negativos se desplazan hacia el ánodo y cátodo del diodo donde se produce un pulso de corriente que puede ser medido.

Puesto que la energía requerida para producir un par electón-hueco en el silicio a 300K° es de ~3.6 eV, si se mide el número de pares generados por cada radiación se puede determinar su energía, por lo que el número final de electrones «recolectados» es proporcional a la energía de la radiación.

Como la energía requerida para producir un par es muy inferior a la necesaria para producir el mismo par en un detector de gas, se obtiene una excelente resolución energética, y como los electrones se mueven rápidamente, la resolución por tiempo también es superior.

Para aumentar la magnitud del campo eléctrico en la región de deplexión los detectores operan con voltaje inverso comprendido entre 1000 y 3000v, con lo que se incrementa la zona de deplexión y se hace más eficiente la recolección de las cargas. Además, con el incremento de la zona de deplexión aumenta el volumen sensible del detector, por lo que aumenta la eficiencia de conversión.

En comparación con los detectores gaseosos, la densidad de un semiconductor es muy alta, así que las partículas cargadas pueden «entregar» la totalidad de su energía a un detector semiconductor de dimensiones más pequeñas. El hecho que las dimensiones sean menores implica que el recorrido que deben hacer las cargas se ve reducido en varios órdenes de magnitud, por lo que el tiempo necesario para recogerlas se encuentra en el rango de 10 a 100 ns, dependiendo de la geometría del detector y del punto de entrada de la radiación respecto a los electrodos. Este tiempo es mucho menor que en las cámaras de ionización.

RADIOIMAGENES

La medicina nuclear utiliza tres técnicas para realizar exploraciones para el diagnóstico.

Gammagrafía plana; estática o dinámica.

Tomografía de fotón único (SPECT).

Tomografía por emisión de fotones (PET).

Las dos primeras utilizan radiotrazadores emisores gamma, mientras que el PET emplea radiotrazadores emisores de positrones. El proceso de diagnóstico plano crea sus propias proyecciones, mientras que el SPECT y el PET requieren de la reconstrucción tomográfica.

A diferencia de la radiografía, donde es necesario que la radiación se atenúe para obtener el contraste de la imagen, en medicina nuclear la atenuación no es importante, es preferible no tenerla. Las imágenes representan la distribución de las radiaciones que emite un radionúclido acumulado en algún órgano del paciente a quien previamente se le ha suministrado un trazador radioactivo. El trazador es una sustancia utilizada para medir la velocidad de un procedimiento químico, como por ejemplo el metabolismo que permite, gracias a la emisión de radiaciones, «seguirle el rastro» de su desplazamiento a través cuerpo.

Los radionúclidos utilizados en Medicina Nuclear pueden ser simples, como el I-131, o formar parte de estructuras moleculares complejas, llamadas radiofármacos. Hay cerca de 1500 radionúclidos conocidos, de los cuales unos 200 pueden obtenerse en el mercado. Sólo una docena son empleados en medicina nuclear debido a que se prefieren los emisores gamma «limpios» y de vida media adecuada al estudio a realizar.

El trazador actúa en forma similar a un colorante agregado a un tanque de agua, si se abre la llave colocada en un extremo de la instalación se puede medir el tiempo que tarda en observarse. Si en un lugar de un colorante se hubiese agregado un radioisótopo no sólo sería posible realizar la misma experiencia, sino también seguir su trayectoria dentro de la cañería, puesto que la radiación puede atravesarla y ser detectada. Además, si hubiese una fuga, al evacuar la cañería quedaría radiactividad remanente en el lugar de la pérdida, lo que permitiría localizarla.

Para que las radiaciones produzcan poco daño deben permanecer en el cuerpo el menor tiempo posible, el trazador debe poseer un período de semidesintegración corto, desde algunos minutos hasta pocos días, de tal manera que en pocos tiempo el nivel de radiactividad remanente sea despreciable. Además, la cantidad y energía no deben exceder el valor necesario para ser detectados y generar una imagen de buena calidad. Sus propiedades físico-químicas no deben perturbar el cuerpo ni el órgano en estudio, así como su solubilidad, capacidad de absorción y adsorción, deberán ser las adecuadas.

Los trazadores se emplean para el diagnóstico y tratamiento de enfermedades, estudios metabólicos o fisiológicos y medición de tiempos y volúmenes de circulación de fluidos biológicos. Dos ejemplos típicos del empleo de trazadores radioactivos son:

Centellograma de tiroides.

A partir de 1946, la disponibilidad del yodo-131 permitió establecer las bases de la especialidad médica que se conoce como medicina nuclear. Una de las primeras aplicaciones de los materiales radiactivos es la valoración de la fisiología de la glándula tiroides, el tratamiento del hipertiroidismo y del cáncer.

La valoración funcional de la glándula puede realizarse mediante la utilización de diversos materiales radiactivos y/o moléculas marcadas, que una vez administrados al paciente, generalmente por vía endovenosa u oral, proporcionan información cuantitativa y/o cualitativa in vivo sobre la bioquímica y el metabolismo de dicha glándula no obtenible mediante otras modalidades.

El paciente bebe alrededor de 1 Mbq de I-131 en forma de yodo, que por su afinidad con la hormona tiroidea, la tiroxina, se fija casi exclusivamente en la tiroides. Con un detector de centelleo se mide externamente y se cuantifica la función tiroidea, se obtienen imágenes de la glándula y se estudia su forma y tamaño.

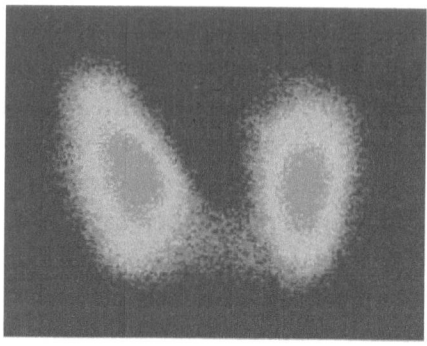

Fig.5.12. Gammagrafía tiroidea digital.

Aplicaciones del Tecnecio-99 metaestable (Tc-99m)

En medicina nuclear se emplean decenas de compuestos biológicamente activos marcados con radioisótopos, sin embargo, el más utilizado, en aproximadamente el 80% de los estudios, es el tecnecio-99 metaestable. Con este isótopo se puede marcar un radiofármaco que se fijará metabólicamente en un órgano o tejido específico, pudiéndo ser observado y cuantificarlo desde el exterior del cuerpo por medio de una cámara gamma.

El Tc-99m se extrae de un generador que contiene molibdeno-99 (Mo-99), el «isótopo padre» que se produce en los reactores nucleares. Este radiotrazador, con vida media de 6,01 horas, es un isómero nuclear metaestable, es decir, no se transforma en otro elemento cuando decae. Emite rayos gamma de 140 keV, la misma longitud de onda de un equipo de rayos X convencional. Después de 24 horas de haber sido suministrado, sólo queda en el cuerpo del paciente el 6,3%, por lo tanto, la radiación a que está expuesto es poca. Por tener vida media corta y por emitir radiaciones, que por su energía son menos nocivas, el Tc-99m es adecuado para el diagnóstico.

El Mo-99 tiene vida media de 66 horas, cuando decae emite una partícula beta negativa y un antineutrino. Su vida media es suficientemente larga para que una vez creado puede transportarse a cualquier hospital del mundo y todavía produce Tc-99m por una semana o más. Cuando el hospital lo recibe procede a extraer (ordeñar) químicamente el Tc-99m. Sólo con algunos microgramos se obtienen resultados satisfactorios, por lo que la «vaca» es suficiente para muchos estudios.

Dado que al paciente se inyecta una mínima cantidad de trazador, las gammagrafías son imágenes de muy baja resolución; la información anatómica que aportan no suele ser de muy buena calidad, sin embargo, producen excelentes imágenes de tipo funcional. Por ejemplo, se puede marcar las plaquetas, los glóbulos rojos u otras células y observar cómo se distribuyen por el cuerpo; en el procedimiento el isótopo es «atado» a un fármaco que lo trasporta. Si el Tc-99m se «ata químicamente» a la exametazima, droga que tiene la propiedad de atravesar la barrera hematoencefálica (barrera entre la sangre y el tejido cerebral), fluye a través de los vasos del cerebro y permite la observación de la circulación. También es empleado para marcar los glóbulos blancos, lo que consiente localizar infecciones, obtener imágenes de la perfusión del miocardio o medir la función renal.

La medicina nuclear realiza unos 30 millones de diagnósticos al año. El empleo de radiotrazadores para el estudio de los procesos químicos fue desarrollada por el radioquímico húngaro George de Hevesy (1885-1966), por tal motivo se le otorgó el Premio Nobel de Química en 1943. En referencia a este premio se cuenta una curiosa anécdota acontecida en la Segunda Guerra Mundial. Cuando Alemania invadió Dinamarca, para evitar que el oro del premio fuera encontrado por los Nazis, Hevesy lo disolvió en agua regia y colocó la solución en un estante en el Instituto Niels Bohr. Al terminar la contienda, encontró la solución inalterada, recuperó el oro y la Sociedad Nobel acuñó el premio utilizando el mismo metal.

CAMARA GAMMA

La era de las radio imágenes para el diagnóstico comienza en 1949 cuando el norteamericano Benedict Cassen, considerado por muchos como el padre de la imagenología médica, desarrollo un prototipo de escáner automático. Para obtener la imagen de la distribución del yodo-131 contenido en la tiroides utilizó un fotomultiplicador, un cristal de calcio-tungsteno, un colimador y un mecanismo de rastreo movido por un motor acoplado a una impresora.

Un avance instrumental importante fue el desarrollo de la cámara gamma formada por un detector de área grande, normalmente cubre todo el órgano en estudio y hace posible la rápida adquisición de la imagen sin movimiento mecánico de rastreo. La cámara gamma o gammacámara es el equipo más empleado en medicina nuclear, produce imágenes llamadas gammagrafías o cintigrafías nucleares, fue desarrollada en la Universidad de California en 1957 por el ingeniero norteamericano Hal Anger (1920-2005). Su diseño original, conocido como Cámara de Anger, se utilizó en algunas localidades hasta finales del siglo pasado.

El sistema de detección de las radiaciones se encuentra en un cabezal que está montado en un gantry y conectado a un computador. El computador, aparte de controlar la operación de la cámara, adquiere los datos, los almacena y los transforma en imágenes. Los principales componentes del cabezal son el colimador, el cristal centellador, una matriz de tubos fotomultiplicadores con su respectivos amplificadores, y los circuitos de posición. El cabezal está recubierto por un blindaje de aproximadamente 4 cm de plomo.

El colimador es el primer objeto con que se encuentran los rayos gamma cuando «emergen» del cuerpo del paciente. Proporciona un método de correlacionar los fotones detectados con su punto de origen. Según la disposición de los orificios respecto al cristal, existen diversos tipos de colimadores. Se clasifican en: paralelos, divergentes, convergentes y pinhole, este último con un solo orificio. Frente al cristal hay un dispositivo que posibilita colocar el colimador adecuado a cada estudio.

El colimador, mostrado en la figura 5.13A, está formado por una grilla perforada hecha de material absorbente de algunos centímetros de espesor, usualmente plomo o tungsteno. La grilla permite que alcancen el cristal únicamente aquellas radiaciones que se propagan en forma paralela a los orificios y sus características dependen del espesor y sección de las aberturas. Debido a que no altera el tamaño de la imagen, el colimador de mayor uso es el paralelo. Hay colimadores de uso general, de «alta energía», que tienen mayor espesor y los de «alta resolución», con orificios de menor sección.

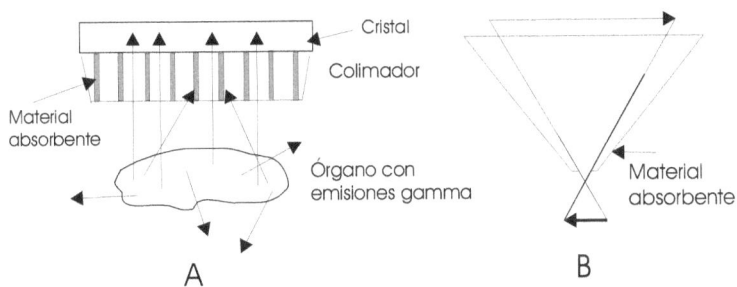

Fig. 5.13. Efecto del colimador paralelo y pinhole sobre las emisiones gamma.

La figura 5.13A, muestra el efecto del colimador paralelo sobre las emisiones gamma. Debido a la disposición del sistema y a la atenuación que introduce el material absorbente, cerca del 99% de los eventos radioactivos que se generan en el cuerpo del paciente no llegan al detector, la imagen se construye con el 1% restante.

Cuando se desea estudiar alguna zona concreta se utiliza el «pinhole», cuya geometría se muestra en la figura 5.13B. Tiene un solo orificio, y al igual que una cámara fotográfica produce una imagen invertida y ampliada.

Los rayos gamma, después de pasar por el colimador, alcanzan un gran cristal de ioduro de sodio donde son absorbidos. Sus dimensiones son de 11 a 16 pulgadas de diámetro y 1/2 pulgada de espesor. En respuesta a las radiaciones el cristal centellea, el destello luminoso que se propaga en todas direcciones es «visto» simultáneamente por un banco de 19 o 37 fotomultiplicadores de 3 pulgadas de diámetro, todos adosados al cristal y dispuestos en forma exagonal, tal como se muestran en la figura 5.14.

La señal de salida de cada fotomultiplicador se lleva a un pre-amplificador local y de allí se distribuye a cuatro circuitos de posición formados por cuatro sumadores (CS). Los sumadores reciben los impulsos eléctricos procedentes de los fotomultiplicadores y generan cuatro señales de posición X^+, X^-, Y^+, e Y^-.

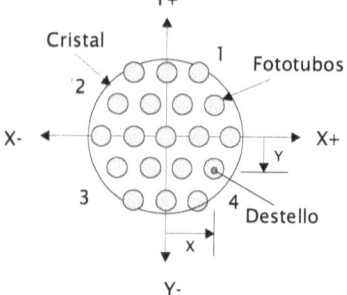

Figura 5.14. Disposición de 19 fotomultiplicadores.

La señales de salidas de todos los fotomultiplicadores también se suman para formar una señal única llamada «Z», cuya amplitud es proporcional a la energía de la radiación incidente y es independiente de las coordenadas de donde proviene el destello.

Para comprender cómo se generan las señales X^+, X^-, Y^+, e Y^- imagínese el cristal dividido en cuatro cuadrantes como si fuera una torta. El centro de la torta tiene coordenadas $X=0$ e $Y=0$. El fotomultiplicador más cercano al destello recibe una señal más intensa, en tanto que los más alejados reciben señales proporcionalmente menores, por tal motivo el fotomultiplicador más cercano produce a su salida un impulso de mayor amplitud.

Si se produce un destello en el centro del cristal, la suma de los señales de los fototubos de los cuadrantes 1 y 2 es igual a la suma de los cuadrantes 3 y 4, luego al restarlos el resultado es cero. Si esta señal es empleada para indicar la desviación vertical, evidentemente es cero. En forma similar, si se suman las señales producidas en los cuadrantes 1 y 4 y se restan de las señales producidas en los cuadrantes 2 y 3 el resultado también es cero. En consecuencia, la desviación horizontal también es cero, lo que indica que se produjo un destello en el centro del cristal.

Considérese ahora que se produce un destello en el cuarto cuadrante como se muestra en la figura 5.14. En estas condiciones, la magnitud de la señal de los cuadrantes 3 y 4 es mayor que la magnitud de los cuadrantes 1 y 2, al restarlos se obtiene un valor «y» que indica la desviación vertical. En forma similar, la señal de los cuadrantes 1 y 4 es mayor que la de los cuadrantes 2 y 3, al restarlos se produce una señal «x» que indica una desviación horizontal. De esta forma se generan las coordenadas para cada uno de los destellos que se producen en el cristal.

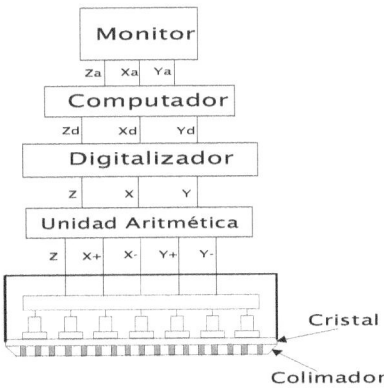

Fig.5.15. Componentes de una gamma cámara.

La figura 5.15 muestra que las señales Z, X^+, X^-, Y^+, Y^- son enviadas a la unidad aritmética donde se efectúan las sumas y las restas antes descritas. La magnitud de la señal Z indica la intensidad de la radiación incidente, mientras que el resto de las señales son de posición. De la unidad aritmética emergen tres señales analógicas x, y, z, las cuales son digitalizadas y enviadas al computador. El computador «construye» y muestra una imagen bidimensional que refleja la distribución y la concentración del trazador radioactivo presente en el órgano o tejido que se está observando.

Presentación de la imagen

Las primeras gamma cámaras utilizaban como monitor la pantalla de un osciloscopio de persistencia y una cámara fotográfica «polaroid» con el obturador abierto. La acumulación analógica de puntos luminosos sobre la pantalla formaba la imagen que era registrada en la película polaroid. En la actualidad no se emplean cámaras polaroid; los eventos radioactivos son acumulados en la memoria del computador organizada en forma de matriz de, por ejemplo, de 1024x1024 píxel. Cada píxel es identificado por un valor numérico x,y. Durante el estudio, en cada uno se va acumulando cierto número de eventos radiactivos y su contenido es mostrado en la pantalla del monitor. La figura 5.16A, muestra los puntos correspondientes a la distribución de la sustancia radioactiva en algún órgano del paciente. La figura 5.16B, presenta una memoria formada por una matriz de 5x5 y los eventos acumulados en cada píxel. En la figura 5.16C, se indica la cantidad de eventos acumulados en forma numérica. Periódicamente se «lee» el contenido de cada pixel y se le asigna un nivel de gris, tal como se muestra en la figura 5.16D.

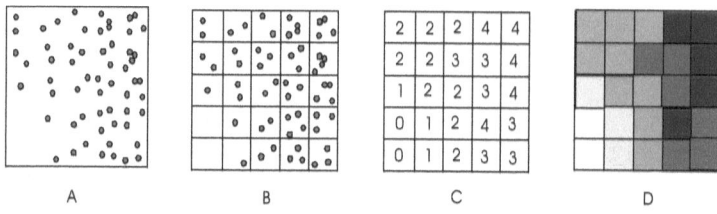

A   B   C   D

Figura 5.16. Imagen analógica y proceso de digitalización.

La imagen obtenida con este tipo de cámaras es una proyección plana de la distribución del radiofármaco en los órganos tridimensionales del paciente. Se llama gammagrafía plana por no contener información relacionada con la profundidad en que se encuentra el radiofármaco.

Gammacámara lineal

En la gammacámara lineal el cabezal está acoplado a un sistema mecánico que lo desplaza sobre el cuerpo del paciente. A medida que se desplaza rastrea el área corporal de interés y reproduce la distribución topográfica del radioisótopo.

El equipo así constituido es el centellógrafo de detector móvil o gammógrafo lineal, cuya finalidad es la obtención de imágenes estáticas que suministran información sobre la morfología, la estructura y la función de órganos o sistemas. En la gammagrafía ósea, por ejemplo, se inyecta un isótopo radioactivo intravenoso que tiene preferencia a depositarse en los huesos; se rastrea todo el cuerpo y se obtiene su distribución en el esqueleto.

SPECT

La tomografía por emisión de fotón único o SPECT (Single Photon Emission Computed Tomography), produce imágenes tridimensionales que se obtiene de la reconstitución de varias proyecciones bidimensionales. Entre los estudios que pueden realizarse se destacan las imágenes cardíacas, renales, cerebrales y el rastreo óseo.

Debido a que esta tecnología es simple y menos costosa fue uno de los primeros sistemas utilizados por la medicina nuclear. Sus orígenes se remontan a los años 50 del siglo pasado, pero su uso no se difundió hasta 30 años después. Para que se desarrollara se tuvo que esperar por la aparición de novedosos métodos para la adquisición de imágenes y nuevos radioisótopos trazadores.

La imagen SPECT se obtiene por medio de una gamma cámara que toma múltiples imágenes bidimensionales desde diferentes ángulos, llamadas *proyecciones.*

Luego un computador aplica un algoritmo de reconstrucción tomográfica que genera imágenes tridimensionales. A fin de obtener delgados cortes a lo largo de cualquier eje del cuerpo, el conjunto de data es «manipulado» en forma similar a otras técnicas tomográficas como las del MRI, CT y PET.

La mayoría de sistemas de SPECT utilizan una gran gamma cámara rotatoria suspendida que puede girar alrededor del paciente. Las proyecciones se adquieren en puntos definidos durante la rotación, típicamente cada 3-6 grados. En la mayoría de los casos, para obtener una reconstrucción óptima se realiza una rotación completa de 360 grados. El tiempo que toma cada proyección es variable, oscila entre 15 y 20 segundos, lo que implica un tiempo total rastreo de 15 a 20 minutos. Para reducir este tiempo se emplean cámaras de cabezales múltiples. Para dos cabezales separados 180 grados la rotación es de media circunferencia; se adquieren dos proyecciones simultáneas y el tiempo de barrido se reduce a la mitad. Se emplean también cámaras con tres cabezales, donde la rotación es de 120 grados. El SPETC más corriente es el de dos cabezales, cubre el 80% de las ventas en los Estados Unidos. Desde su aparición hasta la actualidad, los sistemas de SPECT han evolucionado rápidamente, pasando por los de cabezal único hasta los detectores Harvard, que han alcanzado una sensibilidad 75 veces superior a los primeros sistemas.

Si el *hardware* y el *software* pueden ser configurados para detectar coincidencia la cámara con dos cabezales puede también emplearse para la tomografía por emisión de positrones (PET), que será analizada posteriormente en este capítulo.

Las imágenes que se obtienen con la gamma cámara adaptada para que opere como PET, son de calidad inferior a las obtenidas con equipos especialmente fabricados para esa función. Esto es debido a que el cristal centellador es poco sensible a los fotones de alta energía producidos por el proceso de aniquilación y el área del detector es significativamente menor. Sin embargo, la gamma cámara es mucho más versátil y económica que un escáner PET dedicado.

PROTOCOLOS DE ADQUISICION

Con la cámara SPECT pueden adoptarse varias modalidades de adquisición, para lo cual se emplean diferentes protocolos con los que es posible obtener:

1. Imagen Plana (Planar Imaging)

Es el protocolo de adquisición más simple. El detector se mantiene estacionario respecto al paciente y adquiere data únicamente desde esa posición. La imagen creada es similar a una radiografía. Se emplea principalmente en el rastreo óseo.

2. Imagen dinámica plana (Planar Dynamic Imaging)

La cámara permanece estática pero durante el proceso se toma una serie de imágenes planas sucesivas. Cuando se reproducen se observa el movimiento del trazador. Cada imagen es el resultado de la suma de los datos recogidos durante cierto tiempo, típicamente de 1 a 10 segundos. Una aplicación generalizada de este protocolo es la determinación de la tasa de filtración glomerural (*glomerular filtration rate)* de los riñones.

3. Imagen SPECT (SPECT Imaging)

La cámara, al rotar alrededor del paciente capta y adquiere la imagen del trazador desde varios ángulos, después de adquirida y procesada es empleada para reconstruir una imagen tridimensional de la distribución del trazador en el interior del tejido.

4. Imagen SPETC con muestreo (Gated SPETC Imaging)

Es un protocolo principalmente empleado para el estudios de los rápidos movimientos cardíacos. Si se toman imágenes del corazón con el protocolo anterior, la resultante es indefinida y posiblemente representa la posición promedio del este órgano durante el tiempo que se toma la muestra. Sin embargo, si se subdivide cada proyección SPETC en subimágenes cada una adquirida en diferentes «fases» del ciclo cardíaco, es posible observar las contracciones del corazón en sus varias «etapas».

Para obtener los datos así clasificados, es necesario conectar la cámara a un electrocardiógrafo que sincroniza la adquisición con las diferentes fases. Este protocolo, conocido también como *gated acquisitions,* se emplea para obtener información cuantitativa de la perfusión del miocardio, su espesor y el grado de contracción durante las varias etapas del ciclo, también permite el cálculo de la fracción de eyección ventricular, volumen y gasto cardíaco.

RECONSTRUCCION

Para que los datos contenidos en las proyecciones pueda ser convertidos en una imagen tridimensional inteligible, se emplea un computador que los procesa y recupera la distribución espacial del trazador. El computador emplea básicamente dos métodos de reconstrucción: la iterativa y el algoritmo de retroproyección filtrado *(filtered back projection).* Este último utiliza un filtro matemático aplicado a los datos de las proyecciones, y posteriormente, a la imagen resultante se le aplican filtros que permiten mejorar su aspecto.

En general, la imagen reconstruida es susceptible a artefactos, tiene menos resolución y más ruido que una imagen plana. Los artefactos que se observan son interpretaciones erradas de la estructura de los tejidos. Son causados por errores en la adquisición, debidos principalmente a la naturaleza aleatoria de las radiaciones, a los movimientos del paciente, a la incapacidad del algoritmo de representar la anatomía y la distribución no uniforme del radiofármaco.

Es esencial que durante el barrido, que consume bastante tiempo, el paciente no se mueva; el movimiento produce una significante degradación de la imagen. Actualmente, existen técnicas de reconstrucción que compensan por el desplazamiento.

La cámara gira alrededor del paciente y cada vez que se detiene crea proyecciones. Los fotones que intervienen en la formación de las proyecciones son los que logran cruzar el colimador. Pero como los fotones se originan en deferentes profundidades dentro del tejido, dan como resultado una sobreposición de imágenes. Es un proceso similar a la obtención de la radiografías, donde la superposición de estructuras anatómicas tridimensionales se convierten en bidimensionales.

La atenuación de los rayos gamma en el interior del paciente puede conducir a un error significativo, ya que los tejidos más profundos aparecen menos activos que los superficiales, sin embargo, conociéndose el punto de origen pueden realizarse correcciones aproximadas. Para correcciones óptimas, los SPETC modernos tienen incorporado un tomógrafo cuyas imágenes son un mapa de la atenuación de los tejidos. Para compensar por la atenuación, los datos que aporta el tomógrafo son incorporados a la reconstrucción SPETC.

La información sobre el funcionamiento del órgano, suministrada por el SPETC y su anatomía, suministrada por el tomógrafo, pueden ser fusionadas en una sola imagen que contenga la información anatómica y funcional del órgano. Este procedimiento se ha vuelto una importante herramienta de diagnóstico.

TOMOGRAFIA POR EMISION DE POSITRONES (PET)

La tomografía por emisión de positrones (PET) es una técnica de diagnóstico que presenta imágenes tridimensionales de los procesos funcionales del cuerpo. No evalúa la morfología de los órganos y tejidos, sino el flujo sanguíneo y su metabolismo. La resolución de las imágenes es inferior a la lograda con el CT o el MRI, sin embargo, la información que suministran es insustituible. Mientras el escán CT o MRI muestran detalles de las estructuras del cuerpo, el PET examina su bioquímica.

Fue desarrollada en 1975 por el físico armenio-americano Micael Ter-Pogossien (1925-1996) et.al., en la Escuela de Medicina de la Universidad de Washington. En lugar de los emisores gamma utilizados en el SPECT, utiliza radionúclidos emisores de positrones de vida media corta; el radioisótopo decae cuando emite una partícula beta positiva o positrón. Los cuatro radioisótopos más empleados son: ^{18}F, ^{11}C, ^{13}N y ^{15}O.

Fig.5.17. Tomógrafo por emisión de positrones PET

La presencia del positrón como antipartícula del electrón fue anunciada por el físico teórico inglés Paul Dirac (1902-1984), quien en 1928 predijo la existencia de la antimateria, no obstante, el primer indicio de su existencia fue revelado en 1932 por el físico norteamericano Carl David Anderson (1905-1991).

Durante sus investigaciones relacionadas con los rayos cósmicos en la cámara de niebla encontró trazas inesperadas; concluyó acertadamente que habían sido producidas por partículas que tenían la misma masa que el electrón y carga eléctrica opuesta. Esta partícula, que se identifica como antimateria del electrón, fue la primera antipartícula detectada.

Se dijo anteriormente que el positrón no puede permanecer largo tiempo en un mundo «lleno» de electrones, tras recorrer una pequeña distancia, del orden de algunos nano metros, o de transcurrir unos 100 pico segundos, dependiendo de la densidad de electrones en la zona donde se encuentra, el positrón se combina con un electrón y se produce una reacción de aniquilación.

En la reacción se transforma toda la masa del electrón y del positrón en energía. La energía equivalente a las masas se manifiesta con la emisión de dos fotones gamma de 511 KeV cada uno, que se emiten en direcciones opuestas. La figura 5.18 esquematiza este fenómeno.

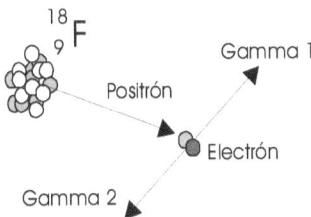

Fig. 5.18. Aniquilación del positrón y emisión de energía.

Esta técnica precisa y no invasiva es capaz de detectar tumores cancerosos extremadamente pequeños, examinar y localizar con un solo estudio los focos de crecimiento celular anormal en todo el cuerpo, lo que evita que el paciente incurra en gastos excesivos y que sea sometido a cirugías para el diagnóstico. Además, posibilita evaluar la efectividad de un tratamiento y determinar si los tumores han reaparecido.

El PET se ha implantado con mucha fuerza en el área cardiológica, neurológica y psicobiológica, dada la posibilidad de cuantificar el metabolismo, tanto cardíaco como del sistema nervioso central. Se emplea, por ejemplo, para determinar en que momento una cirugía de bypass es beneficiosa para el corazón, o para diagnosticar la enfermedad de Alzheimer años antes de que aparezcan los primeros síntomas. En cardiología; para determinar el flujo sanguíneo en el miocardio, indicar las áreas infartadas e identificar las áreas que se benefician después de una cirugía coronaria con implantación de bypass. También es utilizado para el «mapeo» cerebral, para detectar tumores, desordenes de la memoria, ataque cerebral y otras anormalidades.

Los equipos PET pueden ser de detector rotatorio o estacionario. En los primeros, el detector está formado por un mínimo de dos cabezales separados 180 grados que durante la adquisición giran alrededor del paciente. Los segundos, como el mostrado en la figura 5.19, utilizan una serie de detectores de pequeño tamaño que forman un anillo dispuesto alrededor del paciente. El sistema de detector rotatorio, es en realidad una gamma cámara SPECT adaptadas para realizar la tomografía PET, mientras que el sistema estático es el «verdadero» tomógrafo PET. Otra diferencia importante entre ambos tipos de escáner es el cristal de centelleo; el primero se utiliza INa(Tl) en tanto que el segundo BGO (Germanato de Bismuto), más eficiente para la detección de fotones de 511 KeV.

El proceso para obtener la imagen consiste en ubicar el lugar donde se produce la reacción de aniquilación. Esta es detectada por tubos fotomultiplicadores o por fotodiodos de avalancha de silicio (SiAPD). El fotodiodo puede ser considerado como la versión semiconductora del fotomultiplicador. Cuando se le aplica una tensión inversa de unos 100-200v, debido al efecto avalancha, se produce una ganancia de corriente de aproximadamente 100. Si el campo eléctrico es adecuado, los electrones libres adquieren suficiente velocidad que al chocar con los átomos del material liberan otros electrones, de forma que su número aumenta rápidamente y así la corriente.

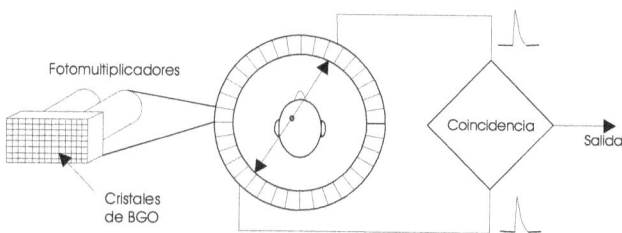

Fig. 5.19. Módulo estático y detección por coincidencia.

Para determinar si un fotón en verdad proviene del proceso de aniquilación, la energía radiante debe ser 511KeV y ser detectada simultáneamente por dos detectores separados 180°. La simultaneidad de la detección la determina el circuito de coincidencia que tiene la propiedad de producir una señal de salida únicamente si dos pulsos de entrada son simultáneos. Se consideran coincidentes si son detectados en un intervalo de algunos nanosegundos, típicamente 15x10^{-9}s.

Cuando se detectan los fotones se traza una línea imaginaria entre los dos detectores que han intervenido. Sobre esa línea, que se llama *línea de respuesta* LOR (Line Of Response), debe estar ubicado el punto donde se produjo la aniquilación. Tal situación se muestra en la figura 5.18.

Puesto que las desintegraciones se producen de manera aleatoria, ni la línea de respuesta, ni la pareja de detectores que intervienen en cada coincidencia guardan ningún orden establecido. Cada línea, que se identifica por el ángulo respecto a un sistema de coordenadas y por su distancia al origen, es almacenada en una matriz. Al finalizar la adquisición, en cada celda de la matriz se ha acumulado un número que representa el total de LOR que tienen el mismo ángulo y distancia al origen. La representación de dicha matriz recibe el nombre de *sinograma*. A partir del sinograma y mediante algoritmos de reconstrucción, similares a los utilizado en el SPECT, se obtiene la imagen.

Para realizar la exploración se inyecta al paciente un radioisótopo emisor de positrones. El isótopo se incorpora químicamente a las moléculas metabólicamente activas que después de cierto tiempo se concentran en el tejido de interés.

Existen varios radionúclidos de utilidad médica emisores de positrones que al unirse a la glucosa, agua o amoníaco se convierten en trazadores. Quizás el más importante es el F-18, que se incorpora a la glucosa para formar el 18-Flúor-Desoxi-Glucosa (18FDG). Aunque esta molécula demora una hora para concentrarse en la parte del cuerpo que se desea explorar es la mas utilizada. La exitosa síntesis de este isótopo, desarrollada a mitad de los años 70, produjo un gran avance en las aplicaciones del PET. El radiofármaco, por contener glucosa, permite que el escáner determine, mediante un mapa de colores, en que parte del organismo y en que medida se metaboliza.

La posibilidad de identificar, localizar y cuantificar el

consumo de glucosa por las diferentes células es un arma poderosa para al diagnostico médico; muestra las áreas que tienen un metabolismo glucídico elevado, y un elevado consumo es característico de los tejidos neoplásicos.

Los radioisótopos empleados en el escáner PET son de vida media corta: el flúor-18, el carbono-11, el nitrógeno-13, y el oxígeno-15 tienen vida media de aproximadamente 110, 20, 10 y 2 minutos respectivamente. Debido a su corta vida, se producen en ciclotrones geográficamente cercanos al PET. Sólo algunos hospitales y universidades tienen la capacidad de absorber los costos de un ciclotrón y de la tecnología asociada a la producción de radiofármacos. Donde existen estas limitaciones se emplea el fluor-18, que por tener vida media es más larga puede transportarse a mayores distancias. El rubidio-82, creado en un generador portátil, es empleado en estudios de perfusión del miocardio.

La instalación de ciclotrones locales evita el alto costo de trasporte de los radioisótopos, por tal motivo, en años recientes, se instalaron PET en hospitales remotos acompañados de ciclotrones locales con blindaje integrado y laboratorio caliente, donde los radiofármacos se producen y manipulan localmente.

Como la vida media del F-18 es de unos 110 minutos, la dosis del radiofármaco decae múltiples vidas medias durante el día, por lo cual, antes de administrarse es necesario recalibrar frecuentemente su actividad por unidad de volumen.

PET/CT y PET/ MRI

Se mencionó anteriormente que los PET/CT son equipos generadores de imágenes de doble propósito. Combinan la tomografía por emisión de positrones con la tomografía computada o la resonancia magnética en un solo equipo. Se construyen utilizando un nueva tecnología llamada «integrated high-end multi-detector-row CT scanners»

La combinación, produce imágenes simultáneas de la anatomía e información sobre los procesos metabólicos. La alta sensibilidad del PET detecta la actividad fisiológica o metabólica que se produce en las células cancerosas, en tanto que el CT suministra una imagen detallada de la anatomía, donde se revela su localización física, tamaño y forma de un crecimiento. En la figura 5.20. se observa un imagen obtenida con el CT, otra con el PET y su fusión.

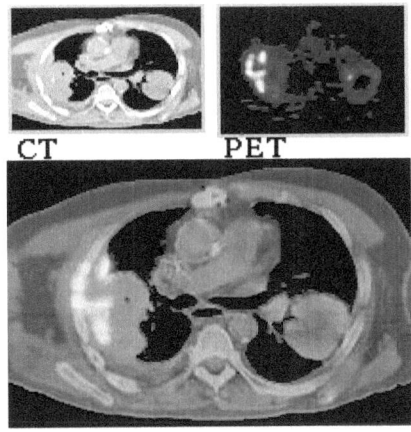

Fig.5.20. Imagen PET/CT obtenida por fusión.

En virtud que el equipo puede realizar las exploraciones en secuencia inmediata sin que el paciente cambie de posición, las áreas con anormalidades son perfectamente correlacionadas, lo cual es idóneo para obtener detalles de órganos en movimiento o estructuras con apreciables variaciones anatómicas.

En algunos centros, para producir «efectos especiales» las imágenes obtenidas de la medicina nuclear se sobreponen a las de la tomografía computada o de la resonancia magnética nuclear. Esta práctica, conocida como fusión o co-registro de imágenes permite que la información proveniente de dos estudios diferentes pueda ser correlacionada e interpretada en una sola figura.

APENDICES

APENDICE 1
La medicina nuclear

Durante el último siglo el hombre ha producido artificialmente varios cientos de radionúclidos y ha aprendido a utilizar la energía del átomo para los más variados propósitos; producción de electricidad, medicina, industria, investigación y desafortunadamente, en armamentos.

Hasta 1933 sólo se conocían los elementos radioactivos que ofrece la naturaleza, entonces el matrimonio Frederic Joliot e Irene Curie, Premio Nobel de Química en 1935, descubrieron la forma de crearlos artificialmente. Lograron, mediante el bombardeo con partículas subatómicas, la transmutación del aluminio estable en fósforo radioactivo y el boro estable en nitrógeno radioactivo. Este acontecimiento trascendental lo comunicaron a la Academia Francesa y propusieron llamar a los elementos así creados, *radiofósforo* y *radioazoe,* respectivamente.

Semanas después, Enrico Fermi, Premio Nobel de Física en 1938, «bombardeó» núcleos atómicos con neutrones. Debido a la ausencia de carga eléctrica, estos «proyectiles» no son rechazados por la carga positiva del núcleo. Desde entonces, con esta técnica se han creado los isótopos radioactivos indispensables para la práctica de la medicina nuclear y muchas otras aplicaciones.

En 1927, Herman Blumgart, un médico de la ciudad de Boston, empleó por primera vez radiotrazadores para diagnosticar enfermedades cardíacas.

En 1937, John Livingood, Glenn Seaborg y Fred Fairbrother descubrieron el hierro-59, luego, en 1938, el yodo-131 y el cobalto-60, isótopos ampliamente empleados en medicina nuclear.

En 1939, Emilio Segre y Glenn Seaborg descubrieron otro isótopo muy empleado con el mismo propósito; el tecnecio-99m.

En 1940, The Rockefeller Foundation financió el primer ciclotrón dedicado a la producción de radioisótopo para usos médicos.

La introducción de los radioisótopos en el campo de la biología se debe a George von Hevesy, Premio Nobel de Química en 1943, quien adelantándose veinte años concibió el empleo de radiotrazadores para el estudio de átomos estables en plantas y animales.

En 1946, Samuel M. Seidlin, Leo D. Marinelli y Eleanor Oshry, utilizaron el yodo-131 para el tratamiento de un paciente que padecía de cáncer en la tiroides.

En 1948, los Laboratorios Abbott empezaron a suministrar comercialmente los radioisótopos.

En 1954, David Kuhl inventó un sistema fotoregistrador dedicado al barrido de radionúclidos.

En 1958, Hal Anger inventó la cámara de centelleo o gammacámara; un sistema productor de imágenes que hizo posible el registro de fenómenos dinámicos. Alcanzó su industrialización en 1964 y con ella fue posible obtener imágenes en menor tiempo.

En 1962, David Kuhl presentó el tomógrafo de reconstrucción por emisión, que posteriormente se popularizó con el nombre SPECT y PET (Single Photo Emission Computed Tomography y Positron Emited Tomography).

En 1963, Henry Wagner empleó albúmina marcada para producir imágenes de profusión pulmonar en pacientes normales y con embolia.

En 1976, John Keyes desarrolló la primera cámara de uso general SPECT

En 1978, David Goldenberg empleó anticuerpos marcados para producir imágenes de tumores en humanos.

En 1981, J.P. Mach empleó anticuerpos monoclonales marcados para producir imágenes de tumores.

La creación artificial del radioyodo y el metabolismo del yodo en la tiroides, orientaron las primeras investigaciones radioisotópicas. En 1939, Herz, Roberts y Evans inyectaron conejos con yodo radioactivo y comprobaron que se acumula en la tiroides. En 1940, Hamilton y Soley administraron I-131 a pacientes y midieron la tasa de radioyodo acumulada en la tiroides. Hamilton y Lawrence aplicaron el I-131 para el tratamiento del hipertiroidismo. La exploración funcional de la médula ósea fue ensayada por Hahn en 1941, quien comprobó que el Fe-59 era captado por ésta.

La radiología no ofrece la posibilidad de obtener imágenes de órganos con densidades similares, en cambio los radiotrazadores brindan esta posibilidad. Herbert Allen Jr. aprovecho la propiedad y obtuvo las primeras imágenes de la tiroides, previa inyección de 100-200mCi de I-131. Así, en 1949 inició la centellografía y con ella se obtuvo la imagen estática de la glándulas. Nació un equipo, llamado *scintiscanner*, que se difundió rápidamente y en ocasiones todavía está en uso. Con el centellógrafo lineal se produjeron las primeras imágenes de órganos y sistemas.

APENDICE 2
Radiación electromagnética

Se llama radiación a toda energía ionizante o no que se propaga a la velocidad de unos 300.000 km/s en forma de ondas o fotones. Las radiaciones ionizantes incluyen la luz ultravioleta, los rayos X, los rayos gamma y los cósmicos. Las no ionizante son las ondas de calor, de luz visible, las ondas de radio y de televisión. La luz visible procedente del sol es una radiación electromagnética cuya longitud de onda está comprendida entre los 400 nm y los 700 nm aproximadamente (4000A y los 7000A).

La luz blanca se descompone en diferentes bandas de colores, cada una definida por su longitud de onda. La de menor longitud es la luz violeta, con unos 400nm y la de mayor longitud es la luz roja, con unos 700nm.

El nanómetro es la milmillonésima parte del metro (1m=10^9nm), el Angstrom es diez veces menor (1 m = 10^{10} A).

Las radiaciones comprendidas entre el violeta y el rojo forman el espectro visible. Las radiaciones con longitud de onda inferior al violeta son las ultravioleta, los rayos X, los rayos gamma y los rayos cósmicos. Las radiaciones de longitud de onda superior al rojo son las infrarrojas, las microondas y las ondas de radio y TV.

La longitud de onda de las radiaciones se extiende desde los nanómetros, en el caso de la radiación gamma, hasta en las ondas de radio con algunos cientos de metros.

APENDICE 3
Serie de desintegración radioactiva del uranio-238

Isótopo		Vida media	Emisión
^{238}U	Uranio-238	4,55 x 10^9 años	alfa
^{234}Th	Torio-234	24,1 dias	beta
^{234}Pa	Protactinio-234	1,14 minutos	beta
^{234}U	Uranio-234	235.000 años	alfa
^{230}Th	Torio-234	80.000 años	alfa
^{226}Ra	Radio-226	660 años	alfa
^{222}Rn	Radón-222	3,85 días	alfa
^{218}Po	Polonio-218	3,05 minutos	alfa
^{214}Pb	Plomo-214	26,8 minutos	beta
^{214}Bi	Bismuto-214	9,7 minutos	beta
^{214}Po	Polonio-214	15 x 10^{-5}segundos	alfa
^{210}Pb	Plomo-210	22,2 años	beta
^{210}Bi	Bismuto-210	4,97 días	beta
^{210}Po	Polonio-210	139 días	alfa
^{216}Pb	Plomo-206	Estable (no radioactivo)	

APENDICE 4
Algunos radioisótopos empleados en medicina nuclear

Isótopo		Emisión	Energía fotón(MeV)	Vida media
Carbón	^{11}C	β^+	0,511	20 min.
Nitrógeno	^{18}N	β^+	0,511	10 min.
Oxígeno	^{14}O	β^+, γ	0,511	71 seg.
Oxígeno	^{15}O	β^+	0,511	2 min.
Oxígeno	^{19}O	β^-, γ	0,197	29 seg.
Flúor	^{18}F	β^+	0,511	10 min.
Fósforo	^{32}P	β^-	ninguna	14,5 días
Cromo	^{51}Cr	γ	0,320	28 días
Hierro	^{52}Fe	β^+, γ	0,165	8 horas
Cobalto	^{57}Co	γ	0,122 y 0,136	270 días
Galio	^{67}Ga	γ	0,093 y 0,296	78 horas
Galio	^{68}Ga	β^+, γ	0,511	68 min.
Rubidio	^{81}Rb	β^+, γ	0,253 y 0,450	4,7 horas
Tecnecio	^{99m}Tc	γ	0,140	6 horas
Indio	^{113}In	γ	0,393	102 min.
Yodo	^{123}I	γ	0,159	13 horas
Yodo	^{125}I	γ	0,028 y 0,035	60 días
Yodo	^{131}I	β^-, γ	0,364	8 días
Oro	^{198}Au	β^-, γ	0,412	2,7 días
Talio	^{201}Tl	γ	0,081 y 0,135	73 horas
Mercurio	^{203}Hg	γ	0,279	47 días

APENDICE 5
Efectos biológicos de las radiaciones

El daño biológico causado por las radiaciones ionizantes es conocido hace tiempo. El primer caso de lesión ocurrida en seres humanos fue reportado poco después que Roentgen anunciara, en 1895, el descubrimiento de los rayos X. En 1902, se describió el primer caso de cáncer inducido por los rayos X. Con excepción de algunas mutaciones beneficiosas, que son muy poco probables, la radiación siempre ocasiona lesión celular.

Los efectos nocivos en organismos vivos se deben a la energía absorbida por las células y los tejidos. La energía, al ser absorbida produce ionización, excitación atómica y descomposición química de las moléculas. Como resultado, las funciones de las células pueden deteriorarse de forma temporal o permanente, e incluso morir. La gravedad de la lesión depende del tipo de radiación, la dosis absorbida, la velocidad de absorción y la sensibilidad del tejido a la radiación. Los efectos son los mismos, tanto si viene del exterior, como si procede de un material radiactivo situado en el interior del cuerpo. El lapso que trascurre entre la irradiación y la primera manifestación detectable de sus efectos es el tiempo de incubación o periodo latente.

En ciertas ocasiones los daños orgánicos se puede recuperar; la recuperación depende de la severidad de la lesión, de la parte afectada y del poder de regeneración del individuo, siendo su edad y el estado general de salud factores importantes. El daño en un cromosoma no se repara; se transmite y puede ocasionar consecuencias hereditarias graves.

Cualquier dosis, por pequeña que sea es perjudicial; la exposición a pequeñas dosis de radiación no produce ninguna respuesta clínica observable pero puede generar alteraciones a largo plazo. Como consecuencia del poder de recuperación del organismo, una dosis dada produce menos efecto si se suministra fraccionada y en un lapso mayor, sin embargo, la regeneración nunca es total, siempre quedan lesiones residuales.

Los daños agudos o a corto plazo son los que aparecen después de una radiación intensa y rápida. Son debidos a la muerte de las células y se hacen visibles pasadas algunas horas, días o semanas. Los diferidos o a largo plazo aparecen después de años, décadas y a veces en generaciones posteriores.

Las personas irradiadas en forma intensa en todo el cuerpo presentan náusea, vómito, anorexia, pérdida de peso, fiebre y hemorragia intestinal. Su recuperación es lenta e incluso imposible.

La interacción a nivel celular se puede producir en la membrana, el citoplasma y el núcleo. En la membrana se altera la permeabilidad y los intercambios de fluidos se vuelven anormales; generalmente la célula no muere pero sus funciones de multiplicación no se llevan a cabo. Dependiendo de la dosis recibida la cesación puede ser temporal o permanente.

En el citoplasma se forman radicales inestables y se produce ionización del agua que es su principal componente. Algunos radicales tienden a unirse para formar moléculas de agua y moléculas de hidrógeno, otros se combinan para formar peróxido de hidrógeno (H_2O_2) el cual produce alteraciones en el funcionamiento celular. La situación más crítica se presenta cuando se genera hidronio (HO) que se forma en el agua con la presencia de cationes de hidrógeno H^+, y produce envenenamiento.

Si la interacción es en el núcleo pueden producirse alteraciones de los genes e incluso rompimiento de los cromosomas. Las células pueden sufrir aumento o disminución de volumen, entrar en un estado latente, morir, o sufrir mutaciones genéticas durante la mitosis y desarrollar cáncer. Un daño genético que produce mutación en un cromosoma o un gen, tiene efecto hereditario sólo cuando el daño afecta a una línea germinal. El daño a las células germinales; espermatozoide u óvulo, produce efecto en la descendencia del individuo.

La radioterapia aprovecha las propiedades destructivas de las radiaciones. Al aplicar altas dosis en áreas limitadas se origina un daño localizado, sin embargo, es inevitable afectar los órganos cercanos. El daño localizado se manifiesta con eritema local, necrosis de la piel, caída del cabello, necrosis de tejidos internos, esterilidad temporal o permanente, reproducción anormal de tejidos como el epitelio del tracto gastrointestinal, funcionamiento anormal de los órganos hematopoyéticos (medula ósea y bazo) o alteraciones funcionales del sistema nervioso. Un buen tratamiento de radioterapia se caracteriza por proporcionar dosis letales al tumor y mínima exposición a los tejidos circundantes.

Los efectos estocásticos, son aquéllos cuya probabilidad de ocurrencia se incrementa con la dosis recibida y con el tiempo de exposición. No tienen dosis umbral para manifestarse, pueden ocurrir o no ocurrir; no hay un estado intermedio. La inducción al cáncer, en particular, es un efecto estocástico; no se puede asegurar que se presente y menos aún determinar la dosis que lo provoca. La protección radiológica trata de limitar los efectos estocásticos manteniendo la dosis lo más baja posible.

La radiación absorbida por los tejidos se expresa en grays, cuyo símbolo es Gy y equivale a un julio por kilogramo.

Una dosis alta de radiación sobre todo el cuerpo, superior a 40Gy, provoca lesiones características; particularmente el deterioro severo del sistema vascular. Se origina edema cerebral, trastornos neurológicos, coma profundo y muerte en 48 horas.

Cuando el organismo absorbe entre 10 y 40Gy se produce pérdida de fluidos; los electrolitos pasan a los espacios intracelulares y al tracto gastrointestinal. El individuo muere antes de los diez días a consecuencia del desequilibrio osmótico, deterioro de la médula ósea e infección terminal.

Si la cantidad absorbida está comprendida entre 1,5 y 10Gy se destruye la médula ósea, lo que provoca infección y hemorragia. La persona puede morir cuatro o cinco semanas después de la exposición.

La irradiacion de algunas zonas del cuerpo produce daños locales; se lesionan los vasos sanguíneos de la parte expuesta y en consecuencia se alteran las funciones de los órganos que irrigan. Cantidades más elevadas producen necrosis y gangrena. El tejido irradiado puede degenerarse, destruirse o desarrollar cáncer.

Las consecuencias más graves de deterioro de los vasos sanguíneos se manifiestan en la médula ósea, riñones, pulmones y el cristalino. El efecto retardado más importante es la mayor incidencia de cáncer y leucemia; el aumento estadístico de leucemia, cáncer de mama, tiroides y pulmón es significativo en poblaciones expuestas a más de 1Gy.

La células y tejidos más sensibles a las radiaciones ionizantes son:

1.- El tejido linfático, particularmente los linfocitos.
2.- Células rojas jóvenes de la médula ósea.
3.- Células que revisten el canal gastrointestinal.
4.- Células de las gónada y ovario (alteraciones hereditarias)
5.- Piel, en particular la porción que rodea el folículo capilar.
6.- Células endoteliales, vasos sanguíneos y peritoneo.
7.- Epitelio del hígado y adrenales.
8.- Huesos, músculos y nervios.
Los tejidos jóvenes y en pleno crecimiento son más sensibles que los adultos e inactivos.

REFERENCIAS

1.- www.accaessexcelence.org

2.- Instrumentación Biomédica, Alvaro Tucci R., Published by Lulu, 2007, ISBN 978-1-43032625-0

3.- La energía Atómica, Samuel Grastone, Compañia Editorial Continental, S.A. México. D.F.,1960

4.- Introducción a la Radioactividad, Eric Neil Jenkins, Editorial Paraninfo, Madrid, 1967.

5.- www.angeldelaguarda.com.ar/alternativo

6.- www.bluegrass.kctcs.edu

7.- perso.wanadoo.es/chyryes/glosario.htm   (Neutron)

8.- www.maloca.org/f2000/isotopes/index.html

9.- www.airynothing.com/high_energy_tutorial/index.html.

10.- www.monografias.com/trabajos5/menu/munu/shtml#ante

11.- www.hospitales.nisa.es/nuclear/medinuc/fisica/interac.htm

12.- www.wikipedia.org/wiki/Radiacion_ionizante-30k-

13.- www.ansto.gov.au/info/report/radboyd/html#Art%20Rad

14.- www.//omega.ilce.edu.mx:3000/sites/ciencia/volumen3/ciencia3/120/htm/sec_4.htm

15.- nuclear.fis.ucm.es/webgrupo/Lab_DetectorGaseoso.html

16.- www.geocities.com/edug2406/fision.htm

17.- nuclear.fis.ucm.es/webgrupo/Lab_Detector_Semiconductor.html

18.- en.wikipedia.org/wiki/Semiconductor_detector

19.- www.health.howstuffworks.com/nuclear-medicine.htm

20.- www.uic.com.au/nip26.htm

21.- health.howstuffworks.com/nuclear-medicine.htm

22.- interactive.snm.org/index.cfm?PageID=3106&RPID=

23.- www.pamf.org/nucmed/scans.html

24.- www.hospitales.nisa.es/nuclear/medinuc/fisica/gam.htm

25.- www.pet-imaging.org/

26.- www.petimaging.net

27.- www.pet.radiology.uiowa.edu/

28.- www.hospitales.nisa.es/nuclear/medinuc/fisica/gam.htm

29.- www.physics.ubc.ca/~mirg/home/tutorial/acquisition.html

30.- en.wikipedia.org/wiki/Gamma_camera

31.- es.wikipedia.org/wiki/
Tomograf%C3%ADa_por_emisi%C3%B3n_de_positrones

32.- www.medicalimagingmag.com/issues/articles/2004-06_02.asp

33.- en.wikipedia.org/wiki/Nuclear_medicine#Imaging_equipment

34.- en.wikipedia.org/wiki/SPECT

35.- en.wikipedia.org/wiki/Image_registration

36.- en.wikipedia.org/wiki/
Single_photon_emission_computed_tomography

37.- en.wikipedia.org/wiki/Artifact_%28medical_imaging%29

38.- en.wikipedia.org/wiki/Positron_emission_tomography

39.- www.hospitales.nisa.es/nuclear/medinuc/fisica/tomo.htm

40.- Physics in nuclear medicine, third edition, Cherry, Sorenson, Phelps

41.- www.en.wikipedia.org/wiki/Electron-positron_annihilation

42.- www.hospitales.nisa.es/nuclear/medinuc/fisica/gam.htm

43.- www.positronannihilation.net

44.- www.hyperphysics.phy-astr.gsu.edu/hbase/nucene/
nucmed.html

45.- www.geocities.com/fisicaquimica99/radiacion06.htm

46.- www.omega.ilce.edu.mx:3000/sites/ciencia/volumen2/
ciencia3/094/htm/sec_10.htm

47.- www.dialnet.unirioja.es/servlet/articulo?codigo=871083

48.- www.escuelayogaclasico.cl/antena-23.htm

49.- www.clinicadetiroides.com.mx/tiroides07-trazadores-
radiactivos.htm

50.- bioinstrumentacion.eia.edu.co/docs/signals/2006/
exposiciones/MedicinaNuclear_documento.pdf

51.- Historia de la Ciencia 1543-2001, John Grabbin, A&M
Gráfic, Santa Perpétua de Magoda (Barcelona), 2003.

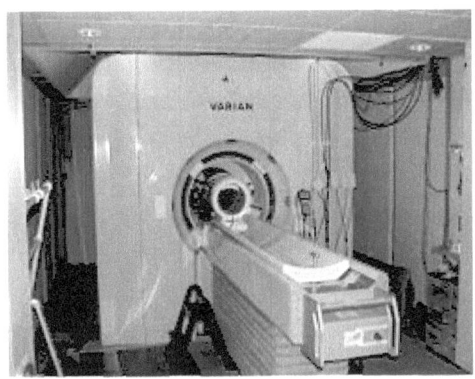

4T fMRI en Berkeley, California

CAPITULO 6

RESONANCIA MAGNETICA

La Resonancia Magnética Nuclear, es una poderosa herramienta que suministra imágenes de alta calidad de los tejidos y de las estructuras internas del cuerpo en un tiempo clínicamente razonable. La imagen que genera es precisa, con finos detalles y con mejor contaste de órganos y tejidos blandos del que pudiera obtenerse con los rayos X, la tomografía o el ultrasonido. Se le conoce con los nombres de Resonancia Magnética Nuclear (RMN), Nuclear Magnetic Resonance (NMR) y actualmente en inglés se le llama Magnetic Resonance Imaging (MRI). Proporciona cortes más finos y en varios planos sin que el paciente cambie de posición, permite añadir contraste paramagnético para delimitar aún más las estructuras, pero necesita más tiempo para producir la imagen. Aparte de las aplicaciones en medicina, esta técnica espectroscópica también se emplea para obtener información física y química de las moléculas.

Las exploraciones más frecuentes son de tórax, abdominales, craneales, lumbosacras, cardíacas, columna, cerebro, médula espinal y articulaciones. Es ideal para detectar, entre otras patologías, accidentes vasculares del cerebro y tumores.

La exploración es contraindicada para pacientes portadores de marcapasos, implantes metálicos o prótesis. Los clips en los vasos cerebrales, stent coronarios, prótesis en rodilla o cadera, válvulas metálicas cardíacas, son permitidos siempre que estén hechos con ciertos materiales. Sin que se haya demostrado que existe un riesgo aumentado de malformaciones o de abortos durante el embarazo, se prefiere no someter las pacientes a la MRI durante el primer trimestre de gestación, a no ser que sea estrictamente necesario.

El equipo basa su funcionamiento en la resonancia magnética de los núcleos de algunos átomos que poseen cierta propiedad llamada *espín*. Los núcleos se «sumergen» en un campo magnético estático intenso del orden de 1,5 Tesla, equivalente a 15 mil veces el campo magnético terrestre, y simultáneamente se exponen a un campo de radiofrecuencia. En estas condiciones los núcleos se alinean con el campo y «absorben» energía de radiofrecuencia. Cuando se interrumpe el estímulo vuelven a su posición original liberando la energía, la cual es captada y procesada por un computador que la transforma en imagen.

DESARROLLO DE LA RESONANCIA MAGNETICA

Durante la década de 1930, Isidor Isaac Rabi profesor de mecánica cuántica de la Universidad de Columbia, utilizó una técnica denominada *«Resonancia de los haces moleculares»* para estudiar las propiedades magnéticas de los átomos y moléculas.

Para la época, los físicos sabían que los electrones, los protones, los neutrones, y en muchos casos los núcleos, se comportan como si «giraran sobre su eje», en forma similar a la rotación de los planetas. Una partícula de este tipo, que rota sobre su propio eje actúa como un pequeño imán; tiene polo positivo y negativo que genera un campo y un momento magnético. Si esta partícula se coloca en un campo magnético externo, el momento magnético de los núcleos tiende a alinearse en el mismo sentido del campo externo o en sentido contrario, En el primer caso la orientación se llama *paralela,* en el segundo, *antiparalela.*

En 1937, Rabi y sus colaboradores añadieron un nuevo elemento a sus experimentos; sometieron la muestra a ondas electromagnéticas de radiofrecuencia mientras modificaban la intensidad del campo magnético. Ajustaron la intensidad hasta hacer que los momentos magnéticos de los núcleos se invirtieran, lo que sucede cuando la frecuencia de la señal coincide con la frecuencia precesional de los núcleos. La frecuencia precesional se refiere a la velocidad con que órbita el núcleo alrededor del eje precesional; es causada por la interacción del las cargas en movimiento del núcleo con el campo magnético.

Cuando se produce coincidencia, el núcleo absorbe energía de la señal de radio y «salta» a un nivel superior, siendo la energía absorbida igual a la diferencia entre sus dos estados. Se produce inversión cuando el núcleo emite energía para regresar a su estado original y a este fenómeno es el que se denomina *Resonancia Magnética*. Por sus extraordinarios experimentos y el desarrollo de la resonancia magnética de haces de moléculas Rabi fue galardonado con el Premio Nobel de Física en 1944.

Algunos meses después introdujeron una variante: alteraron la radiofrecuencia en lugar de la intensidad del campo. Esta innovación resultaría esencial en el desarrollo de la resonancia magnética como herramienta de diagnóstico médico.

Después de la interrupción de las investigaciones ocasionadas por la Segunda Guerra Mundial, en Estados Unidos dos grupos de físicos, uno presidido por el científico Félix Bloch de la Universidad de Stanford y el otro por Edward Purcell de la Universidad de Harvard, independientemente experimentaron con el núcleo de átomo de hidrógeno en lugar de hacerlo con moléculas aisladas.

Debido a las propiedades de este núcleo compuesto por un solo protón y su abundante presencia en el cuerpo humano como parte del agua, se convertiría en el elemento más importante para la resonancia magnética. Por sus experimentos, Bloch y Purcell compartieron el Premio Nobel de Física en 1952.

A finales de la década de 1940, Henry Torrey de la Universidad de Rutgers y, en forma independiente, Erwin Hahn de la Universidad de Illinois modificaron el experimento. En lugar de ondas continuas aplicaron a la muestra potentes impulsos de ondas de radiofrecuencia y observaron que después de la aplicación de los impulsos se generaban señales transitorias de resonancia que podían medirse. Este hallazgo se convirtió en la opción ideal para que los físicos y los químicos investigaran átomos y moléculas.

Erwin L.Hahn de la Universidad de California en 1951 descubrió un fenómeno conocido como *eco de espín* que resultó ser de gran importancia para la medición del tiempo de relajación. Al aplicar dos o tres impulsos cortos y a continuación «escuchar» el eco, descubrió que podía tener información más detallada sobre la relajación del espín nuclear. Dos décadas después la RM con impulsos de radiofrecuencia y ecos de espín jugaría un papel esencial en el desarrollo de las aplicaciones en medicina.

Uno de los resultados más interesantes, producto de otros experimentos, fue la medida de las cantidades denominadas *tiempos de relajación* T1 y T2. T1 es el tiempo que tardan los núcleos de las muestras en volver a su alineación original y T2 es la duración de la señal magnética obtenida de la muestra. La manipulación de los tiempos de relajación ha proporcionado un método muy eficaz para analizar la estructura de las moléculas y para obtener imágenes de tejidos del cuerpo humano.

Para la época, la idea de utilizar la RM para la obtención de imágenes no se le había ocurrido a nadie, y aunque así fuera, no hubiera sido factible debido a las limitaciones de los equipos de computación. La disponibilidad de computadores de alta velocidad, capaces de realizar numerosos y complejos cálculos fue fundamental para su desarrollo.

Existen dos tipos de espectrómetros: los de onda continua (CW) y los de impulsos o de transformada de Fourier, FT-NMR (Fourier Transform-Nuclear Magnetic resonance). Las primeras exploraciones se realizaron con instrumentos de onda continua, pero a partir de 1970 empezaron a aparecer los espectrómetros de impulso de transformada de Fourier que actualmente dominan el mercado. La transformada de Fourier es una técnica matemática empleada para convertir los datos del dominio *tiempo* al dominio *frecuencia* y viceversa.

Una de las ventajas del FT-NMR es que permite disminuir drásticamente el tiempo de exploración; en vez de realizar un barrido discreto de la frecuencia, una a la vez, con este método se explora simultáneamente toda la banda. Dos importantes innovaciones lo hicieron posible: los ordenadores capaces de llevar a cabo las operaciones matemáticas necesarias para pasar de un dominio a otro y el desarrollo de un método para excitar simultáneamente todos los núcleos por medio de la emisión de una banda de radiofrecuencia, que es precisamente lo que permite reducir el tiempo de exploración.

En 1971, Raymond Damadian, un médico del Downstate Medical Center en Brooklyn demostró que el tiempo de relajación magnética nuclear es diferente para los tumores y los tejidos sanos. Esto motivó que muchos científicos consideraran la RMI como un instrumento de detección de la enfermedad, de hecho, Damadian extirpó una serie de tumores de rápido crecimiento que se habían implantado en ratas de laboratorio.

El gran avance técnico que hizo posible la producción de imágenes útiles a partir de las señales de resonancia magnética de tejidos vivos lo realizó el químico Paul Lauterbur, quien a principios de la década de 1970 dirigía la compañía *NMR Specialities* ubicada en Pittsburgh.

Lauterbur, llegó a la conclusión que la técnica presentada por Damandian no ofrecía información suficiente para diagnosticar tumores, así que se propuso complementarla. La dificultad principal estaba en cómo obtener la ubicación exacta de donde provenía una determinada señal de resonancia; si se lograba ubicar la procedencia de todas las señales sería posible elaborar un mapa.

La innovadora idea de Lauterbur consistía en superponer al campo magnético estático un segundo campo más débil, cuya intensidad variara en forma controlada a lo largo de un eje y creara un *gradiente de campo magnético*. De esta forma, las señales detectadas provenientes de un mismo tejido ya no serían idénticas; contenían también la información de posición, es decir la ubicación del tejido relativa al eje. Utilizando un pequeño escáner que el mismo había creado y una técnica denominada *proyección de fondo* procedente de la tomografía computada continuó explorando pequeños objetos, incluido un diminuto cangrejo que su hija capturó en la playa de Long Island situada junto a su casa.

Para obtener la imagen Richard Ernst propuso, en 1975, que se utilizara la codificación de fase y frecuencia y las transformadas de Fourier. En 1980, William Edelstein y colaboradores demostraron que utilizando la técnica propuesta por Ernst era posible obtener imágenes del cuerpo, y además, obtenerlas en sólo 5 minutos en lugar de varias horas. En 1986, sin sacrificar mucho la calidad de la imagen, el tiempo se redujo a 5 segundos. Por sus logros en la aplicación de la transformada de Fourier de respuesta a un impulso Richard Ernst fue galardonado con el Premio Nobel de Química en 1991.

En 1975, Sir Peter Mansfield de la Universidad de Nottingham ya había obtenido imágenes de una serie de tallos de plantas y el muslo de un pavo. El año siguiente, obtuvo la primera imagen de un dedo humano en la que se podía diferenciar el hueso, la médula, los nervios y las arterias, y en 1977, la imagen de la caja torácica de un hombre vivo. Mansfield, desarrolló una técnica ultrarrápida para obtener imágenes conocida como *ecoplanar*. Fue utilizada para el diagnóstico de infartos cerebrales e imágenes de resonancia funcional. Mansfield fue galardonado con el Premio Nobel de Medicina en el 2003.

Un gran avance de la Resonancia Magnética Funcional (fMRI) se produjo a principios de la década de 1980 cuando George Radda y sus colaboradores en la Universidad de Oxford, Inglaterra, descubrieron que se podía utilizar para registrar los cambios en el nivel de oxígeno de la sangre, lo que a su vez permitía realizar el seguimiento de la actividad fisiológica.

Un método para obtener imágenes funcionales había sido descrito 40 años antes, en 1936, por Linus Pauling y Charles D. Coryell, ambos del California Institute of Technology, quienes publicaron un estudio en el que describen el magnetismo de la hemoglobina; el pigmento que transporta el oxígeno y da a los glóbulos rojos su color.

Mucho antes, en 1845, el físico y químico inglés Michael

Faraday, el descubridor de la inducción electromagnética, investigó las propiedades magnéticas de la sangre seca y anotó el siguiente comentario: «intentarlo con sangre reciente». Casualmente, Faraday nunca llegó a experimentarlo, sólo Pauling y Coryell lo hicieron noventa años después. Ambos químicos, descubrieron que la susceptibilidad magnética de la sangre arterial, completamente oxigenada, difería hasta en un 20% de la sangre venosa desoxigenada.

En 1990, Seiji Ogawa, de los Laboratorios Bell de AT&T, informó que en estudios realizados en animales la hemoglobina desoxigenada colocada en un campo magnético alteraba dicho campo, mientras que la oxigenada no lo hacía. Demostró, además, que una zona que contiene gran cantidad de hemoglobina desoxigenada altera ligeramente el campo magnético que rodea al vaso sanguíneo y que la alteración se ve reflejada en la imagen de resonancia magnética.

En 1992, varios investigadores, entre los que se encontraban Ogawa, John W. Belliveau, del Massachusetts General Hospital y Peter Bandettini, del Medical College of Wisconsin, publicaron los resultados de una serie de estudios acerca de la respuesta cerebral a la estimulación sensorial realizados con técnicas resonancia magnética funcional. La fMRI, utiliza un escáner especializado que mide la respuesta hemodinámica relacionada con la actividad neuronal del cerebro y la médula. En forma no invasiva registra la actividad cerebral sin el riesgo inherente a las radiaciones, se emplea para planificar operaciones, guiar los neurocirujanos, en el diagnóstico pre sintomático y en la identificación de desordenes cerebrales.

En 1993, George Pake, alumno de Purcell al graduarse dijo: «Sin la investigación básica, la obtención de imágenes por resonancia magnética hubiera sido inimaginable». En efecto, nada hubiera sido posible sin las cuatro décadas de investigación que siguieron al descubrimiento de Rabi. Durante esas décadas, físicos y químicos interesados en las propiedades magnéticas de los átomos y las moléculas, su interacción y sus estructuras básicas realizaron los descubrimientos esenciales.

Los avances en el sector de la informática de alta velocidad y el empleo de imanes superconductores pusieron a disposición de los médicos escaners con mucha mejor sensibilidad y resolución. La incorporación de la resonancia magnética funcional ha aumentado el campo de aplicaciones en forma extraordinaria. Lo que Rabi comenzó en la Universidad de Columbia en la década de 1930 se ha convertido en una industria multimillonaria. Un escáner de cuerpo entero tiene un costo de 1 a 3 millones de dólares y un estudio cuesta alrededor de mil dólares.

A principios de la década de 1980 la gran oleada de investigaciones relacionadas con la obtención de imágenes por resonancia magnética, dieron lugar a un floreciente sector comercial con 25.000 escáner en operación, que realizan más de 80 millones de estudios al año.

FISICA DE LA RESONANCIA MAGNETICA

El cuerpo humano contiene entre el 60 y 70% de agua, la molécula de agua está formada por dos átomos de hidrógeno y uno de oxígeno. El núcleo del átomo de hidrógeno, que es el más abundante en la naturaleza, está formado por un solo protón. Una de las propiedades del núcleo de hidrógeno es su espín y el dipolo magnético asociado que es el responsable de la generación de las señales de RMN. La palabra *espín* proviene del vocablo inglés «spin» que significa girar sobre si mismo.

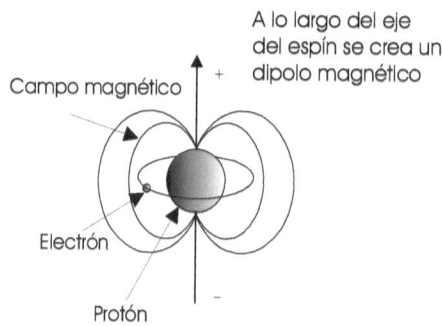

Fig.6.1. El protón al girar sobre si mismo crea un dipolo magnético.

En general, una carga eléctrica positiva o negativa en movimiento genera un dipolo magnético de magnitud definida orientado en la dirección del eje de rotación, tal como se muestra en la figura 6.1.

El núcleo del hidrógeno, por tener espín y carga eléctrica genera un dipolo magnético que hace que el protón se comporte como un pequeño imán. Además de rotar sobre si mismo, el protón órbita alrededor del eje de precesión de la forma mostrada en la figura 6.2. A esa rotación se le llama *movimiento de precesión.* La frecuencia con que precesa es un dato fundamental para la obtención de las imágenes de RMN.

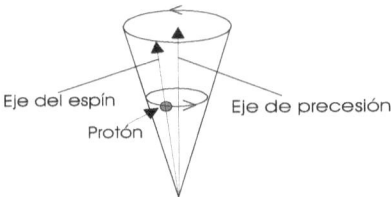

Fig.6.2. El protón órbita sobre si mismo y alrededor del eje de precesión.

NUCLEOS DE ALTA Y BAJA ENERGIA

En los núcleos de baja energía o *paralelo,* mostrados en la figura 6.3A, el eje del espín y el eje de precesión tienen el mismo sentido, en tanto que los núcleos de alta energía o *antiparalelos,* como el mostrado en la figura 6.3B, los ejes tienen sentido opuesto.

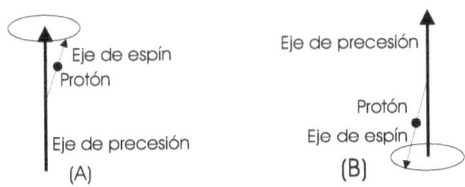

Fig.6.3. (A) Núcleos de baja y (B) de alta energía.

En condiciones normales los ejes de precesión de los átomos de hidrógeno están orientados en forma aleatoria. La disposición de los núcleos se representa en la figura 6.4.

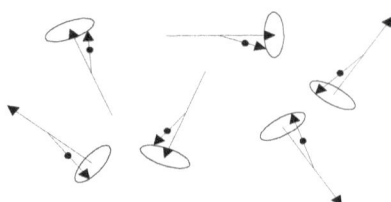

Fig.6.4. Orientación aleatoria de los ejes de precesión de los
núcleos de hidrógeno.

En una masa de tejido, todos los núcleos de hidrógeno tienen asociado un vector espín de igual magnitud orientados en forma aleatoria, si se suman, el vector resultante es cero, es decir; la masa de tejido no exhibe magnetización neta alguna.

Si la masa se somete a un campo magnético externo el vector del espín de cada núcleo se alinea con el campo, tal como lo harían los imanes, pero se producen dos tipos de alineaciones: una de baja energía donde los polos se ordenan N-S-N-S y otra de alta energía, donde el orden es N-N-S-S, tal como se muestra en la figura 6.5.

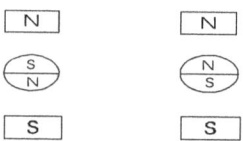

Fig.6.5. Dos tipos de alineaciones, baja energía y alta energía.

La figura 6.6 representa la disposición de los protones alineados en el tejido. Para una masa dada se observa que la cantidad de núcleos con baja energía es ligeramente superior que los núcleo con alta energía. Tal desigualdad se traduce en una magnetización neta M del tejido. En realidad, los protones están continuamente oscilando entre los dos estados, pero en cualquier instante se mantiene la desigualdad.

En estas condiciones, la resultante de la suma de los vectores ya no es cero, sino M, y su valor viene dado por la diferencia de «población» entre los núcleos con baja y alta energía. La magnetización neta M es la base de la creación de la señal de RMN, su valor es proporcional a la intensidad del campo magnético y al número de núcleos contenidos en la masa; mientras más intenso es el campo, mayor es M.

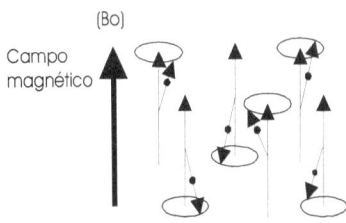

Fig.6.6. En presencia del campo magnético los ejes de precesión se alinean.

La frecuencia de precesión depende de la intensidad del campo magnético y se expresa por medio de la ecuación de Larmor.

$$\omega_0 = \gamma \, B_0$$

donde B_0 es la intensidad del campo magnético y γ es la relación giromagnética, que para el protón es de 42,5 MHz/Tesla.

En las aplicaciones de la RM, ya sean con tejidos biológicos u otros materiales, se «manipula» M. Una forma de manipulación es mediante la aplicación de un pulso de ondas de radio cuya frecuencia, ω_r igual a la frecuencia de precesión ω_0. Durante dicho pulso los protones «absorben» energía y «saltan todos simultáneamente» al nivel más energético. Sólo la energía suministrada a la frecuencia $\omega_r = \omega_0$ es capaz de estimular esta transición. Tal situación se muestra en la figura 6.7.

Cuando una partícula experimenta la transición, absorbe un fotón cuya energía es exactamente igual a la diferencia de energía entre los dos estados. La energía del fotón viene dada por el producto de su frecuencia por la constante de Plank. A esta frecuencia se le conoce como *frecuencia de resonancia* o *frecuencia Larmor* e indica cuantas vueltas realiza el protón cada segundo.

Supóngase que en un pequeño volumen de tejido hay 2.000.003 protones orientados en forma aleatoria. Si se someten a un campo magnético de 0,5 Tesla un millón se alinearan en sentido contrario al campo y un millón + 3 protones se alinearán en el mismo sentido, la diferencia es de sólo 3 protones por millón.

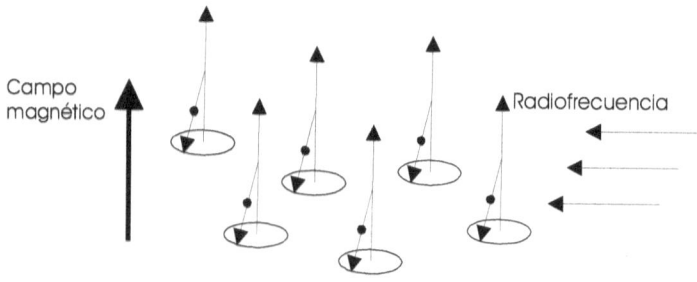

Fig.6.7. Los protones de baja energía han «saltado» a alta energía.

Si se incrementa la intensidad del campo a 1,0 Tesla, la diferencia se amplia a 6 protones por millón; si se incrementa a 1,5 Tesla se eleva a 9 protones por millón. Por tanto, se puede afirmar que por cada 2 millones de protones sólo hay una diferencia de 9 protones alineados a favor del campo magnético.

Un pequeño cálculo permite determinar cuantos protones «diferencia» hay en un vóxel de 2 x 2 x 5 mm de agua que pesa 0,02 gr. y está sometido a un campo de 1,5 T.

Según Avogadro hay $6,02 \times 10^{23}$ moléculas por mol. Un vóxel de agua tiene $(2 \times 6,02 \times 10^{23} \times 0,02)/ 18 = 1,338 \times 10^{21}$ protones. De este total, el número de protones diferencia es:

$$(1,338 \times 10^{21} \times 9)/2 \times 10^6 = 6,02 \times 10^{15} \text{ protones.}$$

Aunque el campo magnético producido por un solo protón es pequeño, la diferencia es tan grande que el campo resultante M es apreciable y la energía de RF que retransmiten cuando regresan a su estado original es considerable.

Se mencionó anteriormente que la energía de los fotones es el producto de la frecuencia por la constante de Plank. Para los rayos X, la frecuencia es del orden de 10^{19} Hertz, para la luz ultravioleta es de 10^{16} Hertz y la frecuencia de la luz visible es del orden de 5×10^{14} Hertz, mientras que la radiofrecuencia emitida por los protones en la RMI es de unos 10^7 Hertz. Lo que indica que la radiación X es 10^{12} veces más energética y potencialmente más dañina que la empleada en la RMI.

Por tal motivo, se puede afirmar que en los estudios de RMI no existe el menor riesgo de estar sometidos a radiaciones ionizantes. Para aplicaciones médicas, la intensidad del campo magnético es del orden de 0,05 a 2 Tesla, por lo que la frecuencia de resonancia del hidrógeno esta comprendida entre 2,13 MHz y 85MHz. La imagen resultante de la resonancia magnética y su calidad no es debida a la alta energía implicada en el proceso, sino a la gran cantidad de nucleos de hidrógeno existentes en los tejidos, principalmente en el agua y la grasa.

OBTENCION DE LA IMAGEN

Con el paciente acostado boca arriba el campo magnético es orientado de tal forma que el vector que representa la magnetización neta M es dirigido de los pies hacia la cabeza. El eje imaginario que corre a lo largo del cuerpo se identifica como *eje Z,* en tanto que el eje X emerge verticalmente y el eje Y lo hace en forma horizontal.

Los datos para producir la imagen los suministran los átomos de hidrógeno al ser expuestos a un campo magnético intenso y estimulados por pulsos de radiofrecuencia. Los núcleos son sometidos periódicamente a estos potentes impulsos muy cortos, similares a los mostrados en la figura 6.8. Su duración es inferior a los 10 microsegundos y el intervalo T es del orden de los segundos.

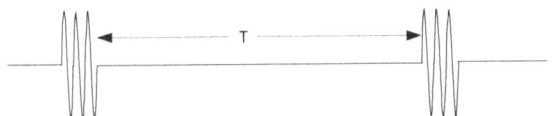

Fig. 6.8 Tren de impulsos de RF.

El tren de impulsos de RF tiene el efecto de «abatir» el vector de magnetización M, originalmente paralelo al eje Z, para hacerlo rotar en el plano XY en ángulo recto con el campo y hacer que los protones precesen en fase.

(Para ilustrar la relación de fase se recurre al ejemplo de dos relojes: uno tiene el segundero en el 12 y otro lo tiene en el 3.

Evidentemente, ambos tienen la misma velocidad y dan una vuelta completa en un minuto, pero las manecillas no están en fase. Pero si arrancan de la misma posición, por ejemplo en el 12, permanecerán así y completarán el minuto al mismo tiempo y en fase.)

Para abatir el vector de magnetización, se recurre al fenómeno de resonancia que se verifica cuando el pulso de RF tiene la misma frecuencia que la precesión. La resonancia de los protones hace que absorban energía y «salten» al nivel más energético

En el plano XY el vector de magnetización es inestable, una vez que el pulso de radiofrecuencia termina comienza a regresar a su posición original con un movimiento en forma de tirabuzón, tal como se muestra en la figura 6.9, de forma que su momento magnético M se realinea con el eje Z. Este «regreso» al equilibrio se la llama *relajación (relaxation)*. Durante la relajación, los núcleos emiten energía en forma de RF que induce en una bobina receptora una tensión que se llama *señal de caída de libre inducción* [free-induction decay (FID) response signal].

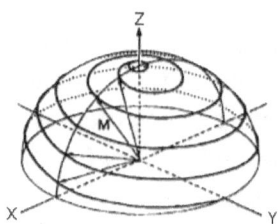

Fig.6.9. Regreso del vector de magnetización.

Así, la bobina receptora o de captación (pick-up coil), colocada perpendicular al campo en la parte externa del cuerpo del paciente, «ve pasar como la luz de un faro» el vector M que induce en ella una pequeña señal de RF.

No toda la energía emitida por los núcleos es captada por la bobina, una buena parte se consume en los tejidos circundantes. A medida que los núcleos regresan a la posición inicial de equilibrio la señal detectada va disminuyendo en intensidad hasta hacerse cero. A menudo se utiliza la misma bobina para producir los impulsos de RF y para detectar la señal de relajación.

La figura 6.10 esquematiza esta situación. La señal de caída de libre inducción es la que suministra los datos para la identificación del tejido y para la creación de la imagen.

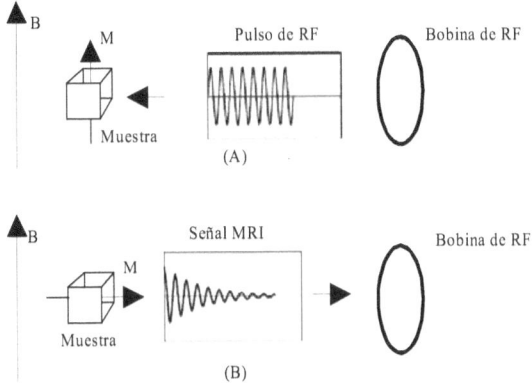

Fig. 6.10 Bobina de RF como emisora y como receptora.

SELECCION DEL CORTE

¿Pero cómo se puede obtener una imagen a partir del vector rotante de magnetización? La ecuación de Larmor establece que la frecuencia de precesión depende de la intensidad del campo. Si el paciente se coloca en un campo uniforme todos los protones rotan a la misma frecuencia, pero si se coloca en un campo con gradiente, es decir, un campo cuya intensidad varía en forma lineal a lo largo del eje Z, la frecuencia de precesión depende de su posición relativa al eje. Por otra parte, la intensidad de la señal inducida en la bobina es proporcional a la frecuencia, a mayor frecuencia mayor intensidad. Por lo tanto, durante el barrido para observar un corte en particular basta observar las señales con una amplitud particular.

Una vez seleccionado el corte, se requieren dos campos adicionales con gradiente; uno con intensidad variable a lo largo del eje X y otro a lo largo del eje Y, con lo cual se establecen las coordenadas en el plano XY. Así puede identificarse las coordenadas del vóxel de donde procede la señal, lo cual posibilita la creación de una imagen bidimensional.

CONTRASTE DE LA IMAGEN

Anteriormente, se determinó que si se expone el paciente a un campo magnético intenso y se aplica un pulso de RF se produce una señal eléctrica inducida en la bobina, y por medio de tres campos con gradiente se puede determinar las coordenadas de donde procede. ¿Pero como saber si la señal proviene de un tumor, una capa de grasa u otro tejido? Los tejidos se diferencian en la imagen por tener diferentes contrastes. Una forma muy simplificada de explicarlo es la siguiente:

Una vez que el pulso de RF termina, los protones paulatinamente regresan a su estado original de baja energía. Durante el regreso pierden el sincronismo. La pérdida de sincronismo implica que los vectores de magnetización, al regresar, lo hacen con velocidades diferentes, y la velocidad depende del tipo de tejido donde se origina. Es decir, la señal eléctrica inducida en la bobina es diferente para cada tejido, lo que permite diferenciar si proviene de una capa de grasa, un tumor u otra estructura.

La velocidad de relajación, en realidad, es determinada por T1 y T2, que son constantes de tiempo particulares para cada tejido. Es importante notar que no representan el tiempo de relajación, sino la velocidad con que esta ocurre. T1 (recovery time) expresa la velocidad con que los protones regresan a su estado original después de terminar el impulso, es decir, la velocidad con que los núcleos retribuyen la energía que absorbieron de la RF. T2 (decay rate) expresa el decaimiento de la señal debida a la pérdida de fase de los protones precesando. La pérdida de fase se debe al intercambio de energía de los protones con los núcleos circundantes. Ambos procesos son de decaimiento exponenciale, donde T1 y T2 expresan las constantes de tiempo respectivas.

En agua pura, T1 y T2 tienen aproximadamente el mismo valor, entre 2 y 3 segundos. En materiales biológicos, T2 es considerablemente menor que T1. Para el fluido cerebroespinal T1=1.9 segundos y T2=0,23 segundos y para la materia blanca del cerebro T1=0,5 segundos y T2=0,07segundos.

LA IMAGEN FINAL

La obtención de la imagen involucra el análisis de las señales eléctricas que «emergen» de un corte debidas a los protones que en un momento dado se están relajando.

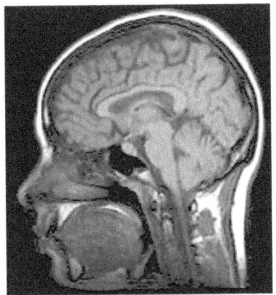 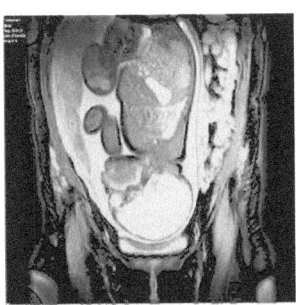

Fig 6.11. Imagen de una cabeza y de un feto con 37 semanas de gestación de Karen Tucci, obtenidas por MRI.

Esto es, desde luego, un procedimiento muy complejo ya que están implicadas una gran cantidad de señales que se inducen en la bobina de captación. Las señales, son analizadas por un computador que utiliza una serie de algoritmos para crear la imagen del corte que en ese momento se está «interrogando». Un ejemplo con dos imágenes se muestra en la figura 6.11.

COMPONENTES DEL MRI

Los principales componentes de un equipo de Resonancia Magnética son el electroimán, la fuente de RF, las bobinas de gradiente, las bobinas de RF y el sistema de computación.

GENERACION DEL CAMPO MAGNETICO

La parte más costosa y voluminosa del equipo es el electroimán que crea el campo magnético donde se «sumerge» el paciente. Para obtener una imagen nítida el electroimán debe producir un campo extremadamente homogéneo, cuya intensidad esté comprendida entre 0,5 y 2,0 Tesla; unas 20.000 veces mayor que el campo magnético terrestre (1 Tesla =10.000 Gauss). Campos superiores no están permitidos en aplicaciones médicas.

Los imanes que se han empleado en los equipos de resonancia magnética son:

Imán permanente

Está formado por un bloque de hierro o acero imantado, produce un campo magnético permanente y no consume ni requiere energía para crearlo, de manera que el costo de generación es cero. La mayor desventaja es su peso; para 0,4 Tesla es de varias toneladas. Para obtener campos de mayor intensidad se requerirían imanes más pesados y muy difíciles de construir. Nuevas tecnologías permiten fabricar imanes permanentes significativamente más pequeños y menos pesados, pero todavía la intensidad de campo es limitada. Actualmente no se emplean en los equipos de MRI.

Electroimán resistivo

El electroimán resistivo está formado por una bobina cilíndrica Para obtener un campo intenso y constante la corriente debe ser elevada y estable, pero debido a la resistencia eléctrica que ofrecen los conductores, durante la operación se genera una gran cantidad de calor, hasta 50KW, difícil de disipar. Por esta razón, y debido al elevado costo de operación, el electroimán resistivo es empleado para obtener hasta 0,3 Tesla.

Electroimán superconductor

Para obtener un campo más intenso, estable, con un imán más pequeño y con poca disipación de calor, se recurre a un electroimán cuya bobina está hecha con un material superconductor.

¿Pero qué es superconductividad? Superconductividad, es un fenómeno que se observa en varios metales y algunas cerámicas cuando son sometidos a muy baja temperatura. Estos materiales, tienen la propiedad de no presentan resistencia eléctrica a la circulación de la corriente y excluyen el campo magnético de su interior (Efecto Meissner).

La superconductividad fue observada en 1911 por el físico danés Heike Kamerlilingh Onnes cuando estudiaba la variación de la resistividad del mercurio en función de la temperatura. Observó, mientras bajaba la temperatura, que la resistividad decrecía en forma lineal hasta que súbitamente cayó a cero. A partir de entonces se descubrieron otros elementos y combinaciones de elementos que poseen esta propiedad.

La temperatura a que un material se convierte en superconductor se llama *temperatura criogénica* (Tc) y es propia de cada material. A temperatura inferior a la criogénica, el material no tienen resistencia, los electrones «fluyen» libremente y transportan gran cantidad de corriente por largos periodos sin pérdida de energía por efecto Joule. Algunas espiras de material superconductor pueden conducir corriente por años sin pérdidas apreciables. Como la corriente que circula por la bobina es permanente, estable e intensa, el campo generado también es estable e intenso.

El costo de los materiales superconductores y de los criógenos, permanentemente requeridos para mantener la temperatura del electroimán inferior a la criogénica, es elevado. A pesar de su costo, muy superior al electroimán resistivo, es de uso generalizado en los equipos de resonancia magnética debido a las ventajas que presenta.

Los electroimanes empleados en MRI constituyen la mayor aplicación comercial de la superconductividad, por tal motivo, a través de los años se han perfeccionado. Por ejemplo, su peso se ha reducido de 7.700Kg a 4.400Kg en una sola generación.

La bobina del electroimán está hecha de un material superconductores tipo II, como la aleación niobio-titanio, cuya temperatura criogénica es 10°K y el campo magnético crítico es de 15 Tesla. El campo magnético crítico se refiere al valor en el cual un superconductor en estado criogénico pasa a conductividad normal.

La bobina del electroimán se forma con un alambre de cobre que tiene embutidos muchos filamentos muy delgados, de unos 20 micrometros de diámetro, de material superconductor. El cobre proporciona a los filamentos soporte mecánico y suministra el camino para la alta corriente que pudiera circular en el caso que se pierda el estado de superconductividad. Un conductor de 0,7mm de diámetro puede contener 2100 filamentos de niobio-titanio cuya longitud es de varios kilómetros.

La bobina es enfriada con helio líquido a 4,2°K (-269°C). Para reducir las pérdidas por ebullición del helio, se emplea como barrera térmica intermedia el nitrógeno líquido cuya temperatura de ebullición es 77.2°K (-196°C). El criostato está construido con materiales de baja conductividad térmica y cámaras de alto vacío que lo aislan de la temperatura ambiente. La bobina superconductora está incluida en un sistema como el mostrado en la figura 6.12, donde las cámaras concéntricas la aislan térmicamente.

La cámara de alto vacío actúa como aislante térmico, la que contiene nitrógeno líquido forma la barrera térmica y la cámara de la bobina está contenida en un gran recipiente dewar sumergida en unos 1700 litros de helio. El recipiente dewar está rodeado de nitrógeno líquido que actúa como aislante térmico entre la temperatura ambiente (293°K) y la del helio líquido.

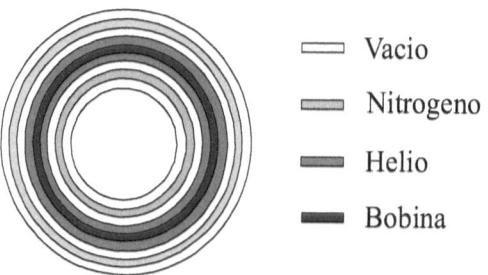

Fig.6.12. Arreglo del aislamiento térmico del electroimán.

Con este arreglo se incrementa el intervalo de rellenado del helio a unos 3 meses y el de nitrógeno a unas 2 semanas. En el horizonte se asoman nuevos materiales superconductores que podrían operar a temperatura más alta.

En los electroimanes de fabricación reciente, la región de nitrógeno líquido se ha reemplazado por un frasco dewar enfriado por medio de un refrigerante crío (cryocooler), con lo cual se elimina la reposición del nitrógeno. Los cryocooler son congeladores capaces enfriar a la temperatura de unos -100°C y son parte esencial del electroimán principal. Para extraer calor utilizan la expansión del gas helio. Se emplean para enfriar el blindaje y para recondensar el helio presente en el sistema.

Para obtener la imagen de buena calidad, aparte de requerir un campo magnético intenso del orden de un Tesla, es necesario que sea extremadamente homogéneo y estable.

La homogeneidad se mide en partes por millón (ppm); para un volumen dado, es la máxima diferencia de intensidad de campo que se encuentra en ese volumen. En estos equipos, la homogeneidad debe ser inferior a 10 ppm. Si se mantienen en permanente estado de superconductividad, se puede alcanzar hasta 0,1ppm y estabilidad de 0,1ppm/hora. En el MRI, la homogeneidad del campo magnético estático es un criterio importante para valorar la calidad del electroimán.

Normalmente, la producción del campo magnético es continua; puede «apagarse» (quenched) en aproximadamente 30 minutos. Para lograrlo se desvía la corriente hacia una carga resistiva en paralelo con la bobina principal. En modelos de vieja data, el proceso de apagado consume un porcentaje apreciable de criógenos y toma días restablecer la estabilidad (ramping). En los nuevos modelos se ha reducido el consumo de criógenos y el campo se restablece en pocas horas.

BLINDAJE DEL CAMPO MAGNETICO

Si el campo magnético generado por el electroimán no se confina se extendería por espacios ilimitados. El campo que se extiende más allá de la bobina se llama campo disperso. La presencia de materiales ferromagnéticos en movimiento en el campo disperso distorsionan el «camino» de las líneas de flujo e inducen variaciones de corriente en la bobina superconductora, con lo que se degrada la homogeneidad del campo en el núcleo del electroimán. Se produce alteraciones transitorias que oscilan en intensidad y pueden demorar unos 20 minutos en decaer. La alteración del campo principal depende de la susceptibilidad magnética de los objetos, su masa y la distancia al centro del electroimán. Un objeto de hierro, como una cama o una silla cerca del electroimán, puede crear mayores problemas transitorios en la uniformidad del campo que el movimiento de un camión mas alejado.

El blindaje aísla la bobina receptora (pick-up coil) de todas las señales de RF presentes en el ambiente; como las provenientes de las estaciones de radio y televisión. El blindaje es necesario debido a que la señal de RM inducida en la bobina es del orden de 10^{-9} julios, unas 1000 veces menor que la energía de RF normalmente encontrada en ambientes hospitalarios. Sin el blindaje, el ruido ambiental superaría la señal de RM y dificultaría la obtención de la imagen. Por esta y otras razones, es necesario confinar el campo, para lo cual se dispone de varios métodos.

Jaula de Faraday

La habitación donde se aloja el electroimán está dotada de blindaje electromagnético. El blindaje en las paredes, techo, piso, puertas y ventanas forma una jaula de Faraday, que es una estructura cerrada de material conductor que rodea la habitación, impide la influencia de campos externos y confina el campo generado por el equipo de RM. También evita que los potentes impulsos de RF se propaguen por todas las instalaciones adyacentes y alteren el funcionamiento de otros aparatos.

El blindaje puede estar hecho de cualquier material conductor, pero se prefiere una malla apretada de material no ferromagnético. Las puertas deben tener sellos especiales empotrados, en el vidrio de ventanas se incluye una fina malla conductora y todos los cables deben tener filtros de RF.

Blindaje pasivo cercano

Los equipos modernos, en lugar de estar dentro de una jaula de Faraday, están dotados de un blindaje que forma parte del mismo electroimán. El blindaje pasivo cercano emplea material ferromagnético, usualmente hierro o una de sus aleaciones, para crear la estructura que contiene la bobina. Un electroimán de 1,5 Tesla requiere unas 20 toneladas de material ferromagnético para confinar las líneas de flujo, así, el flujo disperso es altamente concentrado en su interior, de forma que la homogeneidad del campo principal es mínimamente afectado por los objetos ferrosos que se mueven en el exterior. El blindaje pasivo cercano es más fácil de construir y menos costoso, especialmente en edificaciones ya existentes, en tanto que la jaula de Faraday es más apropiada en áreas de mucho tráfico.

Blindaje activo

El blindaje activo (Active shielding) no confina el campo disperso, sino lo suprime. La supresión se logra por medio de un juego de bobinas superconductores adicionales, conocidas como blindaje Bo (Bo shield), que generan campos iguales y de sentido contrario al campo disperso, de forma que lo anulan. Por las bobinas normalmente no fluye corriente, sólo circula para compensar el campo cuando el flujo disperso es alterado. Este sistema, adoptado por la mayor parte de los fabricantes, es conocido también como blindaje externo de interferencia (External Interference Shield o EIS). Los equipos dotados de blindaje activo son más costosos y un poco más pesados. El gasto extra es normalmente compensado por no ser necesario hacer modificaciones al edificio.

COMPENSACION DEL CAMPO (shim system)

El diseño de los electroimanes busca que la uniformidad espacial del campo magnético principal sea lo más perfecta posible, sin embargo, la tolerancia en la manufactura, los desperfectos de los materiales y la presencia de objetos ferromagnéticos cerca de la instalación introducen alteraciones significativas en la homogeneidad, que compromete la calidad de la imagen.

Aparte de estas alteraciones permanentes, el entorno ferromagnético del lugar pueden variar durante la vida útil del equipo; los autos estacionados, la estructura del inmueble, las camillas de los pacientes, el movimiento de vehículos en los alrededores o las particularidades de cada paciente pueden introducir variaciones transitorias en la uniformidad del campo. Estas variaciones son anuladas mediante un procedimiento de compensación o shimming.

El propósito de la compensación es obtener un gran volumen de campo magnético muy homogéneo llamado volumen sensible, cuya falta de uniformidad, como se dijo anteriormente, se especifica en partes por millón. La cifra de homogeneidad y la capacidad del sistema para compensar se han convertido en un factor crítico de diseño. De la uniformidad del campo se deriva la precisión del espesor del corte, su perfil, su localización y la fidelidad geométrica de la imagen.

La compensación puede ser pasiva, resistiva, por superconductor activo, por bobinas de gradiente o la combinación de estos métodos.

Compensación pasiva

La compensación pasiva (Passive Shimming) corrige la distorsión del campo agregando o removiendo piezas ferromagnéticas de lugares específicos dentro del electroimán. Las piezas ferromagnéticas tienen forma de pequeñas placas que se colocan en bandejas removibles. La corrección obtenida por este método depende del sistema de placas, su localización y de la calidad del programa empleado para calcular el tipo de placa y el sitio donde colocarlas. Se determina la uniformidad del campo mediante su trazado, se calcula la posición y tipo de hierro requerido y se coloca la pieza (shim) en el lugar apropiado. A fin de obtener un arreglo óptimo debe repetirse el procedimiento varias veces. Los primeros sistemas que emplearon este método sólo podían compensar grandes distorsiones, pero actualmente se logra un alto grado de homogeneidad.

Es un método con el que se logra bastante estabilidad en el tiempo y no consume energía. No es adecuado para neutralizar las alteraciones que pudieran ocurrir en el campo externo a corto o largo plazo o por la falta de homogeneidad introducida por el paciente. La compensación pasiva no reemplaza otros métodos, se emplea preferentemente durante la instalación del equipo para mejorar la homogeneidad del electroimán puro.

Compensación resistiva activa

La falta de uniformidad puede ser corregida por medio de la compensación resistiva activa (Active Resistive Shimming) que cambia la configuración del campo mediante el empleo de bobinas de compensación (shim coils). Un número de bobinas (shim set) se colocan en el orificio del equipo y se energizan para perfeccionar la homogeneidad del campo principal. La acción de compensar (shimming) consiste en ajustar automáticamente la corriente que circula por ellas. Un juego típico contiene de 12 a 18 pares que se activan para neutralizar la distorsión en los ejes X,Y, Z. Cada paciente, debido a la forma de su cuerpo, la distribución de sus tejidos y susceptibilidad magnética causa una distorsión particular. El sistema de shimming activo interviene rápidamente y ajusta las alteraciones individuales por medio de un procedimiento automático conocido como *patient shimming,* que contrarresta también, hasta cierto punto, las interferencias externas como por ejemplo el movimiento de un ascensor.

Compensación con superconductor activo

Es un sistema de compensación similar al anterior, con la diferencia que las bobinas son superconductoras (Active Superconductive Shimming) y están situadas en el interior del criostato. El resultado es un sistema muy estable que no consume continuamente energía, su respuesta es lenta y normalmente es insensible a las interferencias externas rápidas.

Compensación de las bobinas de gradiente

En muchos sistemas las bobinas de gradiente son empleadas para crear correcciones (Gradient Offset Shimming), lo cual se obtiene haciendo pasar continuamente por ellas una pequeña corriente de polarización (offset bias). Este tipo de compensación ahorra espacio en el orificio donde se coloca el paciente. La mayor parte de los equipos realizan la compensación por la distorsión introducida por el paciente mediante el ajuste de la corriente que fluye por estas bobinas.

SISTEMAS DE GRADIENTES

El sistema de gradiente (gradient system) está formado por una fuente de alimentación trifásica que suministra energía a tres amplificadores de gradiente (gradient amplifiers) y estos a tres pares de bobinas (gradient coils). Para generar gradiente magnético a lo largo de los ejes X,Y, Z, las bobinas son alimentadas con corriente continua pulsante. El campo generado es de mucho menor intensidad que el principal Bo; varía en forma lineal a lo largo de esos ejes y su efecto es intensificarlo o debilitarlo en forma predecible.

La manera de obtener un gradiente magnético lo ilustra la figura 6.13. Dos bobinas dispuestas de la forma indicada producen un campo paralelo al eje Z. La corriente por las bobinas fluye en sentido contrario; el campo de una se suma al principal, mientras que el de la otra se resta. Entre las bobinas se produce un gradiente de algunas décimas de militeslas y se cumple que la intensidad de campo en puntos equidistantes al plano de las bobinas es Bo. Las bobinas mostradas en la figura 6.14, producen gradientes similares a lo largo de los ejes X e Y.

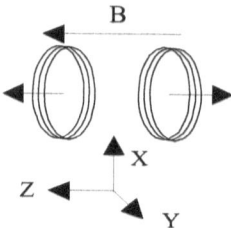

Fig.6.13. Bobinas de gradiente Z.

Durante el procedimiento, se aplica una secuencia de gradientes magnéticos que permiten seleccionar la orientación del plano y localizar las señales de RM para cada corte. Los gradientes se obtienen alimentando las bobinas en el momento preciso con impulsos de corriente continua, llamada corriente de gradiente (gradient current). Los tres amplificadores que alimentan las bobinas son digitalmente programados a través de un puerto RS232 y pueden entregar algunos centenares de amperios durante fracciones de segundo. Los impulsos empleados para accionar los amplificadores de gradiente son gobernados por un computador (host computer) o por sistemas dedicados. Algunas características de salida de estos amplificadores podrían ser: 950 VDC, 400 A peak (380 kVA)

700 VDC, 400 A peak (240 kVA)
300 VDC, 200 A peak (60 kVA)

Debido a la alta corriente y a la alta tasa de repetición, los amplificadores y las bobinas de gradiente son enfriados con aire forzado o con agua en circuito cerrado.

Las bobinas de gradiente determinan el comportamiento total del sistema; para obtener alta velocidad de conmutación deben tener baja inductancia, producir un gradiente pulsante y uniforme y tener alta eficiencia de gradiente (campo magnético/corriente consumida). Se sujetan firmemente dentro del electroimán, justo entre las bobinas de compensación, cuando la corriente fluye por ellas la interacción del campo de gradiente con el campo principal trata de deformarlas y tiende a expulsarlas del electroimán. La flexión de sus estructuras produce un ruido pulsante propio del MRI. Para reducirlo, algunos fabricantes las recubren con resina epoxy pero este procedimiento dificulta la disipación del calor. Si el gradiente es grande, el ruido que percibe el paciente puede ser superior a los 85 dB, por lo que es necesario proteger sus oídos. Los equipos de reciente fabricación incorporan mejoras de diseño que tienden a disminuirlo.

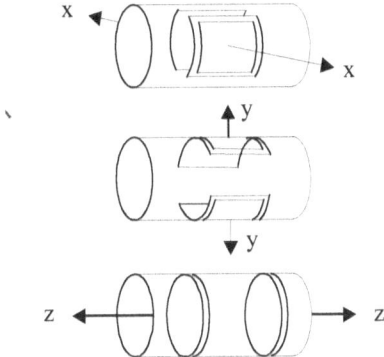

Fig.6.14 Juego de bobinas individuales de gradiente.

La aplicación del gradiente en conjunto con el pulso de RF permiten determinar la localización y espesor del corte. Por este motivo se le llama *excitación selectiva de corte* (slice selective excitation). La intensidad del campo determina, hasta cierto punto, la velocidad de producción de las imágenes, su calidad y en general la capacidad del equipo. La combinación de la homogeneidad del campo, la actuación del sistema de gradiente, la secuencia de barrido y el inventario de bobinas juegan un papel importante en el desempeño del equipo.

SISTEMA DE RF

La energía de RF es empleada para excitar los núcleos de hidrógeno. Una bobina (RF coil) es usada para transmitir la energía y para recibir las señales de resonancia magnética provenientes de los mismos. Está diseñada para crear un campo pulsante de radiofrecuencia dirigido hacia una región específica. Los mejores resultados se obtienen mediante la correcta selección de la bobina y su adecuado posicionamiento. Para máxima sensitividad debe ser colocada lo más cerca posible del cuerpo del paciente y perpendicular al campo magnético estático.

Las bobinas de RF se clasifican en transmisoras, receptoras y transmisoras/receptoras. Las transmisoras emiten el campo pulsante de excitación B1. Las receptoras captan las señales de resonancia magnética y las transmisoras/receptoras, llamadas también RX/RT, actúan como antenas transmisoras y receptoras; al terminar de transmitir, operan como antenas de recepción.

Para obtener mejores resultados se dispone de una variedad de bobinas cuyo contorno es adecuado al tipo de exploración a realizar; las bobinas grandes, por ejemplo, permiten observar volúmenes considerables, mientras las pequeñas tienen mejor relación señal/ruido; uno de los factores que intervienen en la calidad de la imagen.

Las bobinas son más sensibles a una banda estrecha de frecuencia. Forman parte, junto a los condensadores de sintonización, de un circuito resonante con alto factor Q que resuena a la frecuencia de Larmor.

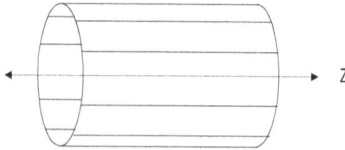

Fig. 6.15. Bobina volumétrica de jaula de ardilla.

Los equipos disponen de bobinas suministradas por el fabricante adecuadas para el tronco, la cabeza, las extremidades y para superficies específicas. Cuando es necesario obtener la imagen de un corte completo, como la cabeza, el tronco o las articulaciones de las extremidades se emplea la bobina volumétrica. Esta bobina se sitúa alrededor del paciente en el interior del orificio horizontal, inmediatamente debajo de la cubierta. La bobina volumétrica más grande es la de cuerpo entero. El diseño más empleado es la jaula de ardilla (birdcage coil) mostrada en la figura 6.15; consta en dos anillos y un número de conductores que corren a lo largo del eje Z. Esta configuración produce un campo B1 de RF uniforme sobre todo el volumen de la bobina con lo que se logra una imagen con alto grado de uniformidad. Las más pequeñas son empleadas para la exploración de la cabeza y articulaciones, como la muñeca y la rodilla.

Para explorar áreas anatómicas superficiales, como la columna, la articulación temporomandibular, el hombro y la órbita se emplean bobinas receptoras especializadas llamadas bobinas de superficie (surface coils). La mayoría son planas, tienen 5 veces más sensibilidad que las volumétricas y producen imágenes de mayor calidad, y por ser solo receptoras, tienen mejor relación señal/ruido. La figura 6.16, muestra una imagen de la parte inferior de la columna vertebral obtenida por medio de una bobina de superficie y una bobina plana circular con el cable de conexión.

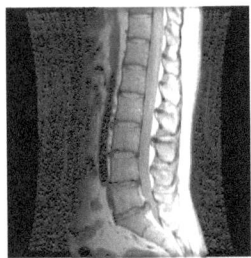 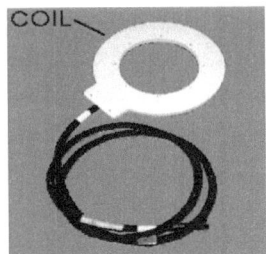

Fig. 6.16 Imagen de la columna y una bobina de superficie.

Los equipos que utilizan la bobina RX/RT disponen de una unidad de conmutación (Switching unit for RF system). Durante la transmisión conecta la bobina al amplificador de potencia y en la recepción la conecta a un amplificador de RF.

La unidad debe ser capaz de manejar señales con muy diferentes niveles de potencia, kilovatios durante la transmisión y microvatios durante la recepción. Por tal motivo el conmutador debe tener bajas pérdidas de inversión, alto aislamiento entre los puertos RX y RT, alta velocidad de conmutación y precisión en la sincronización. Se implementa con componentes de estado sólido como el PIN diode que es apropiado para la conmutación a alta velocidad, y si es polarizado adecuadamente, presenta una resistencia del orden de 0,1ohm para las altas frecuencias.

TRANSMISOR DE RF

El transmisor de RF (RF trasmitter) suministra una secuencia de impulsos apropiados para estimular los átomos de hidrógeno contenidos en los tejidos. Los impulsos deben ser muy precisos en amplitud, frecuencia y fase. A la salida del amplificador son modulados por una elaborada envolvente de baja frecuencia. La etapa de salida del amplificador suministra de 5 a 20Kw. Se implementa con componentes de estado sólido o con válvulas. El sistema de control del amplificador puede ser analógico o digital, sin embargo, es conveniente que la forma y duración del pulso sean controlados digitalmente.

RECEPTOR DE RF

Es utilizado para manejar las señales de resonancia magnética inducidas en la bobina receptora. Por ser éstas de muy baja energía, el receptor (RF receiver) debe ser de bajo ruido y muy estable. El voltaje inducido es amplificado y demodulado por un detector sensible a la fase, de forma que genera señales reales (sinusoides) e imaginarias (cosinusoides) que representan la fase y la amplitud de los datos de RM. Las señales se digitalizan para formar vectores primarios (raw data) que después de procesados se utilizan para construir la imagen.

PROCESADOR DE IMAGEN

El procesador (image processor) convierte los datos primarios en imágenes. Un sistema de computación dedicado se comunica con el «host computer», toma la data primaria de la memoria temporal RAM y transfiere la imagen terminada a la memoria principal. El tiempo tomado por el procesador para producir una imagen afecta la velocidad del equipo. Utiliza de 50 a 100ms para procesar una imagen de 256x256 y el tiempo se cuádruplica para una de 512x512. Por medio del procesador se pueden realizar unas 45 funciones, incluyendo: rotación, desplazamiento (shift), alisamiento (smoothing) y mejoramiento de los bordes (edge enhancement).

CONSOLA DE OPERACIONES

Por medio de la consola el operador tiene control total sobre las funciones de exploración, la presentación de la imagen, los archivos, la filmación, la fotografía y el monitoreo de las funciones del paciente. Muchos sistemas disponen de una consola auxiliar para que un segundo operador pueda filmar o realizar otras actividades clínicas simultáneamente. La consola permite también el acceso al computador, seleccionar la secuencia de las imágenes, ver el video y hacer copias.

HOST COMPUTER

El host computer (computador anfitrión) suministra servicios a otras computadoras; tiene mayor capacidad en cuanto a memoria, procesamiento de datos, información y espacio de almacenamiento. Coordina todas las funciones del MRI, maneja las instrucciones dadas por el operador, manipula las imágenes y la presentación de las mismas, comanda tareas de archivo y se encarga de la coordinación de los impulsos de control durante la exploración.

ESTACION DE TRABAJO

En los equipos de resonancia magnética se incorpora frecuentemente una estación de trabajo (work station). Este accesorio contiene un computador independiente que se comunica con el host computer y con la memoria donde se almacenan las imágenes. Un software adecuado permite manipular las imágenes sin prácticamente interferir con el sistema principal. Es normalmente empleado para generar proyecciones de angiogramas y observarlos en forma dinámica con imágenes 3D; tiene capacidad para rotarlas, generar modelos y cortes iterativos.

MONITOREO Y COMUNICACION CON EL PACIENTE

Durante la exploración, el paciente no debe moverse y queda aislado por un periodo de 20 a 120 minutos por lo que normalmente es necesario suministrarle un sedante. La claustrofobia se presenta en aproximadamente 5% de la población y el aburrimiento afecta a muchos, de manera que es necesario crear un ambiente de entretenimiento y de comunicación. La instalación de espejos dentro de la cámara y el contacto permanente por medio de un intercomunicador ayuda a resolver el problema. Todos los sistemas están equipados con un canal de voz, música y video. Tienen un dispositivo de mano para tranquilizar el paciente y para llamar la atención del operador. El canal de voz posibilita la comunicación y la cámara de video la observación continua del paciente.

MONITORES FISIOLOGICOS

La mayoría de los MRI están equipados con sistemas de monitoreo de ciertas señales fisiológicas; disponen de un ECG compatible con el escáner y un sensor para medir las pulsaciones cardíacas que se instala en los dedos. Para supervisar la respiración se coloca una cámara neumática alrededor del abdomen o se utiliza un termistor nasal. Estos dispositivos, además de monitorear la condición física, tienen como función primaria accionar un sistema destinado a corregir los artefactos ocasionados por el movimiento involuntario de los tejidos; los causados por la respiración y las pulsaciones cardíacas.

Durante la exploración el movimiento de los fluidos corporales puede causar resultados incorrectos, ya que los protones se mueven a través de los cortes. Sin embargo, debido a que la posición de los vasos es conocida, los llamados *flow voids* o zonas obscuras en la imagen producidas por la sangre en movimiento no deberían influir en la interpretación de la imagen.

DISPOSITIVOS DE SALIDA

Los dispositivos de salida (image output device) son empleados para visualizar y/o producir impresión de las imágenes. El operador las observa en el monitor, las optimiza y selecciona las más adecuadas para copiarlas en papel o en placa, y obtener lo que se conoce como «hard copy». La copia fotográfica se obtiene por medio de una cámara láser o una cámara de video multiformato. Es tarea del operador resaltar lo relevante de cada estudio.

Los datos digitales se encuentran almacenados en el disco duro del computador, normalmente contiene un rango dinámico mayor que cualquier sistema visual.

DIAGRAMA DEL MRI

En la figura 6.17. se observa el diagrama en bloques de un equipo de resonancia magnética. En la parte superior se encuentran los componentes localizados en la habitación donde se realiza la exploración. En el gantry, muy cerca del paciente, está situada la bobina principal, las bobinas de gradiente y dentro de ellas las de RF.

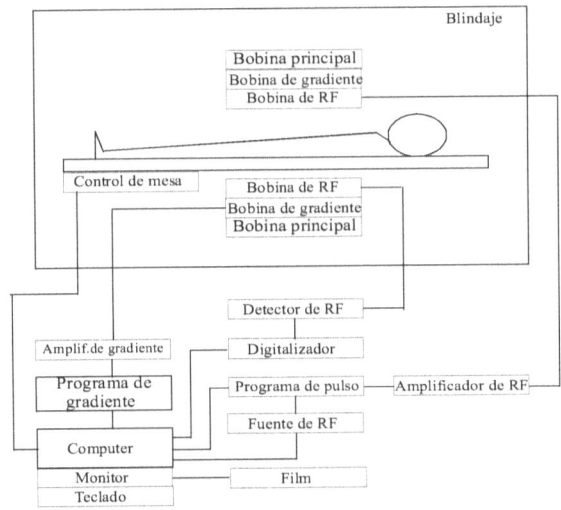

Fig.6.17. Diagrama en bloques de un MRI

El computador tiene bajo su mando todo el equipo, inclusive la camilla que se desplaza con precisión milimétrica. El programa de gradiente controla la amplitud, la forma, la coordinación (timing) y sincronismo de cada uno de los tres gradientes. El amplificador de gradiente aumenta la potencia de los pulsos a un nivel suficiente

319

para manejar las bobinas. La fuente de RF produce ondas sinusoidales a la frecuencia de resonancia. El programador da la forma al pulso y lo emplea para sincronizar las funciones. El amplificador de RF incrementa la potencia de los pulsos de unos pocos mw hasta algunos Kw.

ANGIOGRAFIA CON RM (MRA)

La angiografía por resonancia magnética (Magnetic Resonance Angiography, MRA) es una técnica utilizada para crear imágenes de las arterias y diagnosticar estenosis (estrechamiento anormal de los vasos) o aneurismas (dilatación anormal de los vasos con riesgo de ruptura). Se emplea para evaluar las arterias del cuello y el cerebro, la aorta torácica y abdominal, las arterias de las piernas y las renales. Para generar estas imágenes se suministra al paciente un contraste paramagnético, como el gadolinio (gadolinium), o mediante el empleo de una técnica conocida como «flow-related enhancement».

RM FUNCIONAL (fMRI)

La resonancia magnética funcional (Functional Magnetic Resonance Imaging o fMRI) es una técnica utilizada para medir la actividad cerebral. Puede emplearse para producir mapas que muestran las partes del cerebro involucradas en un proceso mental particular. Las imágenes de los cambios hemodinámicos en el cerebro relacionados con los procesos mentales van más allá cualquier imagen anatómica.

La fMRI basa su funcionamiento en la detección de los cambios del flujo sanguíneo en zonas neurológicamente activas. Las neuronas no tienen reservas internas de oxígeno y glucosa; su activación requiere de un rápido aporte de energía. Al aumentar la actividad neuronal se incrementa la demanda de oxígeno, el sistema vascular reacciona suministrando mayor cantidad de hemoglobina oxigenada relativa a la desoxigenada, la cual es suministrada por los capilares cercanos. La hemoglobina desoxigenada puede ser considerada como un agente que mejora el contraste y que actúa como fuente de señales de resonancia.

Hasta la década de 1990, las opciones disponibles para obtener una imagen funcional eran engorrosas, tenían poca resolución espacial y requerían la inyección de un trazador radioactivo en el torrente sanguíneo, de manera que el paciente no podía ser examinado frecuentemente.

La idea fundamental de medir la actividad cerebral por medio de los cambios en el flujo sanguíneo no es nueva, William James reportó en la publicación «*The Principles of Psychology*», los experimentos realizados en 1890 por el fisiólogo italiano Angelo Mosso(1846-1910), quien hizo importantes estudios relacionados con la circulación de la sangre.

En 1990, Seiji Ogawa et.al., publicaron tres artículos donde se sugería que la resonancia magnética podía utilizarse para producir imágenes de la actividad fisiológica del cerebro. Se valieron de dos fenómenos fisiológicos: el primero fue observado en 1890 por Charles S. Roy y Charles S. Sherrington, quienes determinaron que los cambios en el flujo sanguíneo y la oxigenación del cerebro están íntimamente relacionados con la actividad neuronal. Investigaciones posteriores establecieron que la vascularización responde suministrando sangre oxigenada a las áreas con mayor actividad. El segundo fenómeno fue reportado por Linus Pauling y Charles Coryell en 1936, ellos establecieron que la hemoglobina, una metaloproteína presente en los glóbulos rojos, actúa como vehículo principal para el transporte de oxígeno y tiene diferentes propiedades magnéticas según sea oxigenada y desoxigenada.

El incremento de flujo se presenta luego de transcurridos 1 a 5 segundos y el pico hemodinámico 4 o 5 segundos después, para luego volver a caer hacia la línea base. Puesto que la hemoglobina desoxigenada es paramagnética la actividad neuronal produce una variación de señal T2, conocida como efecto BOLD (Blood-Oxygen-Level Dependent o BOLD-contrast imaging). Por lo tanto, BOLD fMRI es un método para observar cual área del cerebro es activa en un momento dado.

El efecto BOLD permite obtener imágenes tridimensionales de alta resolución del sistema venoso ubicado dentro del tejido neuronal. Esta nueva forma de observar directamente las funciones cerebrales abre un abanico de oportunidades para entender la organización y el funcionamiento del cerebro.

La resonancia magnética se ha vuelto una herramienta esencial para casi todas las especialidades médicas; desde la medicina deportiva hasta el diagnóstico de desordenes del sistema nervioso central. Su alta resolución ofrece más información que cualquier otro sistema. Actualmente se dispone de aparatos capaces de realizar barridos de cuerpo entero con los que se pueden localizar anormalidades a escala milimétrica, sin embargo, la aplicación médica más relevante es la detección de tumores en el cerebro. El empleo de nuevos materiales superconductores y computadores de alta velocidad conducen a la obtención de imágenes en tiempo real y a nivel microscópico del funcionamiento del cerebro, lo cual constituye un poderoso medio para visualizar la «pequeña anatomía».

MEDIDAS DE SEGURIDAD

La principal preocupación referente al empleo del MRI es la exposición a campos magnéticos estáticos muy intensos y su posible efecto biológico. Los reportes obtenidos del Instituto Nacional para la Ocupación Segura y la Organización Mundial de la Salud de los Estados Unidos no muestran evidencias, hasta los momentos, de riesgos para los pacientes o el personal médico.

Para desenvolverse en forma segura en el espacio donde se ubica el equipo deben tomarse ciertas precauciones. Los objetos metálicos que se encuentran o se llevan dentro del área se convierten en proyectiles. Los clips sujetapapeles, plumas, llaves, tijeras, pinzas hemostáticas, estetoscopios, o cualquier otra pequeña pieza al ser arrancada y atraída hacia la apertura del electroimán puede «volar» y adquirir una velocidad letal.

Los pacientes y empleados deben ser minuciosamente revisados antes de entrar y deben retenerse las tarjetas de crédito u otros dispositivos con codificación magnética para que no sufran desperfectos o sean borradas. Los pacientes con marcapasos no pueden ser evaluados ni estar cerca del escáner porqué el marcapasos podría dejar de funcionar.

Es frecuente que algunos pacientes tengan implantadas prótesis metálicas. Los clips para aneurisma en el cerebro pueden ser arrancados de las arterias por la fuerza del campo magnético. La mayoría de los implantes ortopédicos y dentales, aunque ferromagnéticos, no son un impedimento ya que normalmente se encuentran incrustados en los huesos. Las grapas, después de seis semanas de colocadas tampoco presentan inconvenientes; se forma suficiente tejido cicatrizante que las mantiene en su sitio. Los fragmentos metálicos en el ojo pueden moverse, causar daños y provocar hasta ceguera. El tejido del ojo no cicatriza como lo hace el resto de los tejidos, un viejo fragmento que había estado allí por años es tan peligroso como si fuera una lesión reciente ya que no se forma el tejido cicatrizante que lo inmoviliza.

Para estar seguros que la exploración a realizar es adecuada, estos pacientes deben ser evaluados minuciosamente. A los que no pueden ser diagnosticados por esta vía se le presentan métodos alternativos.

CT vs MRI

El MRI es inocuo; sólo emplea un campo magnético intenso y radio frecuencia, mientras que en el CT el paciente recibe radiación X, especialmente riesgosa para el feto. La imagen en el CT se obtiene debido a la atenuación que experimentan los rayos X, mientras que en el MRI el contraste puede optimizarse modificando una larga lista de parámetros de exploración. La supremacía en el contraste se obtiene debido a la disponibilidad de la gran variedad y complejidad de la secuencias de pulsos disponibles.

La imagen de la tomografía CT puede ser mejorada mediante el empleo de agentes de contraste que contienen yodo o bario: elementos con mayor número atómico que los tejidos vecinos. El mismo efecto se obtiene en la MRI con el gadolinio, que tiene propiedades paramagnéticas.

Tanto el CT como el MRI pueden generar cortes múltiples bidimensionales y a partir de ellos reconstruir imágenes tridimensionales. El CT como el MRI tienen resolución espacial similar, pero el MRI tiene mejor resolución por contraste.

La resolución espacial es la habilidad para distinguir dos estructuras muy poco separadas, en tanto que la resolución por contraste se refiere a la habilidad de distinguir tejidos similares. Por tal motivo se emplea para diferenciar los tejidos patológicos.

Para detectar e identificar tumores generalmente el MRI es superior, sin embargo, el equipo CT es más fácil de conseguir, el estudio es más rápido y menos costoso y es menos probable que el paciente requiera ser sedado o anestesiado.

REFERENCIAS
1.- The Pioneers of NMR and Magnetic Resonance in Medicine: The Story of MRI. James Mattson and Merrill Simon. Bar-Ilan University Press, Jericho & New York 1996.
2.- Magnetic Resonance Imaging: Physical Principles and Sequence Design, E. M. Haacke, R.W. Brown, M.L. Thompson, R. Venkatesan, John Wiley, 1999
3.- www7.nationalacademies.org/spanishbeyondiscovery/bio_007590.html
4.- es.wikipedia.org/wiki/Resonancia_magn%C3%A9tica_nuclear
5. www.elmundo.es/elmundosalud/documentos/2003/10/mri.html
6. www.bioingenieros.com/bio-maquinas/resonancia_magnetica/index.htm
7. es.wikipedia.org/wiki/Espectroscopia_de_resonancia_magn%C3%A9tica_nuclear
8. www.scs.uiuc.edu/~mainzv/Basics/basics.htm
9. www.cis.rit.edu/htbooks/nmr/
10. www.cis.rit.edu/htbooks/mri/inside.htm
11. www.howstuffworks.com/mri.htm
12. www.simplyphysics.com/page2_1.html
13. www.medphys.ucl.ac.uk/teaching/undergrad/projects/2002/group_02/theory.htm
14. www.eecs.umich.edu/~dnoll/primer2.pdf
15. www.mritutor.org/mritutor/
16. en.wikipedia.org/wiki/Superconducting_magnet
17. www.cis.rit.edu/htbooks/mri/chap-9/chap-9.htm
18.- www.cs.sfu.ca/~stella/papers/blairthesis/main/node11.html
19.- www.priorartdatabase.com/IPCOM/000012073/
20.- www.urel.feec.vutbr.cz/ra2008/archive/ra2004/abstracts/89.pdf
21.- www.fmri.org/fmri.htm
22.- en.wikipedia.org/wiki/Functional_magnetic_resonance_imaging
23.- www.nature.com/milestones/milespin/full/milespin19

24.- www.fmrib.ox.ac.uk/education/fmri/introduction-to-fmri

25.- www.accefyn.org.co/PubliAcad/Periodicas/Volumen21/0/335-345.pdf

26.- Historia de la Ciencia,1543-2001, John Gribbin, A&M Gráfic, Santa perpétus de Magoda, Barcelona, 2003.

OTRO TITULO DEL AUTOR

INSTRUMENTACION BIOMEDICA
Alvaro Tucci R.

Con esta obra el autor pretende aportar algunos conocimientos tendientes a ocupar el espacio entre la ingeniería electrónica y la instrumentación médica. Para llenar las expectativas de ambas disciplinas está escrito en forma sencilla, evitando el uso de términos matemáticos o muy especializados. En los primeros capítulos se trata de conectar ingenieros y técnicos en con las ciencias médico-biológicas, en el resto, se describen algunos equipos empleados en hospitales y clínicas.

Los principales tópicos contenidos en once capítulos y 350 páginas son: Evolución de la medicina y de los instrumentos médicos. Origen de los biopotenciales. La neurona y el sistema nervioso. El sistema circulatorio, origen del electrocardiograma y el electrocardiógrafo. Electrodos y recolección de señales bioeléctricas. Amplificación y filtrado de biopotenciales. Ultrasonidos y ecosonografía, modo A, modo B, tiempo real y Doppler. Electrocirugía. Cirugía láser, Seguridad hospitalaria.

www.ingramcontent.com/pod-product-compliance
Lightning Source LLC
Chambersburg PA
CBHW020727180526
45163CB00001B/141